计算机系列教材

离散数学（第2版）

张小峰　张学辉　李阿丽　李涛　赵峰　编著

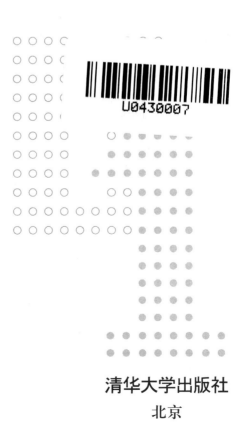

清华大学出版社
北京

内 容 简 介

本书共分 12 章，内容包含矩阵知识初步、排列组合与数论初步、命题逻辑、谓词逻辑、集合论基础、关系、特殊关系、图论基础、特殊图、代数系统、群论和其他代数系统。本书以训练学生的思维能力为核心，以培养计算机类专业的应用型人才为目的，将计算机数学与算法设计进行有效结合，全面提高学生的程序设计能力和应用创新能力。通过对典型的例题进行分析，培养学生分析问题和解决问题的能力。同时，对一些内容进行延伸，将计算机数学基础与后续的专业知识进行完美结合。

本书可以作为数学类专业、计算机类专业的本科教材，也可以作为程序设计大赛培训的参考用书。

本书封面贴有清华大学出版社防伪标签。无标签者不得销售。
版权所有，侵权必究。举报：010-62782989，beiqinquan@tup.tsinghua.edu.cn。

图书在版编目（CIP）数据

离散数学/张小峰等编著. —2 版. —北京：清华大学出版社，2022.3（2023.1重印）
计算机系列教材
ISBN 978-7-302-59265-5

Ⅰ. ①离… Ⅱ. ①张… Ⅲ. ①离散数学－高等学校－教材 Ⅳ. ①O158

中国版本图书馆 CIP 数据核字（2021）第 192860 号

责任编辑：白立军　杨　帆
封面设计：常雪影
责任校对：刘玉霞
责任印制：曹婉颖

出版发行：清华大学出版社
　　　　网　　　址：https://www.tup.com.cn，https://www.wqbook.com
　　　　地　　　址：北京清华大学学研大厦 A 座　　邮　　编：100084
　　　　社　总　机：010-83470000　　　　　　　　邮　　购：010-62786544
　　　　投稿与读者服务：010-62776969，c-service@tup.tsinghua.edu.cn
　　　　质　量　反　馈：010-62772015，zhiliang@tup.tsinghua.edu.cn
　　　　课　件　下　载：https://www.tup.com.cn，010-83470236
印 装 者：三河市铭诚印务有限公司
经　　销：全国新华书店
开　　本：185mm×260mm　　印　张：18.5　　字　数：426 千字
版　　次：2016 年 3 月第 1 版　　2022 年 3 月第 2 版　　印　次：2023 年 1 月第 3 次印刷
定　　价：59.00 元

产品编号：087577-01

第 2 版前言

本书自 2016 年第 1 版出版以后，已经印刷了 8 次。在 5 年多的时间里，许多同行对本书的内容提出了许多中肯的建议，在此深表感谢。

近年来，人工智能、大数据、区块链等计算机技术飞速发展，掀起了 IT 行业和产业的又一次发展热潮。与此同时，教育部自 2017 年开始积极推进新工科建设，先后形成了"复旦共识""天大行动"和"北京指南"，并发布了《关于开展新工科研究与实践的通知》《关于推进新工科研究与实践项目的通知》，全力探索形成领跑全球工程教育的中国模式、中国经验，助力高等教育强国建设。2018 年 11 月，教育部高等教育司吴岩司长提出了高校的"金课"标准，即高阶性、创新性、挑战度。按照这个要求，离散数学的课程内容应有效融合学科前沿知识，在计算机类专业的课程体系中呈现基础性、核心性和前沿性的特点。学生通过课程的学习，应达到知识、能力、素质的全面提升，初步具备解决复杂问题的综合能力和高级思维。

2016 年，编者开始接手所在学院的程序设计创新实验室，带领学生参加国际大学生程序设计竞赛（International Collegiate Programming Contest，ICPC）和中国大学生程序设计竞赛（China Collegiate Programming Contest，CCPC），对离散数学有了全新的理解和认识。按照新工科的理念，离散数学的授课应该与学生程序设计能力、计算思维的培养进行有机地结合，让学生充分体会到离散数学在计算机学科的基础性作用。通过学习离散数学，真正使计算机类专业的学生做到学以致用，学有所长，为以后专业课程的学习奠定必要的计算思维、逻辑思维基础。

本次修订是在第 1 版的基础上，结合计算机学科的最新发展，融合程序设计竞赛的相关知识点，对第 1 版的相关内容进行了调整和增删。本次修订也得到了鲁东大学、中国石油大学（华东）、曲阜师范大学和山东工商学院相关领导和老师的大力帮助。本次修订工作由张小峰、张学辉、李阿丽、李涛和赵峰 5 位老师共同完成。具体分工如下：第 1、2 章由张学辉负责，第 3、4 章由李涛负责，第 5、6、10 章由李阿丽负责，第 9、10 章由赵峰负责，所有章节中的阅读材料、程序设计实例的设计由张学辉负责，其余章节内容和全书的统稿工作由张小峰负责。

鲁东大学邹海林教授、山东大学张彩明教授、西安电子科技大学李兴华教授在百忙中对全书的修订工作提出了许多宝贵建议，在此向他们表示感谢。

特别感谢清华大学出版社，感谢责任编辑和参与本书编辑的各位老师，他们为本书的顺利出版付出了辛勤的劳动。

编　者

2022 年 1 月

第 1 版前言

离散数学是现代数学的一个重要分支，是计算机科学与技术的重要理论基础。1977年，离散数学被 IEEE 确定为计算机专业核心主干课程，2004 年在计算机 5 个相关专业的培养计划中，离散数学是计算机工程（Computer Engineering，CE）、计算机科学（Computer Science，CS）和系统工程（System Engineering，SE）3 个专业的重要核心课程。作为数据结构、编译原理、数据库原理、操作系统、人工智能等专业课程的前导课程，离散数学不仅需要提供必要的基础知识，更重要的是通过学习离散数学，培养学生的抽象思维能力和逻辑思维能力，进一步强化学生的程序设计能力。

对于学生而言，单纯的理论知识是枯燥的。因此，增加必要的工程应用，与后续的专业课程进行有效衔接，将提高学生的学习兴趣。在设计具体内容时，本教材借鉴了目前主流教材的特点，除必要的基础知识外，增加了相关知识点的工程应用，突出离散数学在程序设计、算法分析以及相关专业课程中的应用。

1. 特点

1）针对性强，适用范围广

本书针对单学期、短学时的离散数学或计算机数学课程而设计，除必要的基础知识外，增加了学习本课程所需要的矩阵基础知识、组合数学以及数论基础知识。本教材适合高等学校计算机类、数学类等专业的学生使用。

2）授之以渔，注重对解题方法和解题思路的培养

本书针对每个例题，在给出完整的解题过程之前，尽可能给出详细的分析过程和必要的证明思路。通过对例题的分析，注重对学生解题方法和解题思路的培养，达到"授之以渔"的目的。

3）注重数学的工程应用，培养学生的程序设计思维

本书在设计教学内容时，注重知识点在程序设计、算法分析以及后续专业课程中的应用，让学生了解知识点的应用价值。同时，选取了程序设计大赛中的典型赛题，基于相关的知识点对赛题进行分析，设计巧妙的程序。

2. 内容安排

第 1 章　矩阵知识初步。对本书中需要的矩阵知识进行简要地介绍，包括矩阵的基本概念、矩阵的运算以及布尔矩阵等。

第 2 章　组合数学与数论初步。对组合数学及数论的基本知识进行介绍，包括基本计数原则、排列组合、鸽笼原理、素数、最大公约数与最小公倍数、数制等。

第 3 章　命题逻辑。对命题逻辑的相关知识进行介绍，包括命题及命题联结词、命题公式、命题公式的等值演算、命题联结词的完备集、命题公式的范式、命题逻辑的推

理等。

  第 4 章 谓词逻辑。对谓词逻辑的相关知识进行介绍，包括谓词逻辑的基本知识、谓词公式的等价及蕴涵、谓词逻辑的蕴涵推理等。

  第 5 章 集合论基础。对集合论的基础知识进行介绍，包括集合的基本表示、集合的基本运算、容斥原理等。

  第 6 章 关系。对关系的相关知识进行介绍，包括关系的定义与表示、关系的运算、关系的性质等。

  第 7 章 特殊关系。介绍了 3 类特殊的关系：等价关系、偏序关系和函数。

  第 8 章 图论基础。对图论的基础知识进行介绍，包括图论的基本概念、通路与回路、无向图和有向图的连通性等。

  第 9 章 特殊图。介绍 3 种常用的图：欧拉图、哈密顿图和树。

  第 10 章 代数系统。对代数系统的基本概念进行介绍，包括运算与代数系统的基本定义、运算的性质及特殊元素、代数系统的同态、子代数等。

  第 11 章 群论。对半群、独异点、群的基本概念进行介绍，此外，对置换群、循环群、正规子群等也进行了介绍。

  第 12 章 其他代数系统。介绍了环、域、格和布尔代数等其他代数系统。

  本书具体编写分工如下：第 1、7 章由李秀芳编写，第 8、9 章由杨洪勇编写，第 10、12 章由赵永升编写，其余章节由张小峰编写，全书的策划和定稿工作由张小峰负责。

  作为鲁东大学软件工程专业、计算机科学与技术专业应用型人才培养的系列教材之一，本书曾作为校内讲义在校内多次印刷，在软件工程、计算机科学与技术、网络工程、信息管理与信息系统等专业中使用。在清华大学出版社正式出版之际，在原讲义的基础上，结合多年的教学实践与改革，进行了较大修改，使其既能适合在校学生学习，又能适合其他读者阅读。

  在本书的规划和写作过程中，山东大学张彩明教授、西安电子科技大学李兴华教授、鲁东大学邹海林教授等对书稿进行了审阅，提出许多建设性的建议，在此深表感谢。清华大学出版社的广大员工也为教材的出版付出了大量的心血，使本书得以及时出版，在此一并致以衷心地感谢。

  在本书编写的过程中，编者参考了国内外诸多版本的《离散数学》《计算机数学基础》等相关教材，同时参考了相关计算机程序设计大赛的相关资料，这里不再一一列举，在此一并感谢。

  限于编者学识水平，教材在内容的取舍、教学体系的设计、知识点的构造、程序设计思想的培养等方面肯定存在不足之处，恳请专家、同行和读者批评指正。

编 者

2015 年 9 月于烟台

目　录

第 1 章　矩阵知识初步 ……………………………………………………………… 1
1.1　矩阵的概念 …………………………………………………………………… 1
1.2　矩阵的运算 …………………………………………………………………… 3
1.3　布尔矩阵 ……………………………………………………………………… 5
阅读材料 ……………………………………………………………………………… 6
习题 1 ………………………………………………………………………………… 11

第 2 章　排列组合与数论初步 ……………………………………………………… 12
2.1　基本计数原则 ………………………………………………………………… 12
2.1.1　加法原则 ……………………………………………………………… 12
2.1.2　乘法原则 ……………………………………………………………… 13
2.2　排列 …………………………………………………………………………… 13
2.3　组合 …………………………………………………………………………… 15
2.4　鸽笼原理 ……………………………………………………………………… 18
2.5　素数 …………………………………………………………………………… 18
2.6　最大公约数与最小公倍数 …………………………………………………… 21
阅读材料 ……………………………………………………………………………… 24
习题 2 ………………………………………………………………………………… 31

第 3 章　命题逻辑 …………………………………………………………………… 33
3.1　命题与命题联结词 …………………………………………………………… 33
3.1.1　命题 …………………………………………………………………… 33
3.1.2　命题联结词 …………………………………………………………… 34
3.2　命题公式 ……………………………………………………………………… 38
3.3　命题公式的等值演算 ………………………………………………………… 42
3.4　命题联结词的完备集 ………………………………………………………… 46
3.5　范式 …………………………………………………………………………… 48
3.5.1　析取范式和合取范式 ………………………………………………… 48
3.5.2　主析取范式和主合取范式 …………………………………………… 49
3.5.3　范式的应用 …………………………………………………………… 53
3.6　命题逻辑的推理 ……………………………………………………………… 57
3.6.1　推理的基本概念 ……………………………………………………… 57
3.6.2　推理的基本方法 ……………………………………………………… 58

习题 3 ·· 65
第 4 章　谓词逻辑 ·· 68
　4.1　谓词逻辑的基本概念 ··· 68
　4.2　谓词公式 ·· 71
　4.3　谓词公式的等价与蕴涵 ·· 74
　4.4　范式 ·· 79
　4.5　谓词逻辑的蕴涵推理 ··· 80
　　阅读材料 ·· 86
　　习题 4 ·· 95
第 5 章　集合论基础 ··· 98
　5.1　集合的概念与表示 ·· 98
　5.2　集合之间的关系 ··· 100
　5.3　集合的运算 ··· 102
　5.4　序偶与笛卡儿积 ··· 106
　5.5　容斥原理 ·· 107
　　阅读材料 ·· 111
　　习题 5 ·· 114
第 6 章　关系 ··· 116
　6.1　关系的定义 ··· 116
　6.2　关系的表示 ··· 118
　6.3　关系的运算 ··· 119
　　6.3.1　关系的集合运算 ·· 119
　　6.3.2　关系的复合运算 ·· 119
　　6.3.3　关系的幂运算 ··· 125
　　6.3.4　关系的逆运算 ··· 126
　6.4　关系的性质 ··· 127
　　6.4.1　自反性与反自反性 ··· 128
　　6.4.2　对称性与反对称性 ··· 130
　　6.4.3　传递性 ··· 133
　6.5　关系的闭包 ··· 135
　　阅读材料 ·· 138
　　习题 6 ·· 141
第 7 章　特殊关系 ·· 143
　7.1　等价关系 ·· 143
　7.2　偏序关系 ·· 148
　7.3　相容关系 ·· 152
　7.4　函数 ·· 154
　　7.4.1　函数的定义 ··· 154

	7.4.2 函数的性质	155
	7.4.3 函数的运算	156
阅读材料		158
习题 7		159

第8章 图论基础 ... 162

- 8.1 图的基本概念 ... 162
  - 8.1.1 图 ... 162
  - 8.1.2 图的表示 ... 165
  - 8.1.3 图的同构 ... 166
  - 8.1.4 图的操作 ... 167
- 8.2 通路与回路 ... 170
- 8.3 图的连通性 ... 174
  - 8.3.1 无向图的连通性 ... 174
  - 8.3.2 有向图的连通性 ... 178
- 习题 8 ... 184

第9章 特殊图 ... 187

- 9.1 欧拉图 ... 187
- 9.2 哈密顿图 ... 191
- 9.3 二分图 ... 194
  - 9.3.1 二分图的概念与判定 ... 194
  - 9.3.2 完备匹配 ... 197
- 9.4 平面图 ... 203
  - 9.4.1 平面图的概念与判定方法 ... 203
  - 9.4.2 平面图的对偶图 ... 206
- 9.5 图的着色 ... 207
  - 9.5.1 结点着色 ... 208
  - 9.5.2 边着色 ... 211
- 9.6 树 ... 213
  - 9.6.1 树的定义 ... 213
  - 9.6.2 生成树与最小生成树 ... 216
- 9.7 根树 ... 220
  - 9.7.1 有向树与根树 ... 220
  - 9.7.2 根树的遍历 ... 222
  - 9.7.3 哈夫曼树 ... 225
- 习题 9 ... 228

第10章 代数系统 ... 230

- 10.1 代数运算 ... 230
- 10.2 运算的性质与特殊元素 ... 231

    10.2.1 运算的性质 ·· 231
    10.2.2 特殊元素 ·· 234
  10.3 代数系统的同态与同构 ·· 238
  10.4 子代数 ·· 240
  习题 10 ··· 241

第 11 章 群论 ·· 242
  11.1 半群 ·· 242
  11.2 群 ··· 244
    11.2.1 群的基本概念 ·· 245
    11.2.2 阿贝尔群 ·· 247
    11.2.3 群同态与群同构 ·· 247
  11.3 元素的周期与循环群 ·· 248
    11.3.1 元素的周期 ·· 249
    11.3.2 循环群 ·· 249
  11.4 子群 ·· 251
  11.5 置换群与伯恩赛德定理 ·· 254
  11.6 陪集与拉格朗日定理 ·· 259
  11.7 正规子群与商群 ·· 261
  阅读材料 ··· 265
  习题 11 ··· 269

第 12 章 其他代数系统 ·· 270
  12.1 环 ··· 270
  12.2 域 ··· 272
  12.3 格 ··· 272
    12.3.1 格的定义 ·· 273
    12.3.2 格的另一种定义 ·· 274
    12.3.3 分配格、有界格与布尔格 ·· 276
  12.4 布尔代数 ·· 276
  习题 12 ··· 281

参考文献 ·· 282

第1章 矩阵知识初步

本章导引

例 1-1 表 1-1 反映了济南、青岛、烟台分别到北京、上海的动车班次数量。

表 1-1 动车班次数量

	北京	上海
济南	8	6
青岛	5	4
烟台	2	2

可以将这些数字表示成 3 行 2 列的形式,如下:

$$\begin{pmatrix} 8 & 6 \\ 5 & 4 \\ 2 & 2 \end{pmatrix}$$

在实际生活中,经常遇到类似的问题。例如,不同城市之间的距离,物品的生产地和销售地之间的对应关系等,都可以用类似的形式表示。这种形式在表示相关问题时简单、直接。在离散数学中,这种表示形式在关系和图论的研究中有着重要的作用。

1.1 矩阵的概念

定义 1-1 将 $m \times n$ 个数 a_{ij}($i = 1, 2, \cdots, m$;$j = 1, 2, \cdots, n$),按照一定的顺序排列成的一个 m 行 n 列的矩形:

$$\begin{pmatrix} a_{11} & a_{12} & \cdots & a_{1n} \\ a_{21} & a_{22} & \cdots & a_{2n} \\ \vdots & \vdots & & \vdots \\ a_{m1} & a_{m2} & \cdots & a_{mn} \end{pmatrix}$$

称为一个 $m \times n$ 的矩阵(matrix),通常用大写字母 M、N、A、B、C 等表示,可以记为 $A = (a_{ij})_{m \times n}$,$a_{ij}$ 称为矩阵 A 中第 i 行第 j 列的元素(element)。

当 $m = n$ 时,称矩阵 $A = (a_{ij})_{n \times n}$ 为 n 阶方阵(square matrix)。

例 1-2 有如下的矩阵:

$$M = \begin{pmatrix} 1 & 2 & 3 & 4 \end{pmatrix}, \quad N = \begin{pmatrix} 1 & 2 & 3 \\ 4 & 5 & 6 \end{pmatrix}, \quad A = \begin{pmatrix} 1 & 2 & 3 \\ 4 & 5 & 6 \\ 7 & 8 & 9 \end{pmatrix}$$

则 M 是 $1×4$ 矩阵，N 是 $2×3$ 矩阵，A 是三阶方阵。

定义 1-2　两个 $m×n$ 矩阵 M 和 N 相等，当且仅当所有的对应元素分别相等。

例 1-3　两个矩阵 A、B 定义如下：

$$A = \begin{pmatrix} 1 & 2-a+b & 3 \\ 4 & 5 & 6-a-b \end{pmatrix}, \quad B = \begin{pmatrix} 1 & 2 & 3 \\ 4 & 5 & 8 \end{pmatrix}$$

假设 $A = B$，求 a 和 b 的值。

分析：根据定义 1-2，两个矩阵相等，即对应位置的元素分别相等，可以根据这一点计算 a 和 b 的值。

解：

根据两个矩阵相等，可知对应位置上的元素分别相等。因此，

$$\begin{cases} 2-a+b = 2 \\ 6-a-b = 8 \end{cases}$$

解得 $a = b = -1$。

□

定义 1-3　给定矩阵 $M = (m_{ij})_{m×n}$：

（1）如果 $m = 1$，称矩阵 M 为行矩阵（row matrix）或行向量（row vector）。

（2）如果 $n = 1$，称矩阵 M 为列矩阵（column matrix）或列向量（column vector）。

（3）如果对任意的 i, j，有 $m_{ij} = 0$，称矩阵 M 为零矩阵（zero matrix），记为 $\mathbf{0}_{m×n}$ 或 $\mathbf{0}$。

（4）如果 $m = n$，且对任意的 i，有 $m_{ii} = 1$，其他所有的元素均为 0，称矩阵 M 为单位矩阵（identity matrix），记为 E 或 I。

（5）如果 $m = n$，且主对角线以上或以下的元素为 0，称为三角矩阵（triangular matrix）。其中，

$$\begin{pmatrix} a_{11} & a_{12} & a_{13} & \cdots & a_{1n} \\ 0 & a_{22} & a_{23} & \cdots & a_{2n} \\ 0 & 0 & a_{33} & \cdots & a_{3n} \\ \vdots & \vdots & \vdots & & \vdots \\ 0 & 0 & 0 & \cdots & a_{nn} \end{pmatrix}$$

称为上三角矩阵（upper triangular matrix）；

$$\begin{pmatrix} a_{11} & 0 & 0 & \cdots & 0 \\ a_{21} & a_{22} & 0 & \cdots & 0 \\ a_{31} & a_{32} & a_{33} & \cdots & 0 \\ \vdots & \vdots & \vdots & & \vdots \\ a_{n1} & a_{n2} & a_{n3} & \cdots & a_{nn} \end{pmatrix}$$

称为下三角矩阵（lower triangular matrix）。

1.2 矩阵的运算

定义 1-4 设矩阵 $A = (a_{ij})_{m \times n}$，$B = (b_{ij})_{m \times n}$，则两个矩阵的和（sum）与差（difference）分别定义为

$$M = A + B = (a_{ij} + b_{ij})_{m \times n}$$
$$N = A - B = (a_{ij} - b_{ij})_{m \times n}$$

从定义 1-4 可以看出，两个矩阵只有具有相同的行数和列数时，才能进行加减。

例 1-4 设有矩阵 A、B，分别定义如下：

$$A = \begin{pmatrix} 1 & 5 & 3 \\ 4 & 5 & 1 \end{pmatrix}, \quad B = \begin{pmatrix} 1 & 2 & 3 \\ 4 & 5 & 8 \end{pmatrix}$$

则有

$$A + B = \begin{pmatrix} 1+1 & 5+2 & 3+3 \\ 4+4 & 5+5 & 1+8 \end{pmatrix} = \begin{pmatrix} 2 & 7 & 6 \\ 8 & 10 & 9 \end{pmatrix}$$

$$A - B = \begin{pmatrix} 1-1 & 5-2 & 3-3 \\ 4-4 & 5-5 & 1-8 \end{pmatrix} = \begin{pmatrix} 0 & 3 & 0 \\ 0 & 0 & -7 \end{pmatrix}$$

□

不难验证，矩阵的加法满足下列运算定律。

（1） $A + B = B + A$。

（2） $(A + B) + C = A + (B + C)$。

定义 1-5 设矩阵 $A = (a_{ij})_{m \times n}$，$k \in \mathbf{R}$ 是常数，则矩阵 $(ka_{ij})_{m \times n}$ 称为数 k 与矩阵 A 的数乘（scalar multiplication），记为 kA，即 $kA = (ka_{ij})_{m \times n}$。

不难验证，矩阵的数乘满足如下性质。

（1） $(k_1 k_2) A = k_1 (k_2 A)$。

（2） $(k_1 + k_2) A = k_1 A + k_2 A$；$k(A + B) = kA + kB$。

（3） $kA = \mathbf{0} \Leftrightarrow k = 0$ 或 $A = \mathbf{0}$。

例 1-5 给定两个矩阵 A 和 B，定义如下：

$$A = \begin{pmatrix} 3 & 1 & 0 \\ -1 & 2 & 1 \\ 4 & 4 & 2 \end{pmatrix}, \quad B = \begin{pmatrix} 1 & 0 & 2 \\ -1 & 1 & 1 \\ 2 & 1 & 1 \end{pmatrix}$$

且 $3A - 2X = B$，求矩阵 X。

解：

显然，矩阵 X 与 A、B 是同种类型的，均为三阶方阵，不妨设

$$X = \begin{pmatrix} x_{11} & x_{12} & x_{13} \\ x_{21} & x_{22} & x_{23} \\ x_{31} & x_{32} & x_{33} \end{pmatrix}$$

根据 $3A-2X=B$，有

$$3\begin{pmatrix} 3 & 1 & 0 \\ -1 & 2 & 1 \\ 4 & 4 & 2 \end{pmatrix} - 2\begin{pmatrix} x_{11} & x_{12} & x_{13} \\ x_{21} & x_{22} & x_{23} \\ x_{31} & x_{32} & x_{33} \end{pmatrix} = \begin{pmatrix} 1 & 0 & 2 \\ -1 & 1 & 1 \\ 2 & 1 & 1 \end{pmatrix}$$

即

$$\begin{pmatrix} 9-2x_{11} & 3-2x_{12} & -2x_{13} \\ -3-2x_{21} & 6-2x_{22} & 3-2x_{23} \\ 12-2x_{31} & 12-2x_{32} & 6-2x_{33} \end{pmatrix} = \begin{pmatrix} 1 & 0 & 2 \\ -1 & 1 & 1 \\ 2 & 1 & 1 \end{pmatrix}$$

两个矩阵相等必有对应元素分别相等，因此有

$$X = \begin{pmatrix} 4 & \dfrac{3}{2} & -1 \\ -1 & \dfrac{5}{2} & 1 \\ 5 & \dfrac{11}{2} & \dfrac{5}{2} \end{pmatrix}$$

定义 1-6 设矩阵 $A=(a_{ij})_{m\times p}$，矩阵 $B=(b_{ij})_{p\times n}$，则两个矩阵的乘积（product）定义为 $C=(c_{ij})_{m\times n}$，其中

$$c_{ij} = a_{i1}b_{1j} + a_{i2}b_{2j} + \cdots + a_{ip}b_{pj} = \sum_{k=1}^{p} a_{ik}b_{kj}$$

记为 $C=AB$。

从定义 1-6 可以看出，两个矩阵 A 和 B 如果可以相乘，则矩阵 A 的列数必须与矩阵 B 的行数相同，否则二者无法相乘。

例 1-6 设矩阵 $A=\begin{pmatrix} 3 & 1 & 0 \\ -1 & 2 & 1 \\ 4 & 4 & 2 \end{pmatrix}$，$B=\begin{pmatrix} 1 & 0 & 2 \\ -1 & 1 & 1 \\ 2 & 1 & 1 \end{pmatrix}$，计算 AB 和 BA。

解：

$$AB = \begin{pmatrix} 3\times 1+1\times(-1)+0\times 2 & 3\times 0+1\times 1+0\times 1 & 3\times 2+1\times 1+0\times 1 \\ (-1)\times 1+2\times(-1)+1\times 2 & (-1)\times 0+2\times 1+1\times 1 & (-1)\times 2+2\times 1+1\times 1 \\ 4\times 1+4\times(-1)+2\times 2 & 4\times 0+4\times 1+2\times 1 & 4\times 2+4\times 1+2\times 1 \end{pmatrix}$$

$$= \begin{pmatrix} 2 & 1 & 7 \\ -1 & 3 & 1 \\ 4 & 6 & 14 \end{pmatrix}$$

$$BA = \begin{pmatrix} 1\times 3+0\times(-1)+2\times 4 & 1\times 1+0\times 2+2\times 4 & 1\times 0+0\times 1+2\times 2 \\ (-1)\times 3+1\times(-1)+1\times 4 & (-1)\times 1+1\times 2+1\times 4 & (-1)\times 0+1\times 1+1\times 2 \\ 2\times 3+1\times(-1)+1\times 4 & 2\times 1+1\times 2+1\times 4 & 2\times 0+1\times 1+1\times 2 \end{pmatrix}$$

$$= \begin{pmatrix} 11 & 9 & 4 \\ 0 & 5 & 3 \\ 9 & 8 & 3 \end{pmatrix}$$

从例 1-6 可以看出，矩阵的乘法运算不满足交换律。可以验证，矩阵的乘法运算满足如下的性质。

（1） $(AB)C = A(BC)$，$k(AB) = (kA)B = A(kB)$。

（2） $A(B + C) = AB + AC$。

定义 1-7 设矩阵 $A = (a_{ij})_{m \times n}$，矩阵 A 的转置（transpose）记为 A^{T} 或 A'，定义为

$$A^{\mathrm{T}} = (a'_{ij})_{n \times m}，其中 a'_{ij} = a_{ji}$$

例 1-7 如果矩阵 $A = \begin{pmatrix} 3 & 1 & 0 \\ -1 & 2 & 1 \\ 4 & 4 & 2 \end{pmatrix}$，则矩阵 A 的转置为 $A^{\mathrm{T}} = \begin{pmatrix} 3 & -1 & 4 \\ 1 & 2 & 4 \\ 0 & 1 & 2 \end{pmatrix}$。

可以证明，矩阵的转置满足如下的性质。

（1） $(A^{\mathrm{T}})^{\mathrm{T}} = A$。

（2） $(A + B)^{\mathrm{T}} = A^{\mathrm{T}} + B^{\mathrm{T}}$。

（3） $(AB)^{\mathrm{T}} = B^{\mathrm{T}} A^{\mathrm{T}}$。

1.3 布尔矩阵

定义 1-8 如果一个 $m \times n$ 矩阵中的所有元素都是 0 或 1，称该矩阵是布尔矩阵（Boolean matrix）。

需要说明的是，布尔矩阵中的 0 或 1 并不代表数值中的 0 或 1，而是代表布尔常量 0 或 1，分别表示逻辑假（false）和逻辑真（true）。

与一般矩阵的运算相同，布尔矩阵也可以进行加、减和乘法运算，但由于布尔值进行加、减和乘法运算没有意义，因此需要定义布尔矩阵的运算，它与一般矩阵的运算是不同的。

定义 1-9 设有布尔矩阵 $A = (a_{ij})_{m \times n}$ 和 $B = (b_{ij})_{m \times n}$，则：

（1）两个布尔矩阵的交集（intersection），记为 $C = A \wedge B = (c_{ij})_{m \times n}$，定义为

$$c_{ij} = \begin{cases} 0, & \text{如果 } a_{ij} = 0 \text{ 或 } b_{ij} = 0 \\ 1, & \text{如果 } a_{ij} = 1 \text{ 且 } b_{ij} = 1 \end{cases} \quad (i = 1, 2, \cdots, m; \quad j = 1, 2, \cdots, n)$$

（2）两个布尔矩阵的并集（union），记为 $C = A \vee B = (c_{ij})_{m \times n}$，定义为

$$c_{ij} = \begin{cases} 0, & \text{如果 } a_{ij} = 0 \text{ 且 } b_{ij} = 0 \\ 1, & \text{如果 } a_{ij} = 1 \text{ 或 } b_{ij} = 1 \end{cases} \quad (i = 1, 2, \cdots, m; \quad j = 1, 2, \cdots, n)$$

例 1-8 给定两个矩阵 $A = \begin{pmatrix} 1 & 1 & 0 \\ 1 & 0 & 0 \\ 0 & 0 & 1 \\ 0 & 0 & 0 \end{pmatrix}$，$B = \begin{pmatrix} 0 & 1 & 0 \\ 1 & 0 & 1 \\ 0 & 0 & 1 \\ 1 & 1 & 0 \end{pmatrix}$，则

$$A \wedge B = \begin{pmatrix} 0 & 1 & 0 \\ 1 & 0 & 0 \\ 0 & 0 & 1 \\ 0 & 0 & 0 \end{pmatrix}, \quad A \vee B = \begin{pmatrix} 1 & 1 & 0 \\ 1 & 0 & 1 \\ 0 & 0 & 1 \\ 1 & 1 & 0 \end{pmatrix}$$

定义 1-10　如果布尔矩阵 $A = (a_{ij})_{m \times p}$，$B = (b_{ij})_{p \times n}$，则两个布尔矩阵的布尔积（Boolean product），记为 $C = A \odot B = (c_{ij})_{m \times n}$，定义为

$$c_{ij} = \begin{cases} 1 & \text{如果存在 } k = 1, 2, \cdots, p, \text{ 使} a_{ik} = 1 \text{且} b_{kj} = 1 \\ 0 & \text{其他} \end{cases} \quad (i = 1, 2, \cdots, m;\ j = 1, 2, \cdots, n)$$

例 1-9　给定两个矩阵 $A = \begin{pmatrix} 1 & 1 & 0 \\ 1 & 0 & 0 \\ 0 & 0 & 1 \\ 0 & 0 & 0 \end{pmatrix}$，$B = \begin{pmatrix} 0 & 1 & 0 & 1 \\ 1 & 0 & 1 & 0 \\ 0 & 0 & 1 & 1 \end{pmatrix}$，计算 A 与 B 的布尔积 C。

解：

由于 A 中的第一行中 $a_{12}=1$，B 的第一列中 $b_{21}=1$，因此 $c_{11}=1$。

由于 A 中的第一行中 $a_{11}=1$，B 的第一列中 $b_{12}=1$，因此 $c_{12}=1$。

由于 A 中的第一行中 $a_{12}=1$，B 的第一列中 $b_{23}=1$，因此 $c_{13}=1$。

由于 A 中的第一行中 $a_{11}=1$，B 的第一列中 $b_{14}=1$，因此 $c_{14}=1$。

类似地，可以求出矩阵 A 与 B 的布尔积 C，如下：

$$C = A \odot B = \begin{pmatrix} 1 & 1 & 1 & 1 \\ 0 & 1 & 0 & 1 \\ 0 & 0 & 1 & 1 \\ 0 & 0 & 0 & 0 \end{pmatrix}$$

□

可以证明，布尔矩阵的运算满足如下性质。

(1) $A \vee B = B \vee A$，$A \wedge B = B \wedge A$。

(2) $(A \vee B) \vee C = A \vee (B \vee C)$，$(A \wedge B) \wedge C = A \wedge (B \wedge C)$。

(3) $A \vee (B \wedge C) = (A \vee B) \wedge (A \vee C)$，$A \wedge (B \vee C) = (A \wedge B) \vee (A \wedge C)$。

(4) $(A \odot B) \odot C = A \odot (B \odot C)$。

阅读材料

魔 方 矩 阵

魔方矩阵又称幻方、纵横图、九宫图，最早记录于我国古代的洛书。在我国古老的《易经》中有这样一句话："河出图，洛出书，圣人则之[①]。"后来人们根据这句话传出许多神话来。据说夏禹治水时，有龙马从河中跃出献上河图，有乌龟从洛河中浮出献上洛书，后人称之为"河图"或"洛书"。据说河图中包含了治理国家大事的大道理，传说孔子就是因为当时世风日下，没有圣人之治，以致"河不出图"而感慨

[①] 见《易·系辞上》，这里的圣人，指的是人类文化始祖伏羲。

万千[①]。

洛书没有文献记载，据说就是九宫图，用阿拉伯数字表示出来就是图 1-1，它是 1～9 这 9 个数字组成的一个方阵，其中每行、每列以及两条对角线上的 3 个数字之和都等于 15。此外，4 个角上的数字 4、2、6、8 以及 4 条边上中间的数字 9、7、1、3 的和，分别都等于 20。

4	9	2
3	5	7
8	1	6

图 1-1　九宫图

九宫图是一个三阶纵横图，是一个有趣的组合问题，在欧洲称为魔方矩阵或幻方，阿尔布雷特·丢勒（Albrecht Dürer，1471—1528）于 1514 年创作的木雕《忧郁》是西方最早关于魔方矩阵的记载（见图 1-2）。

图 1-2　木雕《忧郁》（来源于网络）

我国南宋时代的数学家杨辉，对魔方矩阵进行了深入研究，并称其为纵横图。他深入研究了三阶纵横图并给出了算法，记载在 1275 年编写的《续古摘奇算法》上："九子斜排，上下对易，左右相更，四维挺出，戴九履一，左三右七，二四为肩，六八为足。" 具体做法：将 1～9 这 9 个数字按斜排如图 1-3 所示。然后将 1 和 9 位置对调，3 和 7 对调，得到图 1-4。最后把 1、3、9、7 这 4 个数字向中间的 5 移近，就得到了图 1-1 的九宫图——三阶魔方矩阵。

n 阶魔方矩阵中每行、每列以及每条对角线上的数字之和为

$$\frac{1+2+\cdots+n^2}{n}=\frac{n^2(1+n^2)}{2n}=\frac{n(1+n^2)}{2}$$

[①] 出自《论语·子罕》，原文：凤鸟不至，河不出图，吾已矣夫。意思是：凤鸟不来了，黄河中也不出现八卦图了。我这一生也就完了吧！他将凤鸟与河图的再现看作圣王出现的象征。然而，孔子的思想主张亦难以实现。孔子的这一声感叹，发生在鲁哀公十四年（公元前 481 年），此时孔子年七十有一，回到鲁国也已经三年了。这三年，孔子序书传礼记、删诗正乐、作春秋、序易象、系、象、说卦、文言等，一心整理文化。孔子已知其心中王道理想不能实现，故托求在文化教育事业上，接续传统文化，教育弟子，以待后人开创新的局面。

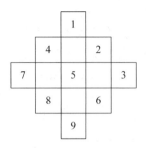

图 1-3　将 1～9 按斜排

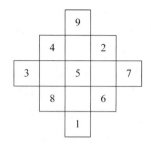

图 1-4　上下、左右元素对调

基于杨辉关于三阶纵横图构造的方法，构造一个五阶纵横图。首先是将 25 个数字斜排，如图 1-5 所示。然后将上方的 1、6 和 2 调到 19 的上、左和右 3 个方向，如图 1-6 所示；将下方的 25、24 和 20 调到 7 的下、左和右 3 个方向，如图 1-7 所示。类似地，将左边的 3 个数字和右边的 3 个数字分别调到相应的方向，即得到如图 1-8 所示的五阶纵横图。

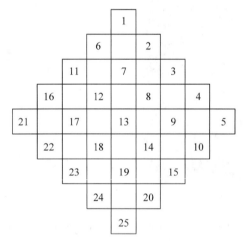

图 1-5　将 1～25 斜排

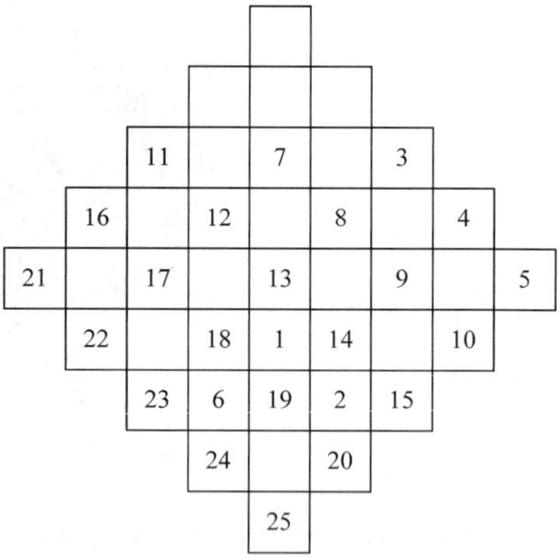

图 1-6　1、6 和 2 移至 19 的上左右

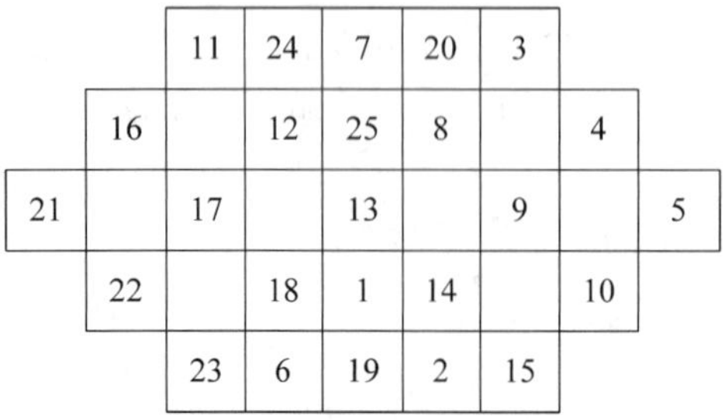

图 1-7　25、24 和 20 移至 7 的下左右

11	24	7	20	3
4	12	25	8	16
17	5	13	21	9
10	18	1	14	22
23	6	19	2	15

图 1-8　五阶纵横图

类似的方法，可以构造出七阶、九阶等奇数阶魔方矩阵。

对于阶大于 2 的偶数阶魔方矩阵，可以分为以下两种情况分别构造。

（1）当阶是 4 的倍数时，采用对称元素交换法构造。首先把 $1 \sim n^2$ 按从上至下、从左至右填入矩阵，然后将矩阵划分为 4×4 的子方阵，将所有子方阵中两条对角线上的数关于大方阵中心进行对称交换，其他位置上的数字保持不变。

（2）当阶 n 不是 4 的倍数的偶数时，例如 $n = 4k + 2$，首先把大方阵分解为 4 个阶为 $2k+1$ 的子方阵，按照左上、右下、右上、左下的顺序，将 $1 \sim n^2$ 按照奇数阶方阵的形式填入 4 个子方阵中。然后，标记出 4 个子方阵中如下的元素。

① 右半边两个小方阵中大于 $k+2$ 的列。
② 左半边两个小方阵中位于 $(k+1, k+1)$ 的格位。
③ 左半边两个小方阵中除了 $(k+1,1)$ 的格位之外，小于 $k+1$ 的列。

将上半边及下半边方阵中有标记的数字对调，完成阶为 $n = 4k + 2$ 魔方矩阵的构造。

例 1-10 构造八阶魔方矩阵。

解：

首先构造如图 1-9 所示的二维表格。将其划分为 4 个 4×4 的子方阵，并将子方阵中两条对角线上的数字用粗斜体表示。

接下来，将所有子方阵中两条对角线的元素关于大方阵的中心进行对称交换，构造如图 1-10 所示的八阶魔方矩阵。

1	2	3	*4*	*5*	6	7	*8*
9	*10*	*11*	12	13	*14*	*15*	16
17	*18*	*19*	20	21	*22*	*23*	24
25	26	27	*28*	*29*	30	31	*32*
33	34	35	*36*	*37*	38	39	*40*
41	*42*	*43*	44	45	*46*	*47*	48
49	*50*	*51*	52	53	*54*	*55*	56
57	58	59	*60*	*61*	62	63	*64*

图 1-9 将 $1 \sim 64$ 构造二维表格

64	2	3	*61*	*60*	6	7	*57*
9	*55*	*54*	12	13	*51*	*50*	16
17	*47*	*46*	20	21	*43*	*42*	24
40	26	27	*37*	*36*	30	31	*33*
32	34	35	*29*	*28*	38	39	*25*
41	*23*	*22*	44	45	*19*	*18*	48
49	*15*	*14*	52	53	*11*	*10*	56
8	58	59	*5*	*4*	62	63	*1*

图 1-10 将所有子方阵两条对角线的元素关于大方阵的中心进行对称交换

□

例 1-11 构造六阶和十阶魔方矩阵。

解：

首先构造六阶魔方矩阵，基于 $n = 4k + 2$，可以计算出 $k = 1$，再构造 4 个三阶的子方阵，并按照左上、右下、右上、左下的顺序，将 $1 \sim 36$ 按照三阶魔方矩阵的方式填入，如图 1-11 所示。

根据规则①，由于 $k + 2 = 3$，因此在右半边两个小方阵中不存在需要标记的列。

根据规则②，左半边两个小方阵中，需要标注的格位为 (2,2)。

根据规则③，左半边两个小方阵第 1 列（列数小于 2）中除去格位（2,1）的所有数字。

将上下两个半阵中标记的数字（粗斜体）进行互换，得到如图 1-12 所示的魔方矩阵。

8	1	6	26	19	24
3	***5***	7	21	23	25
4	9	2	22	27	20
35	28	33	17	10	15
30	***32***	34	12	14	16
31	36	29	13	18	11

图 1-11 按照左上、右下、右上、左下构造 4 个子方阵

35	1	6	26	19	24
3	***32***	7	21	23	25
31	9	2	22	27	20
8	28	33	17	10	15
30	***5***	34	12	14	16
4	36	29	13	18	11

图 1-12 将上下两个半阵中标记的数字进行互换

进一步熟悉上述方法，构造十阶魔方矩阵。由于 $n = 4k+2 = 10$，因此 $k=2$。首先构造 4 个五阶魔方矩阵，将 1～100 按左上、右下、右上、左下的顺序依次填入，如图 1-13 所示。

17	***24***	1	8	15	67	74	51	58	***65***
23	***5***	7	14	16	73	55	57	64	***66***
4	***6***	***13***	20	22	54	56	63	70	***72***
10	***12***	19	21	3	60	62	69	71	***53***
11	***18***	25	2	9	61	68	75	52	***59***
92	***99***	76	83	90	42	49	26	33	***40***
98	***80***	82	89	81	48	30	32	39	***41***
79	***81***	***88***	95	97	29	31	38	45	***47***
85	***87***	94	96	78	35	37	44	46	***28***
86	***93***	100	77	84	36	43	50	27	***34***

图 1-13 按照左上、右下、右上、左下构造 4 个子方阵

根据规则①，由于 $k+2=4$，因此在右半边两个小方阵中列数大于 4 的需要标记，即最右侧的列。

根据规则②，左半边两个小方阵中，需要标注的格位为（3,3）。

根据规则③，左半边两个小方阵第 1、2 列（列数小于 3）中除去格位（3,1）的所有数字。

将上下两个半阵中标记的数字（粗斜体）进行互换，得到如图 1-14 所示的魔方矩阵。

92	99	1	8	15	67	74	51	58	40
98	80	7	14	16	73	55	57	64	41
4	81	88	20	22	54	56	63	70	47
85	87	19	21	3	60	62	69	71	28
86	93	25	2	9	61	68	75	52	34
17	24	76	83	90	42	49	26	33	65
23	5	82	89	81	48	30	32	39	66
79	6	13	95	97	29	31	38	45	72
10	12	94	96	78	35	37	44	46	53
11	18	100	77	84	36	43	50	27	59

图 1-14 将上下两个半阵中标记的数字进行互换

习题 1

1. 已知矩阵 A 和 B 定义如下：

$$A = \begin{pmatrix} 1 & 2 & 3 \\ 2 & 3 & 4 \\ 1 & 3 & 2 \\ -1 & 4 & 2 \end{pmatrix}, \quad B = \begin{pmatrix} 2 & 1 & 3 & 1 \\ 2 & 2 & 4 & 2 \\ 3 & 3 & 2 & 3 \end{pmatrix}$$

计算：

（1）A^{T}，B^{T}。　　　　　　　（2）$2A$，$3B$。

（3）$A + B^{\mathrm{T}}$，$A^{\mathrm{T}} - B$。　　　（4）AB。

2. 已知两个布尔矩阵 A 和 B 定义如下：

$$A = \begin{pmatrix} 1 & 0 & 1 \\ 0 & 1 & 1 \\ 1 & 0 & 1 \\ 1 & 0 & 1 \end{pmatrix}, \quad B = \begin{pmatrix} 0 & 1 & 0 & 1 \\ 0 & 0 & 1 & 0 \\ 1 & 1 & 0 & 1 \end{pmatrix}$$

计算：

（1）$A^{\mathrm{T}} \vee B$。　　（2）$A \wedge B^{\mathrm{T}}$。　　（3）$A \odot B$。

3. 证明不存在二阶魔方矩阵。

4. 利用相关的编程语言，编写构造任意阶大于 2 的魔方矩阵的相关程序。

第 2 章　排列组合与数论初步

本章导引

例 2-1　从烟台出发,到北京、上海、西安、杭州、拉萨 5 个城市旅游,最后回到烟台。已知所有城市间的单向路线的费用,可以按路线的费用累加得到旅游费用,那么按照怎样的顺序游玩这些城市费用最省?

分析:如果能列出所有的旅游路线,计算每条路线的费用,选择费用最少的路线即可。由于起点和终点是确定的,其根本区别在于如何选择中间的 5 个城市,这 5 个城市的排列有 5!=120 种方案,即有 120 种不同的选择。将每条路线的费用计算出来,从 120 种结果中选择最少的即可。

例 2-2　甲数是 36,甲、乙两数的最小公倍数是 288,最大公约数是 4,乙数应该是多少?

分析:此题的关键在于找出两数最小公约数和最大公倍数之间的关系。由于二者的最大公约数是 4,因此乙应该是 4 的倍数,但不是 12 和 36 的倍数。可以从这个角度去搜索这个数。

2.1　基本计数原则

分析计算机算法的时间复杂性和空间复杂性时,需要对基本操作的运行次数和运行算法需要的存储空间进行计数,这是计数原则的基本运用。基本的计数原则有加法原则和乘法原则。

2.1.1　加法原则

从烟台到北京,可以坐飞机或火车,飞机每天有 4 个航班,火车每天有 5 个车次,则从烟台到北京有 9 种不同的选择方式。这是加法原则的基本应用。

定义 2-1(加法原则)　实现一个任务,有 n 种不同的方式可以选择,每种方式都可以独立完成任务,在第 i 种方式中,有 a_i 种具体的实现方式。则实现这个任务的方式有 N 种,即

$$N = \sum_{i=1}^{n} a_i = a_1 + a_2 + \cdots + a_n$$

例 2-3　学生请老师推荐一本程序设计的入门教材,该老师熟悉 C、C++和 Java 三门编程语言,已知这三门语言的入门教材分别有 4、5 和 6 本。那么该教师可以有 4+5+6=15 种选择方式。

2.1.2 乘法原则

从烟台到北京出差，中间需要到济南办事。已知从烟台到济南有 4 种方式，从济南到北京有 10 种方式，则此次出差有 4×10＝40 种方式。这是乘法原则的基本应用。

定义 2-2 完成某个任务需要 n 个步骤，在第 i 步有 a_i 种实现方式，则完成该任务的方式总数为

$$N = \prod_{i=1}^{n} a_i = a_1 \times a_2 \times \cdots \times a_n$$

例 2-4 已知 ASCII（American Standard Code for Information Interchange）码由 7 位二进制数组成，请问这种表示形式可以表示多少个不同的 ASCII 符号？

解：

由于 ASCII 码由 7 位二进制数组成，因此，要表示一个 ASCII 码，需要将 7 位中的每位都填上合适的二进制数。根据乘法原则，7 位二进制数可以表示的符号个数为 $2^7=128$。

□

例 2-5 求小于 10000 的正整数中含 1 的数字的个数。

解：

小于 10000 的正整数，可以把 8、18、188 等不足 4 位的数字用 0 填充，看成 0008、0018 和 0188，基于乘法原则，共有 9999 个，其中不含 1 的数字有 $9^4-1=6560$ 个。因此，小于 10000 的正整数含 1 的数字的个数为

$$9999-6560=3439$$

□

2.2 排列

定义 2-3 设 $A=\{a_1,a_2,\cdots,a_n\}$ 是包含 n 个不同元素的集合，从集合 A 中任取 r（$1 \leqslant r \leqslant n$）个元素排成一列，称为从集合 A 中取 r 个数的一个排列。

例如，当 $A=\{a,b,c,d\}$、$r=2$ 时，从 A 中取两个元素的全体排列如下：

$$ab,ba,ac,ca,ad,da,bc,cb,bd,db,cd,dc$$

共有 12 个。

令 A_n^r 表示从包含 n 个不同元素的集合中任取 r 个元素排列的数目[①]，该问题相当于从 n 个编号为 $1\sim n$ 的球中任意选择 r 个排列成一列。首先选取第一个球，有 n 种取法，从余下的 $n-1$ 个球中选取第二个球，有 $n-1$ 种取法，以此类推。当取至第 r 个球时，有 $n-r+1$ 种取法。根据乘法原则，有

$$A_n^r = n(n-1)(n-2)\cdots(n-r+1)$$

---

① 有的教材也将 A_n^r 表示为 $P(n,r)$ 或 P_n^r。

进一步，基于 $n! = n \times (n-1) \times \cdots \times 2 \times 1$，可以得到

$$A_n^r = \frac{n!}{(n-r)!}$$

显然，当 $r = n$ 时，有 $A_n^r = n!$。

例 2-6 求 20000～69999 的偶数中由不同数字组成的 5 位数的个数。

解：

用 $abcde$ 来表示这 5 位数，其中 $2 \leq a \leq 6$，$e = 0,2,4,6,8$。分以下两种情况讨论。

（1）当 $a = 2,4,6$ 时，e 有 4 种选择，bcd 有 A_8^3 种选择，根据乘法原则，有

$$3 \times 4 \times A_8^3 = 4032$$

（2）当 $a = 3,5$ 时，e 有 5 种选择，bcd 有 A_8^3 种选择，根据乘法原则，有

$$2 \times 5 \times A_8^3 = 3360$$

根据加法原则，总个数为 4032+3360=7392。

例 2-7 A 和 B 两个单位的人进行集体合影。A 单位有 7 位代表，B 单位有 3 位代表。

解：

（1）如果要求 B 单位的 3 个人排在一起，则此时可以将 B 单位的 3 位代表看成一个元素参加 A 单位的排列，可得方案数为 (7+1)!=8!。同时，B 单位的 3 个人有 3! 种排列。根据乘法原则，总排列方案数为

$$8! \times 3!$$

（2）如果要求在排列中，A 单位的人排在两端，B 单位的 3 个人不能相邻。在计算排列方案数时，可以首先将 A 单位的人排列，有 7! 种排列。两端固定后，将 B 单位中的 3 个人插入相应的位置。设 A 单位 7 个人排列为 $A_1 A_2 A_3 A_4 A_5 A_6 A_7$，则 A 单位的人中间共有 6 个位置可以提供给 B 单位的人，因此共有 A_6^3 种选择。根据乘法原则，此时的总排列方案数为

$$7! \times A_6^3$$

进一步，如果从包含 n 个不同元素的集合 A 中任取 r 个元素排列成一个圆周，称为**圆周排列**，或简称**圆排列**。例如，当元素 $abcd$ 组成圆排列时，$abcd$、$bcda$、$cdab$ 和 $dabc$ 是一种排列。

把从包含 n 个不同元素的集合 A 中任取 r 个元素排列成一个圆周的排列数记为 Q_n^r，则有

$$Q_n^r = \frac{A_n^r}{r}$$

显然，当 $r = n$ 时，有 $Q_n^r = (n-1)!$。

例 2-8 5 对夫妇出席一次宴会，围一个圆桌坐下，计算有几种不同的方案，如果要求夫妻相邻，又有多少种方案？

解：

5 对夫妇若没有其他要求，则有 $Q_{10}^{10} = 9!$ 种方案。

如果要求夫妇相邻而坐，则看成 5 个元素的全排列，排列数为 $Q_5^5 = 4!$，加上 5 对夫妻的排列，因此排列数为

$$2^5 \times 4! = 32 \times 24 = 768$$

相对于普通的排列方式，圆周排列的这种处理方式又称**计数的除法原则**，描述如下。

除法原则　如果一个任务可以用 n 种方式完成，对于每种完成任务的方式恰好有 d 种与其对应，那么完成这个任务的方法数为 n/d。

2.3　组合

组合问题是计算机科学中的典型问题，在实际生产中也有着广泛的应用。例如，从 20 位学生中选择两名学生参加社会实践，有多少种取法？这属于典型的组合问题，通过下面的例题来说明。

例 2-9　从集合 $\{1,2,\cdots,n\}$ 中选择 3 个数，要求各位数字各不相同，问有多少种取法？

解：

从 n 个数字中选择 3 位数字，可以一位一位地取，因此可以基于乘法原则进行。第一次选择时，可以从 n 个数中选择 1 位，共有 n 种选择；第二次选择时，可以从剩下的 $n-1$ 个数中选择 1 位，有 $n-1$ 种选择；第三次选择时，可以从剩下的 $n-2$ 个数中选择 1 位，有 $n-2$ 种选择。因此总的选取次数为 $n\times(n-1)\times(n-2)$ 种。

将该问题一般化，从 $\{1,2,\cdots,n\}$ 中选取 r 个数，根据乘法原则，可选择的方案数为

$$n \times (n-1) \times (n-2) \times \cdots \times (n-r+1) = \frac{n!}{(n-r)!} = A_n^r$$

进一步，如果 $r = n$，该问题相当于将 n 个数进行全排列的次数，共有

$$n \times (n-1) \times (n-2) \times \cdots \times 2 \times 1 = \frac{n!}{(n-n)!} = A_n^n = n!$$

种。

例 2-10　在例 2-9 中，如果不考虑取出数字的先后顺序，有多少种取法？

解：

从 $\{1,2,\cdots,n\}$ 中选择 3 个数，假设取出的数字是 1、2、3 共 3 个数，则取出这 3 个数字后，共有 3!=6 种不同的排列方式。因此，如果不考虑取出数字的先后顺序，取法的种数为

$$\frac{n \times (n-1) \times (n-2)}{3!}$$

将该问题一般化，从 $\{1,2,\cdots,n\}$ 中选取 r 个数组成一个集合，可选择的方案数为

$$\frac{n \times (n-1) \times (n-2) \times \cdots \times (n-r+1)}{r!} = \frac{n!}{r!(n-r)!} = C(n,r)$$

关于组合数 $C(n,r)$，有下面的定理 2-1。

定理 2-1 设 n、r 为正整数，则

（1） $C(n,r) = \dfrac{n}{r} C(n-1, r-1)$；

（2） $C(n,r) = C(n, n-r)$；

（3） $C(n,r) = C(n-1, r-1) + C(n-1, r)$。

分析：本题属于数值化证明，只需将 $C(n,r)$ 的公式代入相关公式即可。

证明：

（1）根据组合数的定义，有

$$C(n-1, r-1) = \frac{(n-1)!}{(r-1)!(n-r)!}$$

$$C(n,r) = \frac{n!}{r!(n-r)!} = \frac{n(n-1)!}{r(r-1)!(n-r)!}$$

因此，$C(n,r) = \dfrac{n}{r} C(n-1, r-1)$。

（2）根据组合数的定义，有

$$C(n,r) = \frac{n!}{r!(n-r)!}$$

$$C(n, n-r) = \frac{n!}{(n-r)!r!}$$

因此，$C(n,r) = C(n, n-r)$。

（3）根据组合数的定义，有

$$C(n-1, r-1) = \frac{(n-1)!}{(r-1)!(n-r)!} = \frac{(n-1)!}{(r-1)!(n-r)(n-1-r)!}$$

$$C(n-1, r) = \frac{(n-1)!}{r!(n-1-r)!} = \frac{(n-1)!}{r(r-1)!(n-1-r)!}$$

因此，有

$$\begin{aligned}
& C(n-1, r) + C(n-1, r-1) \\
&= \frac{(n-1)!}{r(r-1)!(n-1-r)!} + \frac{(n-1)!}{(r-1)!(n-r)(n-1-r)!} \\
&= \frac{(n-1)!}{(r-1)!(n-1-r)!} \left(\frac{1}{r} + \frac{1}{n-r} \right) \\
&= \frac{(n-1)!}{(r-1)!(n-1-r)!} \times \frac{n}{r(n-r)} \\
&= \frac{n!}{r!(n-r)!} \\
&= C(n,r)
\end{aligned}$$

□

关于 $C(n,r) = C(n-1, r-1) + C(n-1, r)$，可以将其看成递推的公式，即从较小的 n, r 推导出较大的 n, r，它在多项式的求解中有着重要的应用，如下：

$$(a+b)^0 = C(0,0)a^0b^0$$
$$(a+b)^1 = C(1,1)a^1b^0 + C(1,0)a^0b^1$$
$$(a+b)^2 = C(2,2)a^2b^0 + C(2,1)a^1b^1 + C(2,0)a^0b^2$$
$$(a+b)^3 = C(3,3)a^3b^0 + C(3,2)a^2b^1 + C(3,1)a^1b^2 + C(3,0)a^0b^3$$
$$(a+b)^4 = C(4,4)a^4b^0 + C(4,3)a^3b^1 + C(4,2)a^2b^2 + C(4,1)a^1b^3 + C(4,0)a^0b^4$$
$$\vdots$$

可以将上述多项式的系数排列成如图 2-1 所示的方式，称为杨辉[①]三角形或 Pascal[②]三角形。

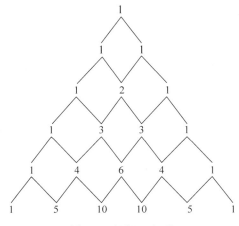

图 2-1　杨辉三角形

例 2-11　从 1～300 中任取 3 个数字使其和能被 3 整除，有多少种方法？

解：

可以将 300 个数字按照除以 3 的余数进行分类，分成如下 3 个集合：
$$A = \{1,4,7,\cdots,298\}$$
$$B = \{2,5,8,\cdots,299\}$$
$$C = \{3,6,9,\cdots,300\}$$

要使组成的数字和能被 3 整除，共有两种方案：一是从每个集合中各取 1 个数字，另一种是从一个集合中取 3 个数字。第一种方案的数量为 $C(100,1)^3$，第二种方案的数量为 $3C(100,3)$。根据乘法原则和加法原则，总的方案数量为
$$C(100,1)^3 + 3C(100,3) = 1485100$$

□

[①] 杨辉，字谦光，钱塘（今杭州）人，南宋杰出的数学家和数学教育家。杨辉署名的数学书共 5 种 21 卷。他在总结民间乘除捷算法、"垛积术"、纵横图以及数学教育方面，均做出了重大的贡献。他是世界上第一个排出丰富的纵横图和讨论其构成规律的数学家。与秦九韶、李冶、朱世杰并称宋元数学四大家。

[②] 布莱士·帕斯卡（Blaise Pascal，1623—1662），法国数学家、物理学家、哲学家、散文家。16 岁时发现著名的帕斯卡六边形定理，17 岁时写成《圆锥曲线论》。1642 年，他设计并制作了一台能自动进位的加减法计算装置，该装置被称为世界上第一台数字计算器，为以后的计算机设计提供了基本原理。

2.4 鸽笼原理

定理 2-2（鸽笼原理，pigeonhole principle） 将 $n+1$ 只鸽子放进 n 个笼子，则至少有一个笼子里放着不少于两只鸽子。

鸽笼原理阐述的是一个基本事实，又称抽屉原理（drawer principle）。下面首先通过几个例题探索一下鸽笼原理的应用。

例 2-12 从 1~100 中任意选 51 个数，那么其中一定存在两个数的和是 101。

分析：从 100 个数中选 51 个数，这 51 个数相当于鸽子数，现在要构造 50 个笼子。联想两个数的和是 101，因此可以将 100 个数分成 50 组，使每一组中两个数的和都是 101。

解：
设 $A_1=\{1,100\}$，$A_2=\{2,99\}$，…，$A_{50}=\{50,51\}$。从 100 个数中任意选 51 个，则一定会有两个数位于同一个集合 A_i 中，而这两个数的和是 101。

□

例 2-13 某校初中部有 30 个班，每班平均 52 人。已知这些学生的 90%都是在 1978—1980 年这三年出生的，问他们中有同年同月同日出生的吗？

解：
全校共有学生 52×30=1560 人，1978—1980 年出生的有 1560×90%=1404 人，而这三年有 365×3+1=1096 天。由鸽笼原理知道，至少有两个同学是同年同月同日出生的。

□

将鸽笼原理推广至一般形式，有下面的推论。

推论 2-1 若有 n 只鸽子住进 m 个笼子，则至少有一个笼子住进不少于 $\left\lfloor \dfrac{n-1}{m} \right\rfloor+1$ 只鸽子。其中 $\lfloor x \rfloor$ 表示小于或等于 x 的最大整数。

2.5 素数

定义 2-4 设 a、b 是两个整数，$b \neq 0$，如果存在整数 c 使 $a=bc$，则称 a 被 b 整除，或称 b 整除 a，记为 $b|a$。又称 a 是 b 的倍数（multiple），b 是 a 的因子（factor）。

显然，任何数都有两个正因子：1 和它自身，称为它的平凡因子。除平凡因子外，其他因子都称为真因子。例如，6 有 1、2、3、6 共 4 个因子，其中 1 和 6 是 6 的两个平凡因子，2 和 3 是 6 的真因子。

不难验证，整除有如下的性质。

性质 2-1 如果 $a|b$ 且 $a|c$，则对任意的整数 x、y，有 $a|(xb+yc)$。

性质 2-2 如果 $a|b$ 且 $b|c$，则 $a|c$。

性质 2-3 设 $m \neq 0$，则 $a|b$，当且仅当 $ma|mb$。

性质 2-4 如果 $a|b$ 且 $b|a$，则 $a=\pm b$。

性质 2-5 如果 $a|b$ 且 $b \neq 0$，则 $|a| \leqslant |b|$。

定义 2-5 如果正整数 a 大于 1 且只能被 1 和它自身整除，则称数 a 是素数[①]或质数（prime）；如果 a 大于 1 且 a 不是素数，则称 a 是合数（composite number）。

定理 2-3（算术基本定理，fundamental theorem of arithmetic） 设 $a > 1$，则

$$a = p_1^{r_1} p_2^{r_2} \cdots p_k^{r_k}$$

其中，$p_1, p_2, \cdots, p_k$ 是互不相同的素数；$r_1, r_2, \cdots, r_k$ 是正整数。

定理 2-3 中的表达式称为整数 a 的素因子分解，且该表示形式是唯一的。例如：

$$100 = 2^2 5^2$$
$$200 = 2^3 5^2$$
$$\vdots$$

例 2-14 判断 100 有多少个正因子。

解：

根据算术基本定理，可以将 100 分解为若干素数的乘积，即 $100=2^2 5^2$。100 的因子是若干素数的乘积，其中 2 有 2+1=3 种取法，5 有 2+1=3 种取法。根据乘法原则，100 的正因子数为

$$(2+1) \times (2+1) = 9$$

例 2-15 判断 1000! 后有多少个零？

分析： 根据定理 2-3，1000! 可以表示成若干素数相乘，在所有的素数中，只有 2 和 5 的乘积会产生 0，因此只需要判断 1000! 的表示形式中 2 和 5 的个数即可。

解：

由于每个数都可以分解为若干素数的乘积，而所有的素数中只有 2 和 5 的乘积才会得出 0，因此，只需统计 1000! 中 2 的个数和 5 的个数，然后取其最少值即可。

在 1~1000 中，存在 500 个偶数，因此 2 的个数超过了 500。

在 1~1000 中，5 的倍数有 200 个，分别是 5, 10, …

同样，25 的倍数有 40 个，分别是 25, 50, …

125 的倍数有 8 个，分别是 125, 250, …

625 的倍数有 1 个，即 625 自身。

因此，1000! 后面 0 的个数为 200+40+8+1=249。

关于判断一个数是不是素数，有如下的 3 个定理。

定理 2-4 如果正整数 a 是一个合数，则 a 必有一个小于或等于 $a-1$ 的真因子。

定理 2-5 如果正整数 a 是一个合数，则 a 必有一个小于或等于 $a/2$ 的真因子。

定理 2-6 如果正整数 a 是一个合数，则 a 必有一个小于或等于 $\sqrt{a}$ 的真因子。

根据上述定理，判断一个数 a 是不是素数，只需要判断从 2~$\sqrt{a}$ 的正整数是不是 a 的因子即可。对该问题编程实现，参考程序 2-1。

[①] 1 不是素数。古希腊人把一切数看成几何量，称为矩形数，而把只能表示为唯一的矩形数称为素数。1 是一个单位数，不能构成矩形数，因此 1 不是素数。

程序 2-1　判断一个数是不是素数

```c
#include<stdio.h>
#include<math.h>
int main()
{
    int a;
    int i;

    printf("please input the number:");
    scanf("%d",&a);
    for(i=2;i*i<=a;i++)
    {
        if(a%i==0)
            break;
    }

    if(i>(int)sqrt(a*1.0))
        printf("yes");
    else
        printf("no");

    return 0;
}
```

例 2-16　编程求取 100 以内的素数。

分析：根据定理 2-6，由于 100 的平方根是 10，因此，判断 2～100 这 99 个数是不是素数时，只需要判断 2～10 这 9 个数是不是相应数的因子即可。然而，根据算术基本定理，2～10 这 9 个数都可以表示成 2、3、5 和 7 这 4 个数的乘积，因此，只需要判断 2、3、5 和 7 是不是相应数的因子即可，参考程序 2-2。

程序 2-2　求取 100 以内的素数

```c
#include<stdio.h>

int main()
{
    int i;
    printf("%3d%3d%3d%3d",2,3,5,7);
    for(i=11;i<100;i++)
    {
        if(i%2 && i%3 && i%5 && i%7)
            printf("%3d",i);
    }
    return 0;
}
```

读者可以进一步考虑，计算 200 以内的素数应该如何求？1000 以内的呢？感兴趣的读者可以查阅古希腊学者埃拉托色尼（Eratosthenes，公元前 274 年—公元前 194 年）设计的筛选法。

一般地，当 N 不大时，求小于 N 的全体素数还是比较容易的，但当 N 比较大时，就非常困难了。现在人们利用计算机发现的最大素数是于 2018 年 12 月 7 日发现的，即第 51 个梅森[①]素数 $2^{82589933}-1$，共有 24862048 位。发现者是因特网梅森素数大搜索（Great Internet Mersenne Prime Search，GIMPS）项目组的志愿者 Patrick Laroche。

2.6 最大公约数与最小公倍数

定义 2-6 设 a 和 b 是两个整数，如果 $d|a$ 且 $d|b$，则称 d 是 a 和 b 的公因子（common divisor）或公约数。两个数的公因子中，最大的称为 a 和 b 的最大公因子（greatest common divisor）或最大公约数，记为 $\mathrm{GCD}(a,b)$。

例 2-17 12 和 18 的公因子有 1、2、3、6，其中最大的是 6，因此 $\mathrm{GCD}(12,18)=6$。

定义 2-7 设 a 和 b 是两个正整数，如果 $a|d$ 且 $b|d$，则称 d 是 a 和 b 的公倍数（common multiple）。两个数的公倍数中，最小的称为 a 和 b 的最小公倍数（least common multiple），记为 $\mathrm{LCM}(a,b)$。

例 2-18 12 和 18 的公倍数有 36、72、108 等，其中最小的是 36，因此 $\mathrm{LCM}(12,18)=36$。

如何计算两个正整数的最大公约数或最小公倍数呢？可以肯定，两个正整数的最大公约数肯定存在，因为 1 是任何正整数的因子。关于求解两个正整数的最大公约数，最著名的算法是欧几里得[②]算法（Euclidean algorithm），在中国古代又称为辗转相除法，该算法可以追溯到中国东汉时期的《九章算术》[③]。设 a 和 b 是两个正整数，不妨设 $a<b$，如果 $a|b$，则 $\mathrm{GCD}(a,b)=a$；否则，可以得到如下的递推式：

$$b = k_1 a + r_1$$
$$a = k_2 r_1 + r_2$$
$$r_1 = k_3 r_2 + r_3$$
$$\vdots$$
$$r_{n-1} = k_{n+1} r_n + r_{n+1}$$

根据 $b = k_1 a + r_1$，由于 $\mathrm{GCD}(a,b)$ 是 a 和 b 的公约数，因此 $\mathrm{GCD}(a,b)$ 一定是 r_1 的因子，即 $\mathrm{GCD}(a,b) = \mathrm{GCD}(a,r_1)$，类似可以得到：

$$\mathrm{GCD}(a,r_1) = \mathrm{GCD}(r_1,r_2)$$
$$\mathrm{GCD}(r_1,r_2) = \mathrm{GCD}(r_2,r_3)$$
$$\vdots$$

[①] 马林·梅森（Marin Mersenne，1588—1648），法国数学家。

[②] 欧几里得（Euclid，公元前 330 年—公元前 275 年），古希腊数学家。他活跃于托勒密一世时期的亚历山大里亚，被称为"几何之父"，他最著名的著作《几何原本》是欧洲数学的基础，提出五大公式。欧几里得几何，被广泛地认为是历史上最成功的教科书。

[③]《九章算术》是中国古代第一部数学专著，是《算经十书》中最重要的一种，成于公元一世纪左右。该书内容十分丰富，系统总结了战国、秦、汉时期的数学成就。同时，《九章算术》在数学上还有其独到的成就，不仅最早提到分数问题，也最早记录了盈不足等问题，《方程》一章还在世界数学史上首次阐述了负数及其加减运算法则。它是一本综合性的历史著作，是当时世界上最简练有效的应用数学著作，它的出现标志中国古代数学形成了完整的体系。

$$\text{GCD}(r_{n-2}, r_{n-1}) = \text{GCD}(r_{n-1}, r_n)$$
$$\text{GCD}(r_{n-1}, r_n) = \text{GCD}(r_n, r_{n+1})$$

由于 $r_1, r_2, \cdots, r_n, r_{n+1}$ 均大于 0 且逐渐减少，因此经过若干次迭代，一定有 $r_{n+1} = 0$，此时 $\text{GCD}(r_{n-1}, r_n) = r_n$。根据系列递推式，有 $\text{GCD}(a,b) = r_n$。

例 2-19 求 190 和 34 的最大公约数。

解：

根据 $190 = 34 \times 5 + 20$，有 $\text{GCD}(190, 34) = \text{GCD}(34, 20)$

根据 $34 = 20 \times 1 + 14$，有 $\text{GCD}(34, 20) = \text{GCD}(20, 14)$

根据 $20 = 14 \times 1 + 6$，有 $\text{GCD}(20, 14) = \text{GCD}(14, 6)$

根据 $14 = 6 \times 2 + 2$，有 $\text{GCD}(14, 6) = \text{GCD}(6, 2)$

由于 $6 \bmod 2 = 0$，因此有 $\text{GCD}(6, 2) = 2$

根据辗转相除法，有 $\text{GCD}(190, 34) = 2$。

□

实现欧几里得算法参考程序 2-3。

程序 2-3 基于欧几里得算法计算最大公约数

```c
#include<stdio.h>
int main()
{
    int m,m1,n,n1,r;
    printf("请输入两个正整数m和n: \n");
    scanf("%d%d",&m,&n);
    m1=m;              //保留m和n的值
    n1=n;
    r=m%n;
    while(r)
    {
        m=n;  n=r;  r=m%n;
    }
    printf("正整数%d和%d的最大公约数是: %d\n",m1,n1,n);
    return 0;
}
```

程序的运行结果如图 2-2 所示。

```
请输入两个正整数m和n:
15 27
正整数15和27的最大公约数是: 3
Press any key to continue
```

图 2-2 程序的运行结果

关于 a 和 b 以及它们的最大公约数 $\text{GCD}(a,b)$，有下面的定理。

定理 2-7（欧几里得扩展定理） 如果 $\text{GCD}(a,b) = c$，则 $c = as + bt$。

分析： 该定理说明，两个数的最大公约数可以表示成两个数的线性组合，可以通过辗转相除法来证明。

证明：

在辗转相除法中，根据 $\text{GCD}(a,b)=r_n$ 以及 $r_{n-2}=k_n r_{n-1}+r_n$，可得
$$\text{GCD}(a,b)=r_{n-2}-r_{n-1}k_n$$
再利用 $r_{n-3}=k_{n-1}r_{n-2}+r_{n-1}$，可得
$$\text{GCD}(a,b)=r_{n-2}-k_n(r_{n-3}-k_{n-1}r_{n-2})=(1+k_nk_{n-1})r_{n-2}-k_nr_{n-3}$$
依次下去，可以最终得到
$$\text{GCD}(a,b)=as+bt$$

例 2-20 证明 8656 和 7780 的最大公因子与 8656 和 7780 存在线性关系。

证明：

对 8656 和 7780 最大公约数的计算过程进行逆向分析，过程如下：

根据 $\text{GCD}(8656,7780)=4$ 和 $16=1\times12+4$，可得
$$\text{GCD}(8656,7780)=16-1\times12$$
根据 $44=2\times16+12$，可得
$$\text{GCD}(8656,7780)=16-1\times(44-2\times16)=3\times16-1\times44$$
根据 $104=2\times44+16$，可得
$$\text{GCD}(8656,7780)=3\times(104-2\times44)-1\times44=3\times104-7\times44$$
根据 $772=7\times104+44$，可得
$$\text{GCD}(8656,7780)=3\times104-7\times(772-7\times104)=52\times104-7\times772$$
根据 $876=1\times772+104$，可得
$$\text{GCD}(8656,7780)=52\times(876-1\times772)-7\times772=52\times876-59\times772$$
根据 $7780=876\times8+772$，可得
$$\text{GCD}(8656,7780)=52\times876-59\times(7780-876\times8)=524\times876-59\times7780$$
根据 $8656=1\times7780+876$，可得
$$\text{GCD}(8656,7780)=524\times(8656-7780)-59\times7780=524\times8656-583\times7780$$

实现定理 2-7 的程序代码如下所示。

程序 2-4　实现扩展欧几里得的参考程序

```
#include<stdio.h>
int exgcd(int a,int b,int &x,int &y){//引用传值
    if(b==0)    {
        x=1;y=0;
        return a;
    }
    //y=内层的 x 减 a/b*y(内层 y)，x=内层的 y
    int d=exgcd(b,a%b,y,x);
    //内层的 y 已经赋给了 x。内层的 x 已经赋给了 y。
    y=y-a/b*x;
    return d;
```

```
}
int main()
{
    int a,b,x,y;
    scanf("%d%d",&a,&b);
    int d=exgcd(a,b,x,y);//得到了一组特解
    printf("%d*a + %d*b = gcd(a,b) = %d\n",x,y,d);

    return 0;
}
```

基于整数 a 和 b 的最大公约数 GCD(a,b)，可以根据如下的方式计算二者的最小公倍数：

$$\mathrm{GCD}(a,b) \times \mathrm{LCM}(a,b) = a \times b$$

例 2-21 计算 12 和 18 的最小公倍数。

解：

根据辗转相除法，得知 12 和 18 的最大公约数是 6，因此，可以计算二者的最小公倍数为

$$\mathrm{GCD}(12,18) = \frac{12 \times 18}{6} = 36$$

□

阅读材料

1. 计算小于 N 的素数个数

关于素数的个数，有如下的结论，如果不超过 $\sqrt{N}$ 的素数有 r 个，表示如下：

$$2 = p_1 < p_2 < p_3 < \cdots < p_r \leqslant \sqrt{N}$$

则不超过 N 的素数个数为

$$\pi(N) = r - 1 + N - \sum_{i=1}^{r} \left\lfloor \frac{N}{p_i} \right\rfloor + \sum_{1 \leqslant i < j \leqslant r} \left\lfloor \frac{N}{p_i p_j} \right\rfloor - \sum_{1 \leqslant i < j < k \leqslant r} \left\lfloor \frac{N}{p_i p_j p_k} \right\rfloor + \cdots + (-1)^r \left\lfloor \frac{N}{p_1 p_2 \cdots p_r} \right\rfloor$$

例 2-22 计算不超过 150 的素数个数。

解：

由于 $\sqrt{150} < \sqrt{169} = 13$，因此，不超过 $\sqrt{150}$ 的素数有 2、3、5、7、11，共 5 个。因此有

$$\begin{aligned}
\pi(150) &= 5 - 1 + 150 - \left\lfloor \frac{150}{2} \right\rfloor - \left\lfloor \frac{150}{3} \right\rfloor - \left\lfloor \frac{150}{5} \right\rfloor - \left\lfloor \frac{150}{7} \right\rfloor - \left\lfloor \frac{150}{11} \right\rfloor + \\
&\quad \left\lfloor \frac{150}{2 \times 3} \right\rfloor + \left\lfloor \frac{150}{2 \times 5} \right\rfloor + \left\lfloor \frac{150}{2 \times 7} \right\rfloor + \left\lfloor \frac{150}{2 \times 11} \right\rfloor + \left\lfloor \frac{150}{3 \times 5} \right\rfloor + \left\lfloor \frac{150}{3 \times 7} \right\rfloor + \left\lfloor \frac{150}{3 \times 11} \right\rfloor + \\
&\quad \left\lfloor \frac{150}{5 \times 7} \right\rfloor + \left\lfloor \frac{150}{5 \times 11} \right\rfloor + \left\lfloor \frac{150}{7 \times 11} \right\rfloor - \left\lfloor \frac{150}{2 \times 3 \times 5} \right\rfloor - \left\lfloor \frac{150}{2 \times 3 \times 7} \right\rfloor - \left\lfloor \frac{150}{2 \times 3 \times 11} \right\rfloor -
\end{aligned}$$

$$\left\lfloor\frac{150}{2\times5\times7}\right\rfloor-\left\lfloor\frac{150}{2\times5\times11}\right\rfloor-\left\lfloor\frac{150}{2\times7\times11}\right\rfloor-\left\lfloor\frac{150}{3\times5\times7}\right\rfloor-\left\lfloor\frac{150}{3\times5\times11}\right\rfloor-\left\lfloor\frac{150}{3\times7\times11}\right\rfloor-$$
$$\left\lfloor\frac{150}{5\times7\times11}\right\rfloor+\left\lfloor\frac{150}{2\times3\times5\times7}\right\rfloor+\left\lfloor\frac{150}{2\times3\times5\times11}\right\rfloor+\left\lfloor\frac{150}{2\times5\times7\times11}\right\rfloor+\left\lfloor\frac{150}{3\times5\times7\times11}\right\rfloor-$$
$$\left\lfloor\frac{150}{2\times3\times5\times7\times11}\right\rfloor$$
$$=154-(75+50+30+21+13)+(25+15+10+6+10+7+4+4+2+1)-$$
$$(5+3+2+2+1+1)$$
$$=154-189+84-14$$
$$=35$$

□

2. 排列的生成算法

1) 基于序数法的全排列问题

基于序数法解决全排列问题,其本质是基于一一对应原理,在全排列和一种特殊的序列之间建立一一对应的关系,然后基于这种特殊的序列产生全排列。在基于序数法的全排列问题中,这种特殊的序列的产生是有规律的。

一个数的阶乘可以表示为 $n!=n(n-1)!$,进一步,有

$$\begin{aligned}n!&=n(n-1)!\\&=(n-1+1)(n-1)!\\&=(n-1)(n-1)!+(n-1)!\\&\quad\cdots\\&=(n-1)(n-1)!+(n-2)(n-2)!+\cdots+2\times2!+1\times1!\end{aligned}\tag{2-1}$$

将上述形式进行推广,可以得到如下的结论:从 $0\sim n!-1$ 中的任意一个数 m,都可以唯一地表示成如下的形式:

$$m=a_{n-1}(n-1)!+a_{n-2}(n-1)!+\cdots+a_2\times2!+a_1\times1!\tag{2-2}$$

其中,$0\leq a_i\leq i$(或 $0\leq a_i<i+1$),$i=1,2,\cdots,n-1$。

满足条件 $0\leq a_i\leq i$ 的序列 $(a_{n-1},a_{n-2},\cdots,a_2,a_1)$ 恰好有 $n!$ 个,这与从 $0\sim n!-1$ 中的 $n!$ 个整数一一对应。我们称序列 $(a_{n-1},a_{n-2},\cdots,a_2,a_1)$ 为**阶乘进制数序列**。

给定数 m,如何计算与其对应的阶乘进制数序列呢?参照十进制与二进制之间的转换,可以得到如下的系列结论。

将式(2-2)两边同除以 2,可以得到:

$$\frac{m}{2}=a_{n-1}\frac{(n-1)!}{2}+a_{n-2}\frac{(n-2)!}{2}+\cdots+a_2\times\frac{2!}{2}+a_1\times\frac{1!}{2}\tag{2-3}$$

在式(2-3)中,根据整数部分和小数部分分别相等,可得

$$a_1=m\bmod 2\tag{2-4}$$

$$m_1=a_{n-1}\frac{(n-1)!}{2}+a_{n-2}\frac{(n-2)!}{2}+\cdots+a_2\times1\tag{2-5}$$

将式(2-5)两边同除以 3,得到 $a_2=m_1\bmod 3$。

重复上述过程,即可得到对数 m 对应的序列 $(a_{n-1},a_{n-2},\cdots,a_2,a_1)$。

例 2-23 给定 $m=4000$，求它所对应的阶乘进制数序列。

解：

$$m_1 = \left\lfloor \frac{4000}{2} \right\rfloor = 2000, \quad a_1 = 0$$

$$m_2 = \left\lfloor \frac{2000}{3} \right\rfloor = 666, \quad a_2 = 2$$

$$m_3 = \left\lfloor \frac{666}{4} \right\rfloor = 166, \quad a_3 = 2$$

$$m_4 = \left\lfloor \frac{166}{5} \right\rfloor = 33, \quad a_4 = 1$$

$$m_5 = \left\lfloor \frac{33}{6} \right\rfloor = 5, \quad a_5 = 3$$

$$m_6 = \left\lfloor \frac{5}{7} \right\rfloor = 0, \quad a_6 = 5$$

因此，有如下的结论：
$$4000 = 5\times 6!+3\times 5!+1\times 4!+2\times 3!+2\times 2!+0\times 1!$$

□

上面解决的问题是将一个数字变成一个阶乘进制数序列，现在问题是，给定一个阶乘进制数序列，能否进一步找到对应的全排列？

例如，$n=13$，利用上述方法，得到的阶乘进制数序列为 201。如何得到其对应的全排列呢？采取逆序序列的方式进行填充，即将上述序列中的每个数字都看成相应的数字在全排列中右边比它小的数字个数。例如，对第一个数字 2 看成全排列中在数字 4 右边比 4 小的数字个数，第 2 个数字 0 看成全排列中在数字 3 右边比 3 小的数字个数，第 3 个数字 1 看成全排列中在数字 2 右边比 2 小的数字个数。

按照上述分析，可以先确定全排列中 4 的位置，将其填充在从左数尚未填充的第 2 个位置上，再将 3 填充至从左数尚未填充的第 0 个位置上，再将 2 填充至从左数尚未填充的第 1 个位置上，因此得到的最终结果为 2413。

实现上述程序的代码如程序 2-5 所示。

程序 2-5 基于序数法的全排列

```
#include<stdio.h>
#define m 4
int code[m-1],out[m];

int fac(int n){
    if(n==1)
        return 1;
    return fac(n-1)*n;
}

int main()
```

```
{
    int i,j,k;
    int temp,div,num;
    int index,flag;
    for(i=0;i<fac(m);i++){
        temp=i;div=2;
        for(j=0;j<m-1;j++){
            code[j]=temp%div;
            temp/=div;div++;
        }
        for(j=0;j<m;j++)
            out[j]=-1;
        num=m;
        for(j=m-2;j>=0;j--){
            index=-1;flag=1;
            for(k=0;k<m &&flag;k++){
                if(out[k]==-1){
                    index++;
                    if(index==code[j]){
                        out[k]=num;
                        num--;
                        flag=0;
                    }
                }
            }
        }

        for(j=0;j<m;j++)
            if(out[j]==-1)
                out[j]=1;
        for(j=m-1;j>=0;j--)
            printf("%d",out[j]);
        putchar('\n');
    }
    return 0;
}
```

2)基于字典序的全排列问题

字典序是偏序关系中的一种特殊关系,是一种链(chain)结构。如果将数字看成有序的,则全排列也是有序的。以 1、2、3 这 3 个数字的全排列为例,按照字典序得到的结果为

$$123、132、213、231、312、321$$

如果能得到从一个序列产生下一个序列的方法,则可以从初始化序列 123 开始,顺序产生其他所有的序列。

对于给定的一个序列 $a_0a_1a_2\cdots a_n$,由它产生的下一个序列的算法如下。

算法 2-1　基于字典序的全排列算法。

(1)求满足 $a[i]<a[i+1]$ 的最大下标,用 left 表示。

（2）求满足 $a[i] > a[\text{left}]$ 的最大下标，用 right 表示。

（3）如果 $a[\text{right}]$ 存在，将 $a[\text{left}]$ 与 $a[\text{right}]$ 互换。

（4）将序列 $a[\text{left}+1]\cdots a[n-1]$ 逆序。

以 1234 为例，首先找到满足 $a[i] < a[i+1]$ 的最大下标，得到 left = 2；其次，找到满足 $a[i] > a[\text{left}]$ 的最大下标，得到 right=3；再次，将 $a[\text{left}]$ 与 $a[\text{right}]$ 互换，得到序列为 1243；最后，将序列 $a[\text{left}+1]\cdots a[n-1]$ 逆序，得到 1243。

实现上述算法的代码如程序 2-6 所示。

程序 2-6　基于字典序的全排列

```c
#include<stdio.h>
#define m 4
int a[m];

int fac(int n)
{
    if(n==1)
        return 1;
    return n*fac(n-1);
}
int main()
{
    int i,j,k;
    int left,right;
    int temp;

    for(i=0;i<m;i++)
        a[i]=i+1;

    for(i=0;i<fac(m);i++){
        for(j=0;j<m;j++)
            printf("%d",a[j]);
        putchar('\n');

        left=m-2;
        while(a[left]>a[left+1])
            left--;
        right=m-1;
        while(a[right]<a[left])
            right--;

        temp=a[left];a[left]=a[right];a[right]=temp;
        j=left+1; k=m-1;
        while(j<k){
            temp=a[j];
            a[j]=a[k];
            a[k]=temp;
            j++;k--;
```

```
        }
    }
    return 0;
}
```

3）基于邻位互换法的全排列问题

邻位互换法由 Johnson Trotter 提出，是通过把 n 插入 $n-1$ 的全排列中产生的。例如，产生 3 个数的全排列过程如下：

$n = 1$：1

$n = 2$：12，21

$n = 3$：123，132，312，213，231，321

用这种方法可以产生任意 n 阶排列，如图 2-3 所示。

为了产生 n 阶排列，就必须产生 $n-1$ 阶排列。从算法的角度考虑，必须存储所有的 $n-1$ 阶排列，然后才能产生 n 阶排列。这是该算法最大的缺点。

从图 2-3 中 n 阶全排列的示意图分析，得到通过邻位互换产生的一个互换方式，称为邻位互换法。在邻位互换法中，为每个数字都设置一个方向，表示该数字可移动的方向。如果一个元素的箭头所指的相邻的元素比该元素小时，称该元素处于活动状态，否则称其为不活动的。

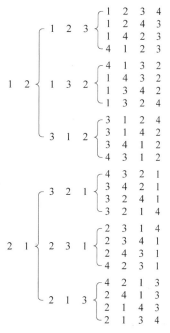

图 2-3 产生 n 阶全排列的示意图

算法 2-2 基于邻位互换法的全排列算法。

初始化：将序列初始化为 1234…n，并假设所有元素的方向均朝左。

（1）如果所有元素的状态都不是活动的，算法结束。

（2）从序列中选取处于活动状态的最大的数 m，将 m 与它箭头方向指向的相邻数互换位置。

（3）改变所有比 m 大的数的箭头方向，转向步骤（1）。

实现算法 2-2 的代码如程序 2-7 所示。

程序 2-7 基于邻位互换法的全排列

```
#include<stdio.h>
#define m 4

int num[m];
int direction[m];

bool active(int n){
```

```
    int nextpos;
    nextpos=n+direction[n];
    if(nextpos<0 || nextpos>=m)
        return false;
    if(nextpos>=0 && nextpos<m){
        if(num[nextpos]>num[n])
            return false;
    }
    return true;
}

bool finish(){
    int i;
    for(i=0;i<m;i++){
        if(active(i))
            return false;
    }
    return true;
}

int main()
{
    int i;
    int maxindex,nextpos;
    int temp,maxnum;

    for(i=1;i<=m;i++){
        num[i-1]=i;
        direction[i-1]=-1;
    }

    while(!finish()){
        for(i=0;i<m;i++)
            printf("%d",num[i]);
        putchar('\n');

        maxnum=-1;maxindex=-1;
        for(i=0;i<m;i++){
            if(active(i)){
                if(num[i]>maxnum){
                    maxnum=num[i];
                    maxindex=i;
                }
            }
        }

        nextpos=maxindex+direction[maxindex];
        temp=num[maxindex];
        num[maxindex]=num[nextpos];
```

```
        num[nextpos]=temp;

        temp=direction[maxindex];
        direction[maxindex]=direction[nextpos];
        direction[nextpos]=temp;

        for(i=0;i<m;i++){
            if(num[i]>maxnum)
                direction[i]=-direction[i];
        }
    }

    for(i=0;i<m;i++)
        printf("%d",num[i]);
    putchar('\n');

    return 0;
}
```

习题 2

1. 有 6 个人参加围棋比赛，已知结果无并列名次，计算甲的名次在乙前面的比赛结果有多少种？

2. 组装计算机时，机箱有两种款式，主板 CPU 有 3 种型号，内存可以安装 2GB、4GB 和 8GB 的，显示器要求选择液晶显示器。根据这些配件，可以组装出多少款式的计算机？

3. 将 ABCDEF 共 6 个字母放置在 1、2、3、4、5、6 这 6 个位置上，要求 A 不能放在 1 和 2 的位置上，B 必须放在 4、5 和 6 这 3 个位置上，计算总的排列次数。

4. 计算由{1,3,5,7}组成的不重复出现的整数的总和。

5. 5 颗红色的珠子、3 颗蓝色的珠子装在圆板的四周，有多少种排列方案？若蓝色珠子不相邻又有多少种排列方案？蓝色珠子在一起又有多少种排列方案？

6. 计算 2809 和 6731 的最小公倍数和最大公约数，并将二者的最大公约数表示成二者的线性组合。

7. 根据算术基本定理，对 9298 进行质数分解，并计算 9298 的正因子个数。

8. 将五进制数 234.4321 转换成六进制数，要求精度保留到五进制小数点后五位。

9. 基于算术基本定理以及基本计数原则，编程计算正整数 n 的不同正因子数目。

10. 计算 1979! 末尾含有多少个零？

11. 分析计算 500! 这个数恰被 7 的多少次方整除？

12. 计算 1~100 的素数个数。

13. 已知 $N=13xy45z$，它能被 792 整除，计算 N 的真实值。（提示：①792=$8\times9\times11$；②一个数能被 8 或 125 整除，当且仅当它的后 3 位是 8 或 125 的倍数；③一

个数能被 3 或 9 整除，当且仅当所有数的和是 3 或 9 的倍数；④一个数被 11 整除，当且仅当它的奇数位上的数字之和减偶数位上的数字之和，所得的差能被 11 整除）

14. 相传在古代罗马，一个军官带领 500 多名士兵攻占了一个小城。为了显示军威，他把全体士兵集合在一起，准备列队在各个街道上示威。他把士兵排成 4 个纵队，最后剩下 1 人；排成 6 个纵队，最后也剩下 1 人；排成 8 个纵队，最后还剩下 1 人。计算他的士兵人数最多是多少？

15. 给定 n 个正整数，编写程序，在线性时间内计算两个数之间的最大间隙。例如，输入 5 个整数 2.3、3.1、7.5、1.5、6.3，最大间隙是 3.2（3.1 与 6.3 之间的最大间隙）。（提示：基于鸽笼原理的相关原理）

16. 在 3×4 的长方形中，任意放置 6 个点，试证：可以找到两个点，使它们的距离不大于 $\sqrt{5}$。

第3章 命 题 逻 辑

本章导引

考虑以下几个问题。

例 3-1 一个男士和一个女士在网上聊天,内容如下。

男士:我的第一个问题是,对于我第二个和第三个问题,你可不可以只用"能"和"不能"来回答?

女士:可以。

男士:我的第二个问题是,如果我的第三个问题是你能不能做我的女朋友,那么你对于我的第三个问题的答案能不能和第二个问题的答案一样?

女士:……

例 3-2 张三说李四在说谎,李四说王五在说谎,王五说张三和李四都在说谎。请问到底谁说的是真话,谁说的是假话?

例 3-3 设计一个控制电路,在房间外、门内及床头分别装有控制电灯的3个开关,要求任意一个开关的开或关可以控制灯的亮与灭。

在实际生活中,经常遇到类似上述的问题。这些问题都有这样一个特点:它们在表达上存在众多约束条件,但已经指向了某一结论。如何提前得到某些结论,似乎已经成了智者的特权。借助逻辑的工具,可以掌握这种特权,成为智者。

3.1 命题与命题联结词

3.1.1 命题

数理逻辑研究的核心是推理,而推理的前提和结论都应是表述明确的陈述句。因此,表述明确的陈述句构成了推理的基本单位,称其为命题,形式化定义如下。

定义 3-1 具有确切真值的陈述句称为**命题**(proposition)。这里指的真值包括"真"和"假"两种,通常情况下用 T(1) 和 F(0) 表示。

从该定义可以看出,命题有两个重要性质:① 命题是陈述句,因此疑问句、感叹句和祈使句均不是命题;② 命题具有确切的真值,任何具有二义性的句子都不是命题。如果命题的真值为真,该命题称为真命题;如果命题的真值为假,该命题称为假命题。在通常情况下,命题用大写字母 P,Q,R,…或带下标的大写字母 P_1,P_2,…表示。

例 3-4 判断下列的句子中哪些是命题,并判断命题的真假。

(1)北京是中国的首都。

(2)抽烟的人均得肺癌。

（3）请把门关上。
（4）1+1=10。
（5）今天的天气真冷呀！
（6）火星上有生命。
（7）下午 2 点上课吗？
（8）我正在说谎。
（9）如果明天不下雨，我就去上课。

解：

（1）是真值为真的陈述句，因而是真命题。

（2）是真值为假的陈述句，因而是假命题。

（3）是祈使句，因而不是命题。

（4）可以看成"1 与 1 的和是 10"，因而是陈述句。在二进制数的运算中，这是一个真命题，而在其他进制的运算中，这是一个假命题。

（5）是感叹句，因而不是命题。

（6）是一个命题，但它的真值目前无法做出判断。

（7）是疑问句，因而不是命题。

（8）是一个陈述句，但它没有明确的真值。因为如果我在说谎，则我说的是真话；如果我说的是真话，那我在说谎。因此，这个句子没有明确的真值，称其为悖论（paradox），它不属于命题的范畴。

（9）是一个陈述句，真值可以根据具体情况判断，因而也是一个命题。

在上述的几个命题中，（1）、（2）、（4）、（6）是最简单的陈述句，它们不可能再分解为更简单的命题，因此称它们是原子命题（atom proposition），或简单命题（simple proposition），简称原子（atom）；而（9）可以分解为"明天下雨"和"我去上课"两个更简单的命题，因而（9）不是原子命题，称其为复合命题（compound proposition）。一般地，原子命题通过一些词语可以构成复合命题，这些词语称为联结词（connective），像（9）中的"如果……就……"。常用的联结词有 5 种，分别是"非""并且""或者""如果……则……""当且仅当"。

3.1.2 命题联结词

定义 3-2 设 P 是一个命题，复合命题"非 P"（或称 P 的否定），记作 $\neg P$，其中"$\neg$"是**否定联结词**（negative connective）。

例 3-5 如果 P 表示命题"2 是素数"，则 $\neg P$ 表示命题"2 不是素数"。

$\neg P$ 的真值依赖于 P 的真值，二者的关系如表 3-1 所示。

表 3-1 P 和 $\neg P$ 的真值

P	$\neg P$
0	1
1	0

从表 3-1 可以看出，$\neg P$ 为真命题，当且仅当 P 为假命题；$\neg P$ 为假命题，当且仅当 P 为真命题。

定义 3-3 设 P 和 Q 是任意两个命题，复合命题"P 并且 Q"称为 P 和 Q 的**合取式**，记为 $P \wedge Q$，其中 $\wedge$ 称为**合取联结词**（conjunctive connective）。P、Q 和 $P \wedge Q$ 的真值关系如表 3-2 所示。

表 3-2 P、Q 和 $P \wedge Q$ 的真值关系

P	Q	$P \wedge Q$
0	0	0
0	1	0
1	0	0
1	1	1

从表 3-2 可以看出，$P \wedge Q$ 为真，当且仅当 P 和 Q 同时为真，反之 $P \wedge Q$ 为假。

例 3-6 设命题 P 表示"北京是中国的首都"，命题 Q 表示"2 是素数"，则 $P \wedge Q$ 表示"北京是中国的首都，并且 2 是素数"。由于 P 和 Q 都为真命题，因此复合命题 $P \wedge Q$ 也是真命题。

在使用合取联结词时，有两点需要注意。

（1）自然语言中表示语气转折的词语也用合取联结词表示。例如，"虽然天气下雨，但老王还是坚持上班"，用 P 表示"天气下雨"，Q 表示"老王坚持上班"，上述语句可以表示为 $P \wedge Q$。

（2）自然语言中的"和"不一定是合取联结词。例如，"张三和李四都上班"，可以表示为"张三上班"和"李四上班"两个命题的合取，而"张三和李四是好朋友"却无法进一步分解，因而"张三和李四是好朋友"是简单命题。

定义 3-4 设 P 和 Q 是任意两个命题，复合命题"P 或者 Q"称为 P 和 Q 的**析取式**，记为 $P \vee Q$，其中"$\vee$"称为**析取联结词**（disjunctive connective）。P、Q 和 $P \vee Q$ 的真值关系如表 3-3 所示。

表 3-3 P、Q 和 $P \vee Q$ 的真值关系

P	Q	$P \vee Q$
0	0	0
0	1	1
1	0	1
1	1	1

从表 3-3 可以看出，$P \vee Q$ 为假，当且仅当 P 和 Q 同时为假，反之 $P \vee Q$ 为真。

例 3-7 设命题 P 表示"王梦学过法语",命题 Q 表示"王梦学过英语",则复合命题 $P \vee Q$ 表示"王梦学过法语或英语"。

需要注意的是,在自然语言中出现的"或者"并不一定都可以表示成"析取",因为自然语言中的"或者"包括两种:"可兼或"和"不可兼或"。如"王梦学过法语或英语"中的"或"属于"可兼或",因为"王梦学过法语"和"王梦学过英语"这两件事有可能同时发生。而"王梦或孙娜是我们班的班长"中的"或"属于"不可兼或",二者显然不可能同时发生。"可兼或"和"不可兼或"有着不同的处理方式。因此需要结合真实的语句对命题中的"或"进行正确的理解。

例 3-8 父亲让两个孩子(一男一女)在后院玩耍。在玩的过程中,两个孩子的额头不小心都沾了泥。孩子们回来后,父亲告诉他们,至少有一个人的额头上有泥,然后问他们能否确定自己的额头上有泥。两个孩子都说不能,当父亲第二次再问同样的问题时,两个孩子都说可以。假设每个孩子都能看到对方的额头,但不能看到自己的额头,同时两个孩子都很诚实且同时回答同一个问题,分析两个孩子能做出正确判断的原因。

解:

设 P 表示男孩的额头有泥,Q 表示女孩的额头有泥。父亲告诉至少一人的额头上有泥,即 $P \vee Q$ 真值为 1。当父亲第一次问时,男孩看到女孩的额头有泥,即 Q 为真,因而男孩无法确定自己的额头是否有泥。当父亲第二次问时,女孩通过第一次提问时男孩的反应,确定了自己的额头有泥。同理,男孩也用同样的方式确定自己的额头有泥。

□

定义 3-5 设 P 和 Q 是任意两个命题,复合命题"如果 P 则 Q"称为 P 和 Q 的**蕴涵式**,记作 $P \rightarrow Q$,其中"$\rightarrow$"称为**蕴涵联结词**(implication connective),P 称为蕴涵式的**前件**,Q 称为蕴涵式的**后件**。P、Q 和 $P \rightarrow Q$ 的真值关系如表 3-4 所示。

表 3-4 P、Q 和 $P \rightarrow Q$ 的真值关系

P	Q	$P \rightarrow Q$
0	0	1
0	1	1
1	0	0
1	1	1

从表 3-4 可以看出,$P \rightarrow Q$ 为假,当且仅当 P 为真且 Q 为假。这里进一步强调一下对蕴涵式 $P \rightarrow Q$ 真值的判断,它是命题逻辑推理的精髓所在。如果命题 P 为假命题,则无论 Q 是真命题还是假命题,$P \rightarrow Q$ 一定是真命题;如果命题 Q 是真命题,则无论命题 P 为真命题还是假命题,$P \rightarrow Q$ 一定是真命题。

例 3-9 设命题 P 表示"角 A 和角 B 是对顶角",命题 Q 表示"角 A 等于角 B",则复合命题 $P \rightarrow Q$ 表示"如果角 A 和角 B 是对顶角,则角 A 等于角 B"。

定义 3-6 设 P 和 Q 是任意两个命题,复合命题"P 当且仅当 Q"称为 P 和 Q 的**等价式**,记为 $P \leftrightarrow Q$,其中"$\leftrightarrow$"称为**等价联结词**(equivalence connective)或双蕴涵式。P、Q 和 $P \leftrightarrow Q$ 的真值关系如表 3-5 所示。

表 3-5　P、Q 和 $P\leftrightarrow Q$ 的真值关系

P	Q	$P\leftrightarrow Q$
0	0	1
0	1	0
1	0	0
1	1	1

从表 3-5 可以看出，$P\leftrightarrow Q$ 为真，当且仅当 P 和 Q 同时为真或者 P 和 Q 同时为假。

例 3-10　设命题 P 表示"烟台在山东的东部"，命题 Q 表示"2 是素数"，则复合命题 $P\leftrightarrow Q$ 表示"烟台在山东的东部，当且仅当 2 是素数"。

从上述联结词的定义可以看出，通过命题联结词，可以把毫无关系的两个命题组合成一个新的命题。利用这 5 个联结词可以构造更复杂的命题；同时也可以把复杂的命题符号化，这个过程称为**命题的形式化**（formalization）。

例 3-11　将下列命题形式化。

（1）他不骑自行车去上班。
（2）虽然天下雨，但他还是骑自行车去上班。
（3）他或者骑自行车去上班，或者坐公交车去上班。
（4）除非天下雨，否则他骑自行车去上班。
（5）他骑自行车去上班，当且仅当天不下雨。
（6）他骑自行车去上班，风雨无阻。
（7）只要天不下雨，他就骑自行车去上班。
（8）只有天不下雨，他才骑自行车去上班。
（9）如果天不下雨，他就骑自行车去上班，否则他就坐公交车去上班。

解：

设 P 表示他骑自行车去上班，Q 表示天在下雨，R 表示他坐公交车去上班，S 表示天刮风，根据题意，上述命题可以形式化为

（1）$\neg P$；
（2）$P\wedge Q$；
（3）$(P\wedge\neg Q)\vee(\neg P\wedge Q)$；
（4）$\neg Q\rightarrow P$；
（5）$P\leftrightarrow\neg Q$；
（6）$((\neg Q\wedge\neg S)\vee(\neg Q\wedge S)\vee(Q\wedge\neg S)\vee(Q\wedge S))\wedge P$；
（7）$\neg Q\rightarrow P$；
（8）$P\rightarrow\neg Q$；
（9）$(\neg Q\rightarrow P)\vee(Q\rightarrow R)$。

这里需要强调的是第（2）题和第（4）题、第（7）题和第（8）题。第（2）题从语义上带有明显的转折，但在逻辑中，二者之间只是并列的关系，因而是二者的合取；第（4）题中的重点在于对"否则"的处理上，它的含义是如果前面的条件不满足，则后面的

结论成立。而在（7）和（8）两个题目中，要特别注意"只要……就……"和"只有……才……"的区别。

3.2 命题公式

在研究命题推理时，只考虑命题的真假值，并不在意该命题的具体含义。例如，给定命题 P，人们并不关心它代表哪个命题，只关心它的真值是真还是假。如果 P 没有指定命题，则它的真值有可能是真，也有可能是假，此时称 P 是命题变元；反之，如果 P 已经指定了某个具体的命题，则它有了确切的真值，此时称 P 是命题常量。

如前所述，复合命题是由简单命题与命题联结词构成的。如果把简单命题用命题变元来表示，则该复合命题可以看成命题变元的函数，只不过函数的真值是 0 或 1 而已。称这样的复合命题为命题公式，具体定义如下。

定义 3-7 命题公式（propositional formula），又称合式公式、公式，可以按照如下的方式递归地定义。

（1）任何命题变元和命题常量是一个命题公式。

（2）如果 P 是命题公式，则（$\neg P$）也是命题公式。

（3）如果 P 和 Q 是命题公式，则（$P \wedge Q$）、（$P \vee Q$）、（$P \rightarrow Q$）、（$P \leftrightarrow Q$）都是命题公式。

（4）有限次利用上述三条规则得到的串称为合法的命题公式。

进一步，如果命题公式 G 中只含有 n 个命题变元 $P_1, P_2, \cdots, P_n$，称 G 为 n 元命题公式，有时也将其表示为 $G(P_1, P_2, \cdots, P_n)$。

例 3-12 $(\neg P \rightarrow Q)$、$(P \rightarrow (P \wedge Q))$ 等都是二元命题公式，而 $((\neg P \rightarrow Q) \rightarrow R$、$(\neg P \rightarrow)$ 等都不是合法的命题公式。

为了进一步简化命题公式的表示，对命题公式中的圆括号进行进一步的处理，做如下约定。

（1）在 5 个命题联结词中，按照"否定""合取""析取""蕴涵""等价"的顺序，运算优先级由高到低；遇到相同优先级的联结词时，按照由左到右的顺序进行。

（2）命题公式最外层的圆括号可以省略。

根据上述约定，命题公式 $(P \rightarrow (P \wedge Q))$ 可以写成 $P \rightarrow P \wedge Q$，但有时为了避免混淆，通常把 $P \rightarrow P \wedge Q$ 写成 $P \rightarrow (P \wedge Q)$。

定义 3-8 给定一个 n 元命题公式，设其含有的命题变元是 $P_1, P_2, \cdots, P_n$，将这 n 个命题变元指定一组真值，称为命题公式的一个指派或赋值（assignment），通常情况下用 I 表示。如果一个指派使命题公式真值为真，称其为成真指派，而使命题公式真值为假的指派称为成假指派。

显然，命题公式在指派 I 下有确切的真值。如果命题公式中含有两个命题变元，则该命题公式有 4 种不同的指派。一般情况下，如果命题公式中有 n 个命题变元，则该命题公式应有 2^n 种指派，且该命题公式在所有的指派下都有确切的真值，将命题公式的不同指派以及相应指派下的真值列出来，称为该命题公式的真值表（truth table）。

例 3-13 计算下列命题公式的真值表。

（1）$P \to (P \land Q)$。

（2）$(P \to Q) \leftrightarrow (\neg Q \to \neg P)$。

（3）$\neg(P \to Q) \land (\neg Q \to \neg P)$。

解：

按照命题公式的构造过程，逐渐构造该命题公式的真值表，分别如下。

（1）命题公式 $P \to (P \land Q)$ 的真值表如表 3-6 所示。

表 3-6 $P \to (P \land Q)$ 的真值表

P	Q	$P \land Q$	$P \to (P \land Q)$
0	0	0	1
0	1	0	1
1	0	0	0
1	1	1	1

（2）命题公式 $(P \to Q) \leftrightarrow (\neg Q \to \neg P)$ 的真值表如表 3-7 所示。

表 3-7 $(P \to Q) \leftrightarrow (\neg Q \to \neg P)$ 的真值表

P	Q	$P \to Q$	$\neg Q$	$\neg P$	$\neg Q \to \neg P$	$(P \to Q) \leftrightarrow (\neg Q \to \neg P)$
0	0	1	1	1	1	1
0	1	1	0	1	1	1
1	0	0	1	0	0	1
1	1	1	0	0	1	1

（3）命题公式 $\neg(P \to Q) \land (\neg Q \to \neg P)$ 的真值表如表 3-8 所示。

表 3-8 $\neg(P \to Q) \land (\neg Q \to \neg P)$ 的真值表

P	Q	$P \to Q$	$\neg(P \to Q)$	$\neg Q$	$\neg P$	$\neg Q \to \neg P$	$\neg(P \to Q) \land (\neg Q \to \neg P)$
0	0	1	0	1	1	1	0
0	1	1	0	0	1	1	0
1	0	0	1	1	0	0	0
1	1	1	0	0	0	1	0

由该例可以发现，有些命题公式在任何指派下取值永远为真，如例 3-13（2），而有些命题公式在任何指派下真值永远为假，如例 3-13（3）。根据命题公式在不同指派下真值的不同，将命题公式加以分类。

定义 3-9 给定命题公式 G，设 $P_1, P_2, \cdots, P_n$ 是出现在该命题公式中的所有命题变元，则有如下定义。

（1）如果该命题公式在所有指派下真值为真，则称该公式为永真式或重言式（tautology）。

（2）如果该命题公式在所有指派下真值为假，则称该公式为永假式或矛盾式（contradiction）。

（3）如果该命题公式在有些指派下真值为真，则称该公式为可满足式（contingence）。

从定义 3-9 可以看出 3 种命题公式之间的关系如下。
（1）永真式一定是可满足式。
（2）一个命题公式，如果它不是永真式，它不一定是永假式。
（3）一个命题公式如果不是永假式，则它一定是可满足式。

判断命题公式是否为永真式、永假式或者可满足式，称为命题公式的可判定问题。由于命题公式中指派的数目是有穷的，因此，命题逻辑中公式的可判定问题是可解的，常用的方法有真值表法和公式演算两种。关于利用公式演算来判断命题公式的类型，将在 3.3 节中介绍。

例 3-14 判断下列命题公式的类型。
（1）$(P \to \neg Q) \to R$。
（2）$\neg(P \to Q) \leftrightarrow (P \wedge \neg Q)$。
（3）$\neg(P \to Q) \wedge Q$。

解：
（1）命题公式 $(P \to \neg Q) \to R$ 的真值表如表 3-9 所示。

表 3-9　$(P \to \neg Q) \to R$ 的真值表

P	Q	R	$\neg Q$	$P \to Q$	$(P \to \neg Q) \to R$
0	0	0	1	1	0
0	0	1	1	1	1
0	1	0	0	1	0
0	1	1	0	1	1
1	0	0	1	1	0
1	0	1	1	1	1
1	1	0	0	0	1
1	1	1	0	0	1

从表 3-9 可以看出，$(P \to \neg Q) \to R$ 是可满足式。

（2）命题公式 $\neg(P \to Q) \leftrightarrow (P \wedge \neg Q)$ 的真值表如表 3-10 所示。

表 3-10　$\neg(P \to Q) \leftrightarrow (P \wedge \neg Q)$ 的真值表

P	Q	R	$P \to Q$	$\neg(P \to Q)$	$\neg Q$	$P \wedge \neg Q$	$\neg(P \to Q) \leftrightarrow (P \wedge \neg Q)$
0	0	0	1	0	1	0	1
0	0	1	1	0	1	0	1
0	1	0	1	0	0	0	1
0	1	1	1	0	0	0	1
1	0	0	0	1	1	1	1
1	0	1	0	1	1	1	1
1	1	0	1	0	0	0	1
1	1	1	1	0	0	0	1

从表 3-10 可以看出，公式 $\neg(P \to Q) \leftrightarrow (P \wedge \neg Q)$ 是永真式。

（3）命题公式 $\neg(P \to Q) \wedge Q$ 的真值表如表 3-11 所示。

表 3-11　$\neg(P \rightarrow Q) \wedge Q$ 的真值表

P	Q	$P \rightarrow Q$	$\neg(P \rightarrow Q)$	$\neg(P \rightarrow Q) \wedge Q$
0	0	1	0	0
0	1	1	0	0
1	0	0	1	0
1	1	1	0	0

从表 3-11 可以看出，公式 $\neg(P \rightarrow Q) \wedge Q$ 是矛盾式。

□

基于真值表，可以对问题可能的解空间进行分析，从而得出问题的正确的解。

例 3-15　某个逻辑学家误入一部落，该部落酋长对逻辑学家说："今有两扇门，一扇为生门，一扇为死门。你可以任意开启一扇门以选择死亡和自由。现派两个人助你选择，这两个人可以回答你提出的任何问题，但这两个人中一个人天性诚实，一个人说谎成性。"逻辑学家深思片刻，即指着一扇门向一个人发问，然后选择一扇门从容离去。试问：该逻辑学家是如何发问的？

分析：在逻辑学家的提问中，需要同时涉及给定的条件：①门是生门或者死门；②另一个人如何回答。该逻辑学家问其中一个人："这扇门是死门，他将回答是，对吗？"在该提问中，涉及了两个命题：①被问的人是诚实的；②被提问者回答是。针对这两个基本命题的真假值，列出相应的真值表进行分析，即可以判断出逻辑学家指向的门是生门还是死门。

解：

逻辑学家向其中一个人发问："这扇门是死门，他将回答是，对吗？"。设 P 表示被问的人是诚实的，Q 表示被提问者回答是。根据分析，会有以下 4 种情况，如表 3-12 所示。

表 3-12　例 3-15 的 4 种情况

P	Q
0	0
0	1
1	0
1	1

对第 1 种情况，$P=Q=0$。由于被提问的人是撒谎的，当他回答不是的时候，显然另一个人应回答的真实情况应是"是"，而由于另一个人是诚实的，因而逻辑学家指向的这扇门是死门。

对第 2 种情况，$P=0$，$Q=1$。由于被提问的人是撒谎的，当他回答是的时候，另一个人应回答的真实情况应是"不是"，而由于另一个人是诚实的，因而逻辑学家指向的这扇门是生门。

对第 3 种情况，$P=1$，$Q=0$。由于被提问的人是诚实的，因而另一个人回答的"是"是假的，即另一个人将回答"不是"，而由于另一个人是撒谎的，因而逻辑学家指向的这扇门是死门。

对第 4 种情况，$P=1$，$Q=1$。由于被提问的人是诚实的，因而另一个人回答的"是"是真的，即另一个人将回答"是"，而由于另一个人是撒谎的，因而这扇门不是死门，而是生门。

通过上述分析，当被提问者回答不是的时候，逻辑学家指向的这扇门是死门，当被提问者回答是的时候，逻辑学家指向的这扇门是生门。

□

3.3 命题公式的等值演算

定义 3-10 如果两个命题公式 G 和 H 含有相同的命题变元，并且这两个命题公式在所有可能的指派下都真值相同，则称这两个命题公式是等价的（equivalent），记为 $G = H$。

如果两个命题公式在任何指派下都真值相同，即 G 和 H 同真同假，这意味着等价式 $G \leftrightarrow H$ 是重言式，由此可得下面的定理。

定理 3-1 对于公式 G 和 H，$G = H$ 的充要条件是公式 $G \leftrightarrow H$ 是重言式。

分析：这是一个充要条件的证明，需要进行充分性和必要性的证明，主要目的是要说明等价式和公式等价之间的关系。

证明：

充分性。如果 $G \leftrightarrow H$ 是重言式，I 是它的任意解释，则在该解释下，$G \leftrightarrow H$ 为真。因此，命题公式 G 和 H 同为真，或者二者同为假。由于 I 的任意性，因此有 $G = H$。

必要性。如果 $G = H$，则 G 和 H 在任意解释下都同为真或同为假。根据等价运算"$\leftrightarrow$"的定义，$G \leftrightarrow H$ 在任意解释下都为真，即 $G \leftrightarrow H$ 为永真式。

□

这个定理的证明过程看起来非常简单，但它的意义非常重大。根据该定理，可以建立许多命题公式之间的等价性。利用这种等价性，可以在命题公式上进行类似四则运算的演算，称为等值演算（equivalent calculus）。

定理 3-2 设 G, H, S 为任意的命题公式，则下列公式的等价式成立。

（1）结合律：$(G \wedge H) \wedge S = G \wedge (H \wedge S)$，$(G \vee H) \vee S = G \vee (H \vee S)$。

（2）交换律：$G \wedge H = H \wedge G$，$G \vee H = H \vee G$。

（3）幂等律：$G \wedge G = G$，$G \vee G = G$。

（4）吸收律：$G \vee (G \wedge H) = G$，$G \wedge (G \vee H) = G$。

（5）分配律：$G \wedge (H \vee S) = (G \wedge H) \vee (G \wedge S)$，$G \vee (H \wedge S) = (G \vee H) \wedge (G \vee S)$。

（6）同一律：$G \vee 0 = G$，$G \wedge 1 = G$。

（7）零律：$G \wedge 0 = 0$，$G \vee 1 = 1$。

（8）排中律：$G \vee \neg G = 1$。

（9）矛盾律：$G \wedge \neg G = 0$。

（10）双重否定律：$\neg(\neg G) = G$。

（11）德摩根[①]律：$\neg(G \wedge H) = \neg G \vee \neg H$，$\neg(G \vee H) = \neg G \wedge \neg H$。

（12）等价式：$G \leftrightarrow H = (G \rightarrow H) \wedge (H \rightarrow G)$。

（13）蕴涵式：$G \rightarrow H = \neg G \vee H$。

（14）假言易位：$G \rightarrow H = \neg H \rightarrow \neg G$。

对于上述公式的证明，可以借助命题公式的真值表进行判断，此处略。

在定理 3-2 中涉及的公式中，结合中学阶段学习的集合之间的运算，并不是很难理解。这里需要进一步强调的是公式（13），它将蕴涵关系与析取关系建立了等价性，在后续的学习中，会经常接触到这种等价性。

在等值演算中，定理 3-2 中的所有公式都可以直接应用。除了这些公式以外，还有两个重要的定理。

定理 3-3（代入规则） 设命题公式 G 是永真式（或永假式），设 $P_1, P_2, \cdots, P_n$ 是出现在其中的命题变元。将其中某一个命题变元用另一个命题公式 H 代入后，所得到的新的命题公式仍然是永真式（或永假式）。

例 3-16 公式 $\neg(P \rightarrow Q) \rightarrow \neg Q$ 是永真式，则将其中出现的命题变元 Q 用命题公式 $P \wedge Q$ 替换，所得到的新公式 $\neg(P \rightarrow (P \wedge Q)) \rightarrow \neg(P \wedge Q)$ 仍然是永真式。

定理 3-4（替换规则） 设命题公式 G 中包含子公式 H，如果将子公式 H 换成与其等价的公式 H'，得到的新公式 G' 与公式 G 等价。

例 3-17 给定命题公式 $G = P \rightarrow (P \rightarrow Q)$，从该公式的构成可以看出，$P \rightarrow Q$ 是它的子公式。在定理 3-2 中得知，$P \rightarrow Q$ 与 $\neg P \vee Q$ 是等价的，将其代入，得到的新公式 $G' = P \rightarrow (\neg P \vee Q)$ 与原公式 $G = P \rightarrow (P \rightarrow Q)$ 是等价的。

例 3-18 利用公式的等值演算来判断例 3-13 中的 3 个命题公式的类型。

（1）$P \rightarrow (P \wedge Q)$。

（2）$(P \rightarrow Q) \leftrightarrow (\neg Q \rightarrow \neg P)$。

（3）$\neg(P \rightarrow Q) \wedge (\neg Q \rightarrow \neg P)$。

解：

（1）对该式进行等值演算，如下：

$$P \rightarrow (P \wedge Q)$$
$$= \neg P \vee (P \wedge Q)$$
$$= (\neg P \vee P) \wedge (\neg P \vee Q)$$
$$= \neg P \vee Q$$

从演算的结果可以判断出，该命题公式既不是永真式，也不是永假式，它是一个可满足式。

[①] 德摩根（Augustus de Morgan，1806—1871），英国数学家，在分析学、代数学、数学史及逻辑学等领域做出了重要的贡献。他的工作，对当时 19 世纪的数学具有相当的影响力。在逻辑学方面，他发展了一套适合推理的符号，并首创关系逻辑的研究。提出了论域概念，并以代数的方法研究逻辑的演算，建立著名的德摩根律，这成为后来布尔代数的先声。他更对关系的种类及性质加以分析，对关系命题及关系推理有所研究，从而推出一些逻辑的规律及定理，突破古典的主谓词逻辑的局限，这些均影响后来数理逻辑的发展。

（2）演算过程如下：
$$(P \to Q) \leftrightarrow (\neg Q \to \neg P)$$
$$= ((P \to Q) \to (\neg Q \to \neg P)) \land ((\neg Q \to \neg P) \to (P \to Q))$$
$$= (\neg(P \to Q) \lor (\neg Q \to \neg P)) \land (\neg(\neg Q \to \neg P) \lor (P \to Q))$$
$$= (\neg(\neg P \lor Q) \lor (Q \lor \neg P)) \land (\neg(Q \lor \neg P) \lor (\neg P \lor Q))$$
$$= ((P \land \neg Q) \lor (\neg P \lor Q)) \land ((P \land \neg Q) \lor (\neg P \lor Q))$$
$$= (P \land \neg Q) \lor \neg P \lor Q$$
$$= ((P \lor \neg P) \land (\neg Q \lor \neg P)) \lor Q$$
$$= \neg Q \lor \neg P \lor Q$$
$$= T$$

从演算结果看，该公式为永真式。

（3）演算过程如下：
$$\neg(P \to Q) \land (\neg Q \to \neg P)$$
$$= \neg(\neg P \lor Q) \land (Q \lor \neg P)$$
$$= P \land \neg Q \land (Q \lor \neg P)$$
$$= (P \land \neg Q \land Q) \lor (P \land \neg Q \land \neg P)$$
$$= F$$

从演算结果看，该公式为永假式。

需要说明的是，利用公式演算，不仅可以在命题公式之间建立等价关系，还可以直接用在电子线路设计、程序设计和社会生产生活的方方面面。

例 3-19 将下面的程序进行化简。

If A then if B then X else Y else if B then X else Y

解：

根据题意，画出该程序的流程图，如图 3-1 所示。

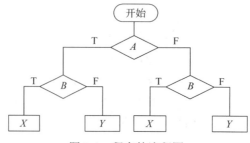

图 3-1 程序的流程图

从该程序流程图可以看出，程序最终的出口有两个，分别是 X 和 Y，二者的执行条件分别为

X：$A = B = T$，或 $A = F$，$B = T$

Y：$A = T$，$B = F$，或 $A = B = F$

运用命题逻辑进行化简，得

$$X: (A \wedge B) \vee (\neg A \wedge B) = B$$
$$Y: (A \wedge \neg B) \vee (\neg A \wedge \neg B) = \neg B$$

因此，执行 X 的条件是 B 为真，执行 Y 的条件是 B 为假。因此，程序可以简化为

If B then X else Y

在数字电路中，存在 3 种基本的门电路：与门、或门和反相器，对应的逻辑关系如图 3-2 所示。

A	B	Y
0	0	0
0	1	0
1	0	0
1	1	1

与门

A	B	Y
0	0	0
0	1	1
1	0	1
1	1	1

或门

A	Y
0	1
0	0

反相器

图 3-2　基本的门电路及其真值表对应关系

从上述 3 个门电路的真值表中可以看出，与门实现的基本功能与合取一致，或门实现的基本功能与析取一致，反相器的逻辑功能与否定一致。根据这种有效性，可以利用命题公式的等值演算对数字电路进行简化。

例 3-20　简化图 3-3 所示的逻辑电路。

解：

根据图 3-3 中所示的逻辑关系，得到输出与输入的逻辑关系为
$$Y = ((P \wedge Q) \vee (P \wedge R)) \wedge (Q \vee R)$$

对该公式进行化简，得
$$Y = ((P \wedge Q) \vee (P \wedge R)) \wedge (Q \vee R) = P \wedge (Q \vee R)$$

根据化简后的公式，上述电路可简化为图 3-4 中的电路。

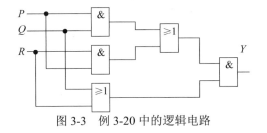
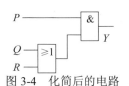

图 3-3　例 3-20 中的逻辑电路　　　　图 3-4　化简后的电路

3.4 命题联结词的完备集

前面介绍了 5 个常用的命题联结词,分别是否定、合取、析取、蕴涵和等价。现在回顾一下,联结词究竟是什么?为什么这 5 个联结词互不相同?还可以构造多少个不同的联结词?本节将针对这些问题给出准确的答案。

在前面的 5 个联结词中,它们之所以不同,是因为不同的命题变元通过不同的联结词得到的结果不同。从这点考虑,命题联结词本质上就是一个函数,与实数函数不同的是,函数的定义域和值域只能取逻辑中的真值(真或假)。下面讨论在给定两个命题变元的情况下,可以构造多少个不同的联结词。

根据前面的分析,命题联结词本质上是一个函数。即对输入的任意情况,都会有唯一的、确切的真值与其对应。当给定两个命题变元时,输入一共有 4 种情况,如表 3-13 所示。

表 3-13　包含两个命题变元的联结词

P	Q	$f(P,Q)$
0	0	$*_1$
0	1	$*_2$
1	0	$*_3$
1	1	$*_4$

从表 3-13 可以看出,如果对任意输入而言,两个联结词的输出 $*_1$、$*_2$、$*_3$、$*_4$ 是相同的,则这两个联结词是等价的;反之,如果两个联结词对应着不同的输出,则两个联结词是不同的。换句话说,给定两个命题变元时,命题联结词就是针对真值表中对应的 4 行,给出相应的函数值。由于函数值只能是 0 或 1,因此,共可以构造 $2^4 = 16$ 个不同的联结词,如表 3-14 所示。

表 3-14　两个命题变元对应的所有联结词真值

P	Q	f_0	f_1	f_2	f_3	f_4	f_5	f_6	f_7	f_8	f_9	f_{10}	f_{11}	f_{12}	f_{13}	f_{14}	f_{15}
0	0	0	0	0	0	0	0	0	0	1	1	1	1	1	1	1	1
0	1	0	0	0	0	1	1	1	1	0	0	0	0	1	1	1	1
1	0	0	0	1	1	0	0	1	1	0	0	1	1	0	0	1	1
1	1	0	1	0	1	0	1	0	1	0	1	0	1	0	1	0	1

根据不同的联结词对应的真值表,可以在 5 个基本联结词的基础上得到上述联结词的描述,如下:

$f_0 = P \wedge \neg P$　　　　　$f_1 = P \wedge Q$　　　　　$f_2 = \neg(P \rightarrow Q)$　　　　　$f_3 = P$

$f_4 = \neg(Q \rightarrow P)$　　　　$f_5 = Q$　　　　　　$f_6 = \neg(P \leftrightarrow Q)$　　　　　$f_7 = P \vee Q$

$f_8 = \neg(P \vee Q)$　　　　$f_9 = P \leftrightarrow Q$　　　　$f_{10} = \neg Q$　　　　$f_{11} = Q \rightarrow P$

$f_{12} = \neg P$　　　　　　　$f_{13} = P \rightarrow Q$　　　　$f_{14} = \neg(P \wedge Q)$　　$f_{15} = P \vee \neg P$

从上述 16 个不同的联结词的描述可以看出，不同的联结词之间可以相互转换。由此产生了一个问题，为了表达所有的命题联结词，至少需要多少个命题联结词？这样的问题被称为命题联结词的完备集问题，形式化定义如下。

定义 3-11　设 S 是某些联结词的集合，如果满足以下两个条件，S 称为一个联结词完备集（adequate set of connectives）。

（1）用 S 中的联结词可以表达所有的联结词。

（2）从 S 中删除任意一个命题联结词，至少会存在一个联结词，无法用剩余的联结词表示。

例 3-21　在前面给出的 5 个基本联结词中，可以进行如下转换：

$P \rightarrow Q = \neg P \vee Q$

$P \wedge Q = \neg(\neg P \vee \neg Q)$

$P \leftrightarrow Q = (P \rightarrow Q) \wedge (Q \rightarrow P) = (\neg P \vee Q) \wedge (\neg P \vee Q) = \neg(\neg(\neg P \vee Q) \vee \neg(\neg P \vee Q))$

从上述 3 个式子可以看出，蕴涵、合取和等价可以用否定和析取表示，而这两个联结词无法相互表示，因此，集合 $\{\neg, \vee\}$ 是一个命题联结词的完备集。同理，$\{\neg, \wedge\}$ 也是一个命题联结词的完备集。

例 3-22　将公式 $(P \rightarrow (\neg Q \wedge R)) \leftrightarrow R$ 用命题联结词完备集 $\{\neg, \vee\}$ 表示出来。

解：

$(P \rightarrow (\neg Q \wedge R)) \leftrightarrow R$

$= ((P \rightarrow (\neg Q \wedge R)) \rightarrow R) \wedge (R \rightarrow (P \rightarrow (\neg Q \wedge R)))$

$= (\neg(P \rightarrow (\neg Q \wedge R)) \vee R) \wedge (\neg R \vee (P \rightarrow (\neg Q \wedge R)))$

$= (\neg(\neg P \vee (\neg Q \wedge R)) \vee R) \wedge (\neg R \vee (\neg P \vee (\neg Q \wedge R)))$

$= ((P \wedge (Q \vee \neg R)) \vee R) \wedge (\neg R \vee \neg P \vee (\neg Q \wedge R))$

$= (P \vee R) \wedge (Q \vee \neg R \vee R) \wedge (\neg R \vee \neg P \vee \neg Q) \wedge (\neg R \vee \neg P \vee R)$

$= (P \vee R) \wedge (\neg R \vee \neg P \vee \neg Q)$

$= \neg(\neg(P \vee R) \vee \neg(\neg R \vee \neg P \vee \neg Q))$

□

除上述联结词外，命题逻辑中还有异或（⊕）、与非（↑）、或非（↓），相关联结词的真值表如表 3-15 所示。

表 3-15　其他联结词的真值表

P	Q	$P \oplus Q$	$P \uparrow Q$	$P \downarrow Q$
0	0	0	1	1
0	1	1	1	0
1	0	1	1	0
1	1	0	0	0

由表 3-15 可知，上述联结词有如下性质。

（1）$P \oplus Q = \neg(P \leftrightarrow Q)$。

（2）$P \uparrow Q = \neg(P \wedge Q)$，$P \uparrow P = \neg P$。

（3）$P \downarrow Q = \neg(P \vee Q)$， $P \downarrow P = \neg P$。

例 3-23 证明 $\{\uparrow\}$ 是联结词完备集。

分析：在例 3-21 中，已经证明 $\{\neg, \wedge\}$ 和 $\{\neg, \vee\}$ 是联结词的完备集，因此，如果可以用与非联结词表示否定联结词和合取联结词，即可证明。

证明：

根据与非联结词的性质，可知：
$$P \uparrow P = \neg P$$
$$(P \uparrow Q) \uparrow (P \uparrow Q) = P \wedge Q$$

由于 $\{\neg, \wedge\}$ 是联结词完备集，因此 $\{\uparrow\}$ 是联结词的完备集。

同理可证：$\{\downarrow\}$ 也是联结词的完备集。

3.5 范式

从命题公式的演算可以看出，同一个命题公式之间可能有多种表示形式，而这几种不同的表示形式之间是等价的。在等值演算中，同一命题公式的不同表示形式会带来诸多不便。因此从理论上讲，有必要对命题公式的表示形式进行规范，使命题公式规范化。为此，引入命题公式的范式这一概念。在命题公式的范式表示中，包括析取范式、合取范式、主析取范式和主合取范式等几种表示形式，这些表示形式在电子线路设计、人工智能等领域具有极其重要的意义。

3.5.1 析取范式和合取范式

定义 3-12 （1）命题变元或命题变元的否定称为文字（literal）。

（2）有限个文字的析取称为子句（clause），有限个文字的合取称为短语（phrase）。

（3）有限个短语的析取式称为析取范式（disjunctive normal form），有限个子句的合取称为合取范式（conjunctive normal form）。

从析取范式和合取范式的定义中可以看出，二者只包含 3 种命题联结词：否定、合取和析取，并且否定联结词只能在命题变元的前端。

例 3-24 已知命题变元 P、Q，则有

（1）P，$\neg P$ 是文字、子句、短语、合取范式、析取范式。

（2）$P \vee \neg Q$ 是子句、析取范式、合取范式。

（3）$\neg P \wedge Q$ 是短语、析取范式、合取范式。

（4）$(\neg P \wedge Q) \vee (P \wedge Q)$ 是析取范式。

（5）$(\neg P \vee Q) \wedge (P \vee Q)$ 是合取范式。

给定任意命题公式，如何将其转化成等价的析取范式和合取范式呢？通常情况下，

按照如下思路进行。

(1) 将命题公式中的联结词 $\rightarrow$ 和 $\leftrightarrow$ 用 $\neg$、$\wedge$ 和 $\vee$ 表示。

(2) 运用德摩根律将否定联结词移至命题变元的前端。

(3) 运用结合律、分配律、吸收律和幂等律等将公式化成与其等价的析取范式或合取范式。

例 3-25 求公式 $(P \rightarrow Q) \leftrightarrow (P \rightarrow R)$ 的析取范式和合取范式。

解：

该公式的合取范式为

$$
\begin{aligned}
& (P \rightarrow Q) \leftrightarrow (P \rightarrow R) \\
&= ((P \rightarrow Q) \rightarrow (P \rightarrow R)) \wedge ((P \rightarrow R) \rightarrow (P \rightarrow Q)) \\
&= (\neg(\neg P \vee Q) \vee (\neg P \vee R)) \wedge (\neg(\neg P \vee R) \vee (\neg P \vee Q)) \\
&= ((P \wedge \neg Q) \vee (\neg P \vee R)) \wedge ((P \wedge \neg R) \vee (\neg P \vee Q)) \\
&= ((P \wedge \neg Q) \vee \neg P \vee R) \wedge ((P \wedge \neg R) \vee \neg P \vee Q) \\
&= (P \vee \neg P \vee R) \wedge (\neg Q \vee \neg P \vee R) \wedge (P \vee \neg P \vee Q) \wedge (\neg R \vee \neg P \vee Q) \\
&= (\neg P \vee \neg Q \vee R) \wedge (\neg P \vee Q \vee \neg R)
\end{aligned}
$$

该公式的析取范式为

$$
\begin{aligned}
& (P \rightarrow Q) \leftrightarrow (P \rightarrow R) \\
&= (\neg P \vee \neg Q \vee R) \wedge (\neg P \vee Q \vee \neg R) \\
&= (\neg P \wedge \neg P) \vee (\neg P \wedge Q) \vee (\neg P \wedge \neg R) \vee (\neg Q \wedge \neg P) \vee (\neg Q \wedge \neg R) \vee (R \wedge \neg P) \vee \\
& \quad (R \wedge Q) \vee (R \wedge \neg R) \\
&= \neg P \vee (\neg P \wedge Q) \vee (\neg P \wedge \neg R) \vee (\neg Q \wedge \neg P) \vee (\neg Q \wedge \neg R) \vee (R \wedge \neg P) \vee (R \wedge Q) \\
&= \neg P \vee (\neg Q \wedge \neg R) \vee (R \wedge Q)
\end{aligned}
$$

□

需要说明的是，同一命题公式可能会有不同形式的合取范式和析取范式，这种不唯一给后续问题的处理带来了诸多不便，下面引进更为标准的范式表示。

3.5.2 主析取范式和主合取范式

定义 3-13[①] （1）给定 n 个命题变元 $P_1, P_2, \cdots, P_n$，一个短语或子句，如果恰好包含这 n 个命题变元或其否定，并且每个命题变元或其否定仅出现一次，称该短语或子句为关于 $P_1, P_2, \cdots, P_n$ 的一个最小项（minterm）或最大项（maxterm）。

（2）有限个最小项的析取称为主析取范式（principal disjunctive normal form）。

（3）有限个最大项的合取称为主合取范式（principal conjunctive normal form）。

例 3-26 给定两个命题变元 P 和 Q，可以构造的最小项和最大项分别如下。

最小项：$\neg P \wedge \neg Q$、$\neg P \wedge Q$、$P \wedge \neg Q$、$P \wedge Q$。

最大项：$P \vee Q$、$P \vee \neg Q$、$\neg P \vee Q$、$\neg P \vee \neg Q$。

对于任何一个命题公式而言，都存在与其等价的主析取范式和主合取范式。如果一个命题公式不包含任何最小项，则称该命题公式的主析取范式为空；如果一个命题公式

---

① 需要说明的是，该定义中的主析取范式和主合取范式与数字电子技术中的最小项表达式和最大项表达式是等价的。

中不包含任何最大项，则称该命题公式的主合取范式为空。目前求取命题公式的主析取范式和主合取范式主要有两种方法：真值表法和公式演算法。下面通过分析最大项、最小项的性质来介绍这两种方法。

1. 最小项和最大项的性质

为了研究最小项和最大项的性质，首先列出包含两个命题变元的最小项与最大项的真值表，所有最小项的真值表如表 3-16 所示。

表 3-16 包含两个命题变元的所有最小项的真值表

P	Q	$\neg P \wedge \neg Q$	$\neg P \wedge Q$	$P \wedge \neg Q$	$P \wedge Q$
0	0	1	0	0	0
0	1	0	1	0	0
1	0	0	0	1	0
1	1	0	0	0	1

从表 3-16 可以看出，最小项有如下性质。

（1）不存在两个等价的最小项。对任意两个不同的最小项，在不同的指派下真值不完全相同。

（2）对任意最小项，只有一个指派使其真值为真，而该指派必使其他最小项真值为假；对任一指派，只存在一个最小项真值为真，而其他最小项在该指派下真值为假。因此，最小项与使其真值为真的指派是一一对应的，通常情况下用使其真值为真的指派作为该最小项的编码。例如，用 m_{00}（或 m_0）表示最小项 $\neg P \wedge \neg Q$，用 m_{10}（或 m_2）表示最小项 $P \wedge \neg Q$。

（3）任意两个不同最小项的合取为矛盾式，所有最小项的析取为重言式。

同理，列出包含两个命题变元的所有最大项的真值表，如表 3-17 所示。

表 3-17 包含两个命题变元的所有最大项的真值表

P	Q	$P \vee Q$	$P \vee \neg Q$	$\neg P \vee Q$	$\neg P \vee \neg Q$
0	0	0	1	1	1
0	1	1	0	1	1
1	0	1	1	0	1
1	1	1	1	1	0

类似地，从表 3-17 可以看出，最大项有如下性质。

（1）不存在两个等价的最大项，任意两个不同的最大项在不同的指派下真值不完全相同。

（2）对任意一个最大项，只有一个指派使其真值为假，而该指派必使其他最大项真值为真；对任一指派，只存在一个最大项真值为假，而其他最大项在该指派下真值为真。最大项与使其真值为假的指派是一一对应的，通常情况下用使其真值为假的指派作为该最大项的编码。例如，用 M_{00}（或 M_0）表示最大项 $P \vee Q$，用 M_{10}（或 M_2）表示最大

$\neg P \vee Q$。

（3）任意两个不同最大项的析取为永真式，所有最大项的合取为矛盾式。

2. 公式演算法

运用公式演算求取命题公式的主析取范式和主合取范式是基于以下的公式演算。

（1）$H \wedge \neg H = 0$。
$$G = G \vee 0 = G \vee (H \wedge \neg H) = (G \vee H) \wedge (G \vee \neg H)$$

（2）$H \vee \neg H = 1$。
$$G = G \wedge 1 = G \wedge (H \vee \neg H) = (G \wedge H) \vee (G \wedge \neg H)$$

从上述两个基本的公式演算可以看出，从公式的析取范式和合取范式计算主析取范式和主合取范式时，如果析取范式（或合取范式）的某个短语（子句）中缺少某个命题变元，则可以采用上述公式将缺少的命题变元加进去。

例 3-27 运用公式演算法计算命题公式 $(P \to Q) \leftrightarrow R$ 的主合取范式和主析取范式。

解：

首先计算该命题公式的合取范式。
$$(P \to Q) \leftrightarrow R$$
$$= ((P \to Q) \to R) \wedge (R \to (P \to Q))$$
$$= (\neg(\neg P \vee Q) \vee R) \wedge (\neg R \vee (\neg P \vee Q))$$
$$= ((P \wedge \neg Q) \vee R) \wedge (\neg P \vee Q \vee \neg R)$$
$$= (P \vee R) \wedge (\neg Q \vee R) \wedge (\neg P \vee Q \vee \neg R)$$

在合取范式的基础上，利用分配律，计算该公式的析取范式。
$$(P \to Q) \leftrightarrow R$$
$$= (P \vee R) \wedge (\neg Q \vee R) \wedge (\neg P \vee Q \vee \neg R)$$
$$= (P \wedge \neg Q \wedge \neg R) \vee (\neg P \wedge R) \vee (R \wedge Q)$$

下面在合取范式的基础上计算主合取范式。在该命题公式的合取范式中，第一个子句中缺少命题变元 Q，第二个子句中缺少命题变元 P，通过公式演算，可得
$$P \vee R = P \vee R \vee (Q \wedge \neg Q) = (P \vee Q \vee R) \wedge (P \vee \neg Q \vee R)$$
$$\neg Q \vee R = (P \vee \neg Q \vee R) \wedge (\neg P \vee \neg Q \vee R)$$

因此有
$$(P \to Q) \leftrightarrow R = (P \vee R) \wedge (\neg Q \vee R) \wedge (\neg P \vee Q \vee \neg R)$$
$$= (P \vee Q \vee R) \wedge (P \vee \neg Q \vee R) \wedge (P \vee \neg Q \vee R) \wedge (\neg P \vee \neg Q \vee R) \wedge (\neg P \vee Q \vee \neg R)$$
$$= (P \vee Q \vee R) \wedge (P \vee \neg Q \vee R) \wedge (\neg P \vee \neg Q \vee R) \wedge (\neg P \vee Q \vee \neg R)$$

类似地，在析取范式的基础上计算主析取范式。在析取范式的后两个短语中，分别缺少命题变元 Q 和命题变元 P。运用公式演算，可得
$$\neg P \wedge R = \neg P \wedge R \wedge 1 = \neg P \wedge R \wedge (Q \vee \neg Q) = (\neg P \wedge R \wedge Q) \vee (\neg P \wedge R \wedge \neg Q)$$
$$R \wedge Q = (P \wedge R \wedge Q) \vee (\neg P \wedge R \wedge Q)$$

因此有
$$(P \to Q) \leftrightarrow R = (P \wedge \neg Q \wedge \neg R) \vee (\neg P \wedge R) \vee (R \wedge Q)$$
$$= (P \wedge \neg Q \wedge \neg R) \vee (\neg P \wedge R \wedge Q) \vee (\neg P \wedge R \wedge \neg Q) \vee (P \wedge R \wedge Q) \vee (\neg P \wedge R \wedge Q)$$
$$= (P \wedge \neg Q \wedge \neg R) \vee (\neg P \wedge Q \wedge R) \vee (\neg P \wedge \neg Q \wedge R) \vee (P \wedge Q \wedge R)$$

3. 真值表法

真值表法是主析取范式和主合取范式的主要构造方法之一，在逻辑电路设计中具有非常重要的应用价值。下面通过例题来说明真值表法构造主析取范式和主合取范式的基本原理。

例 3-28 用真值表法求命题公式 $G = (P \to Q) \leftrightarrow R$ 的主合取范式和主析取范式。

解：

首先列出该命题公式的真值表，如表 3-18 所示。

表 3-18 命题公式的真值表

P	Q	R	$P \to Q$	G
0	0	0	1	0
0	0	1	1	1
0	1	0	1	0
0	1	1	1	1
1	0	0	0	1
1	0	1	0	0
1	1	0	1	0
1	1	1	1	1

假设命题公式 G 的主合取范式为 $G = (\ )\wedge(\ )\wedge\cdots\wedge(\ )$，其中圆括号里的内容为最大项。根据最大项的性质，有且仅有一组指派使某一最大项真值为 0，其他指派均使其真值为 1。考虑主合取范式从整体上来讲是合取式，其真值为 0，当且仅当其包含的某个最大项取值为 0。因此，使 G 取值为 0 的指派所对应的最大项必须包含在 G 的主合取范式中（如果不包含，则 G 的真值必然为 1）。同时，使 G 真值为 1 的最大项不应包含在 G 的主合取范式中，因为一旦出现，会使 G 的真值为 0。因此，G 的主合取范式中应包含使 G 真值为 0 的那些指派所对应的最大项，而且只包含这些最大项。以该题为例，使 G 真值为 0 的指派分别是 000、010、101 和 110，它们对应的最大项分别为 $P \vee Q \vee R$、$P \vee \neg Q \vee R$、$\neg P \vee Q \vee \neg R$ 和 $\neg P \vee \neg Q \vee R$，即 G 的主合取范式为

$$G = (P \vee Q \vee R) \wedge (P \vee \neg Q \vee R) \wedge (\neg P \vee Q \vee \neg R) \wedge (\neg P \vee \neg Q \vee R)$$

类似地，在计算命题公式 G 的主析取范式时，不妨设 G 的主析取范式为 $G = (\ )\vee(\ )\vee\cdots\vee(\ )$，其中圆括号里的内容为最小项。根据最小项的性质，有且仅有一组指派使其真值为 1，而其他指派均使其真值为 0。由于主析取范式从整体上看是析取式，因此，使命题公式 G 真值为 1 的指派所对应的最小项必须出现在 G 的主析取范式中（如果不出现，则 G 的真值必然为 0）。同时，G 的主析取范式中不应包含那些使 G 真值为 0 的最小项，它们的出现会使 G 的取值为 1。因此，G 的主析取范式中只包含使 G 真值为 1 的那些指派所对应的最小项。以该题为例，首先从真值表中获取使 G 真值为 1 的那些指派，分别是 001、011、100、111，它们对应的最小项分别为 $\neg P \wedge \neg Q \wedge R$、$\neg P \wedge Q \wedge R$、$P \wedge \neg Q \wedge \neg R$ 和 $P \wedge Q \wedge R$，即 G 的主析取范式为

$$G = (\neg P \wedge \neg Q \wedge R) \vee (\neg P \wedge Q \wedge R) \vee (P \wedge \neg Q \wedge \neg R) \vee (P \wedge Q \wedge R)$$

对基于真值表法计算命题公式的主合取范式进行总结,可按如下步骤进行。
（1）列出给定命题公式的真值表。
（2）在真值表中获取使命题公式真值为 0 的那些指派。
（3）对每个指派,计算其对应的最大项,这些最大项的合取即为该命题公式对应的主合取范式。

类似地,基于真值表法获取命题公式的主析取范式可按如下步骤进行。
（1）列出给定命题公式的真值表。
（2）在真值表中获取使命题公式真值为 1 的那些指派。
（3）对每个指派,计算其对应的最小项,这些最小项的析取即为该命题公式对应的主析取范式。

4. 主析取范式和主合取范式之间的转换

利用真值表法计算公式的主合取范式和主析取范式时,其本质是找出使命题公式为真或为假的指派。将成真指派对应的最小项进行析取,得到的是命题公式的主析取范式；而将成假指派对应的最大项进行合取,得到的是命题公式的主合取范式。利用这一点,可以根据主析取范式得到等价的主合取范式,也可以根据主合取范式得到等价的主析取范式,通过下面的例子来说明这一点。

例 3-29 已知某命题公式的主析取范式是 $(\neg P \wedge \neg Q \wedge R) \vee (\neg P \wedge Q \wedge R) \vee (P \wedge \neg Q \wedge \neg R)$,计算其主合取范式。

分析：主析取范式中包含的是成真指派对应的最小项,而主合取范式中包含的是成假指派对应的最大项。对于命题公式的所有指派而言,如果不是成真指派,一定是成假指派,可以根据这一点在主析取范式和主合取范式之间相互转换。

解：
根据该命题公式的主析取范式,可以知道该命题公式的成真指派有 3 个,分别是 001、011 和 100,其他指派均为成假指派,分别是 000、010、101、110 和 111。这些成假指派对应的最大项分别为 $P \vee Q \vee R$、$P \vee \neg Q \vee R$、$\neg P \vee Q \vee \neg R$、$\neg P \vee \neg Q \vee R$ 和 $\neg P \vee \neg Q \vee \neg R$。将这些最大项进行合取,得到公式的主合取范式：
$(P \vee Q \vee R) \wedge (P \vee \neg Q \vee R) \wedge (\neg P \vee Q \vee \neg R) \wedge (\neg P \vee \neg Q \vee R) \wedge (\neg P \vee \neg Q \vee \neg R)$

3.5.3 范式的应用

例 3-30 有一仓库被盗,公安人员经过分析,发现甲、乙、丙、丁都有作案嫌疑,通过侦查,警方得知这 4 人中有两人作案,并且得到了以下 4 条重要的线索。
（1）甲和乙两人中有且仅有一人去过仓库。
（2）乙和丁不会同去仓库。

（3）丙若去，丁一定去。
（4）丁若不去，则甲也不去。
判断上述 4 人中谁是盗窃犯。

解：

设 P 表示甲去过仓库，Q 表示乙去过仓库，R 表示丙去过仓库，S 表示丁去过仓库，上述 4 条线索可分别形式化如下。

（1）$(P \land \neg Q) \lor (\neg P \land Q)$。

（2）$\neg(Q \land S)$。

（3）$R \to S$。

（4）$\neg S \to \neg P$。

由于给定的 4 条线索是有效的，即上述 4 个命题的真值为真，将这 4 个公式合取，得到的命题公式真值同样为真，根据①下式：

$$((P \land \neg Q) \lor (\neg P \land Q)) \land (\neg(Q \land S)) \land (R \to S) \land (\neg S \to \neg P)$$
$$= ((P \land \neg Q) \lor (\neg P \land Q)) \land (\neg Q \lor \neg S) \land (\neg R \lor S) \land (S \lor \neg P)$$
$$= (P \lor Q) \land (\neg P \lor \neg Q) \land (\neg Q \lor \neg S) \land (\neg R \lor S) \land (S \lor \neg P)$$
$$= (P \land \neg Q \land S) \lor (\neg P \land Q \land \neg S \land \neg R)$$
$$= (P \land \neg Q \land S \land R) \lor (P \land \neg Q \land S \land \neg R) \lor (\neg P \land Q \land \neg S \land \neg R)$$

可得，要使该命题为真，有 3 种情况：$Q=0$，$P=S=R=1$；$P=S=1$，$Q=R=0$；$P=S=R=0$，$Q=1$。由于警方得知有两人作案，因此 $P=S=1$，$Q=R=0$，即甲和丁去过，而乙和丙没有去。

□

例 3-31 张三说李四说谎，李四说王五说谎，王五说张三和李四都说谎，请问谁讲的是实话？谁在说谎？

解：

设 P 表示张三说的是实话，Q 表示李四说的是实话，R 表示王五说的是实话，则上述命题可以形式化为

$$P \leftrightarrow \neg Q, \quad Q \leftrightarrow \neg R, \quad R \leftrightarrow \neg P \land \neg Q$$

根据题意，这 3 个命题的真值为真，因此它们的合取为真，根据

$(P \leftrightarrow \neg Q) \land (Q \leftrightarrow \neg R) \land (R \leftrightarrow (\neg P \land \neg Q))$
$= (P \to \neg Q) \land (\neg Q \to P) \land (Q \to \neg R) \land (\neg R \to Q) \land (R \to (\neg P \land \neg Q)) \land ((\neg P \land \neg Q) \to R)$
$= (\neg P \lor \neg Q) \land (Q \lor P) \land (\neg Q \lor \neg R) \land (R \lor Q) \land (\neg R \lor (\neg P \land \neg Q)) \land (\neg(\neg P \land \neg Q) \lor R)$

---

① 在进行命题公式的等值演算时，可借助数字逻辑中的相关符号，将 $\neg P$ 用 $\overline{P}$ 表示，$P \lor Q$ 用 $P+Q$ 表示，$P \land Q$ 用 PQ 表示。根据命题公式的分配律，有

$$((P \land \neg Q) \lor (\neg P \land Q)) \land (\neg(Q \land S)) \land (R \to S) \land (\neg S \to \neg P)$$
$$= ((P \land \neg Q) \lor (\neg P \land Q)) \land (\neg Q \lor \neg S) \land (\neg R \lor S) \land (S \lor \neg P)$$
$$= (P\overline{Q} + \overline{P}Q)(\overline{Q} + \overline{S})(\overline{R} + S)(\overline{P} + S)$$
$$= (P\overline{Q} + \overline{P}Q\overline{S})(S + \overline{P}\overline{R})$$
$$= P\overline{Q}S + \overline{P}Q\overline{R}\overline{S}$$
$$= (P \land \neg Q \land S) \lor (\neg P \land Q \land \neg S \land \neg R)$$

我们认为，这样处理有利于读者快速掌握命题公式的演算。在后续的命题公式演算中，同样采取类似的模式来处理。

$= (\neg P \vee \neg Q) \wedge (Q \vee P) \wedge (\neg Q \vee \neg R) \wedge (R \vee Q) \wedge (\neg R \vee (\neg P \wedge \neg Q)) \wedge (P \vee Q \vee R)$
$= \neg P \wedge Q \wedge \neg R$

可知，要使它们的合取为真，有 $P = R = 0$，$Q = 1$，即李四说的是实话，张三和王五都在说谎。

进一步，编写程序对上述结论进行判断。

程序设计分析：张三、李四和王五 3 人所说的话，有两种可能：真话和假话。如果用 1 表示真，用 0 表示假，则张三、李四和王五 3 人说话的真假情况限定在如表 3-19 所示的范围内。

表 3-19　例 3-31 对应的真值表

张　三	李　四	王　五
0	0	0
0	0	1
0	1	0
0	1	1
1	0	0
1	0	1
1	1	0
1	1	1

如果用变量 a、b、c 分别表示上述 3 人说话的真假，则 3 个变量存在如下逻辑关系：
如果 $a = 1$，则 $b = 0$；
如果 $a = 0$，则 $b = 1$；
如果 $b = 1$，则 $c = 0$；
如果 $b = 0$，则 $c = 1$；
如果 $c = 1$，则 $a + b = 0$；
如果 $c = 0$，则 $a + b \neq 0$。

需要注意的是，对张三和李四都说谎的处理方式，如果王五讲的是实话，则张三和李四都在说谎，即 $a = 0$，$b = 0$。如果王五讲的是谎话，则并不是张三和李四都在说谎，即两人至少有一人讲的是实话。上述逻辑关系中采取了 $a + b = 0$ 和 $a + b \neq 0$ 的判断方式。因此，要判断 3 人说话的真伪，必须使他们的话符合上述的逻辑关系。考虑每人只有说实话和谎话两种可能，因此上述逻辑关系可以在程序设计语言中做如下描述：

$((a{==}1\ \&\&\ b{==}0) || (a{==}0\ \&\&\ b{==}1))$
$\&\&\ ((b{==}0\ \&\&\ c{==}1) || (b{==}1\ \&\&\ c{==}0))$
$\&\&\ ((c{==}1\ \&\&\ a+b{==}0) || (c{==}0\ \&\&\ a+b!{=}0))$

凡是不满足上述逻辑关系的，都不是正确的答案，只有所得的结果为真的组合，才是真正的输出结果，参考程序 3-1。

程序 3-1　例 3-31 实现代码

```c
#include<stdio.h>
int main()
{
    int a,b,c;
    for(a=0;a<=1;a++)
    {
        for(b=0;b<=1;b++)
        {
            for(c=0;c<=1;c++)
            {
                if(((a && !b)||(!a && b))&& ((!b && c)||(b && !c)) &&((c && a+b!=0)||(!c && a+b==0)))
                {
                    printf("张三%s说谎\n",a?"在":"没有");
                    printf("李四%s说谎\n",b?"在":"没有");
                    printf("王五%s说谎\n",c?"在":"没有");
                }
            }
        }
    }
    getchar();
    return 0;
}
```

程序运行结果如图 3-5 所示。

图 3-5　程序运行结果

例 3-32　要在一个具有 3 个门的房间里，安装 3 个开关，共同控制房屋里的一盏灯，试设计灯泡与 3 个开关之间的逻辑关系。

分析：要设计灯泡与 3 个开关之间的逻辑关系，关键在于列出开关的真值与灯泡的真值之间的真值表。其中涉及的一个问题是开关的初始状态与灯泡的初始状态之间应该如何设置，这里可以假设灯泡的一个初始状态，然后根据开关的变化情况来判断灯泡的其他状态。

解：

设 A、B、C 表示 3 个开关，L 表示灯泡。为了便于表示，用 0 表示开关是断开的，用 1 表示开关是闭合的；用 0 表示灯泡是灭的，用 1 表示灯泡是亮的。假设在所有开关都断开时灯泡的状态是灭的，则可得到 L 与 A、B、C 的逻辑关系，如表 3-20 所示。

根据表 3-20，可以得出 L 与 A、B、C 的逻辑关系。

主析取范式为
$$L = (\neg A \wedge \neg B \wedge C) \vee (\neg A \wedge B \wedge \neg C) \vee (A \wedge \neg B \wedge \neg C) \vee (A \wedge B \wedge C)$$

表 3-20　灯泡与开关的逻辑关系表

A	B	C	L
0	0	0	0
0	0	1	1
0	1	0	1
0	1	1	0
1	0	0	1
1	0	1	0
1	1	0	0
1	1	1	1

主合取范式为
$$L = (A \vee B \vee C) \wedge (A \vee \neg B \vee \neg C) \wedge (\neg A \vee B \vee \neg C) \wedge (\neg A \vee \neg B \vee C)$$

在后续的课程"数字电子技术"中，可以借助译码器设计实现上述功能的组合逻辑电路。

□

3.6　命题逻辑的推理

命题逻辑中主要包括 3 方面的内容：概念、判断和推理，即首先将各式各样的语句符号化，对语句进行真值判断，然后通过推理得到最终的结论。这一过程又可以描述为：从前提或假设出发，按照公认的推理规则，推导出有效的结论。这一过程称为有效推理或者形式证明，所得到的结论称为有效结论。在命题逻辑中，关注的不是结论的正确与否，而是推理过程的有效性。

3.6.1　推理的基本概念

定义 3-14　设 G 和 H 是命题公式，如果蕴涵式 $G \rightarrow H$ 是重言式，称公式 H 是 G 的有效结论（conclusion），表示为 $G \Rightarrow H$。

根据蕴涵联结词的定义，上述定义也可以描述为：给定任一解释 I，如果 I 满足 G，则 I 必满足 H。当涉及多个前提时，上述定义可以进一步推广，如定义 3-15 所示。

定义 3-15　设 $G_1, G_2, \cdots, G_n$ 是一组命题公式，H 是命题公式，如果 H 是 $G_1 \wedge G_2 \wedge \cdots \wedge G_n$ 的有效结论，则称 H 是 $G_1, G_2, \cdots, G_n$ 的有效结论，或者称 $G_1, G_2, \cdots, G_n \Rightarrow H$ 是有效的。此时，$G_1, G_2, \cdots, G_n$ 称为一组前提，H 称为结论。如果用 Γ 表示前提集合 $\{G_1, G_2, \cdots, G_n\}$，则推理过程又可以表示为 $\Gamma \Rightarrow H$。

根据有效结论的定义以及蕴涵联结词的真值表，可以得到定理 3-5。

定理 3-5　H 是 $G_1, G_2, \cdots, G_n$ 的有效结论，当且仅当 $G_1 \wedge G_2 \wedge \cdots \wedge G_n \rightarrow H$ 是重言式。

证明：

略。

例 3-33 判断 P 是否是 $P \vee Q$ 和 $\neg Q$ 的有效结论。

分析：欲判断由前提能否有效推导出结论，关键是判断由前提的合取与结论构造的蕴涵式是否是重言式，可以借助公式的等价演算来判断。

证明：
$$((P \vee Q) \wedge \neg Q) \to P$$
$$= \neg((P \vee Q) \wedge \neg Q) \vee P$$
$$= \neg(P \vee Q) \vee Q \vee P$$
$$= T$$

因此，P 是 $P \vee Q$ 和 $\neg Q$ 的有效结论。

□

3.6.2 推理的基本方法

根据定理 3-5，要判断 H 是 $G_1, G_2, \cdots, G_n$ 的有效结论，即要判断 $G_1 \wedge G_2 \wedge \cdots \wedge G_n \to H$ 是否是重言式。根据蕴涵联结词的基本性质，要判断 $G_1 \wedge G_2 \wedge \cdots \wedge G_n \to H$ 是否为重言式，有两种思路。

（1）判断 $G_1 \wedge G_2 \wedge \cdots \wedge G_n$ 为真时，H 是否为真。

（2）当 H 为假时，$G_1 \wedge G_2 \wedge \cdots \wedge G_n$ 是否为假。

满足这两种情况中的任何一种，都可以推断 H 是 $G_1, G_2, \cdots, G_n$ 的有效结论。对上述两种情况做进一步分析，得到如下判断过程。

（1）判断当 $G_1 \wedge G_2 \wedge \cdots \wedge G_n$ 为真时，H 是否为真。根据合取的基本性质，即要判断 $G_1, G_2, \cdots, G_n$ 都为真时，H 是否为真。

（2）判断当 H 为假时，$G_1 \wedge G_2 \wedge \cdots \wedge G_n$ 是否为假，根据合取的基本性质，即要判断 H 为假时，$G_1, G_2, \cdots, G_n$ 中是否存在一个公式真值为假。

根据上述分析，可以利用真值表法和演绎法对推理的有效性进行判断，下面分别介绍。

1. 真值表法

利用真值表判断推理的有效性时，有两种方法。

（1）对真值表中 $G_1, G_2, \cdots, G_n$ 都为真的任意行，判断 H 是否也为真。如果 H 是真，则推理有效，反之推理无效。

（2）对真值表中 H 为假的任意行，判断 $G_1, G_2, \cdots, G_n$ 是否至少有一个为假。如果是，则推理有效，反之推理无效。

例 3-34 判断下列结论是否是前提的有效结论。

（1）$G_1: P$；　　　　　$G_2: P \to Q$；　　　$H: Q$

（2）$G_1: \neg(P \to Q)$　　$H: Q$

解：

（1）建立命题公式的真值表，如表 3-21 所示。

分析该真值表，当 P 和 $P \to Q$ 全为 1 时，对应真值表中的第 4 行，此时 Q 为 1，因

此 Q 是 P 和 $P \rightarrow Q$ 的有效结论。

表 3-21 命题公式的真值表（一）

P	Q	$P \rightarrow Q$	Q
0	0	1	0
0	1	1	1
1	0	0	0
1	1	1	1

从另一个角度看，当 Q 为 0 时，对应真值表中的第 1、3 行，而在这两行中，分别有 P 和 $P \rightarrow Q$ 为 0，因此推理有效。

（2）建立命题公式的真值表，如表 3-22 所示。

表 3-22 命题公式的真值表（二）

P	Q	$\neg(P \rightarrow Q)$	Q
0	0	0	0
0	1	0	1
1	0	1	0
1	1	0	1

分析该真值表，当 $\neg(P \rightarrow Q)$ 为真时，对应真值表中的第 3 行，此时 Q 为 0，因此 Q 不是 $\neg(P \rightarrow Q)$ 的有效结论。

换个角度看，当 Q 为 0 时，对应真值表中的第 1、3 行，而在第 3 行中，前提 $\neg(P \rightarrow Q)$ 为 1，同样可以推断出 Q 不是 $\neg(P \rightarrow Q)$ 的有效结论。

□

2. 演绎法

从理论上讲，判断任何推理是否有效均可以用真值表的方法，但当命题公式中涉及的命题变元数量多时，容易产生"组合爆炸"现象，这使利用真值表法判断推理的有效性异常复杂，为此，引入演绎法来判断。

演绎法从前提（假设）出发，根据公认的推理规则或推理规律，推导出一个结论。它是真值表法的一种变形，本质是真值表法的第一种，即所有前提都成立时，判断结论是否成立。首先对演绎法涉及的推理规则做简要介绍。

1）推理规则

规则 P（前提引用规则）：在推导的过程中，可以随时引入前提集合中的任意一个前提。

规则 T（推理引用规则）：在推导的过程中，可以随时引入公式 S，其中 S 是从以前的一个或多个公式推导出来的。

CP 规则（附加前提规则）：如果推导的前提是集合 $\varGamma$，结论是形如 $P \rightarrow S$ 的形式，则可以将 P 作为附加前提，即前提集合是 $\varGamma \cup \{P\}$，而结论是 S。

反证法：如果推导的前提是集合 $\varGamma$，结论是 S，则推理的过程等价于从前提集合 $\varGamma$ 和 $\neg S$ 中推导出 F（逻辑假）。

下面将这些规则与真值表法进行对比和说明，以利于大家对这些规则的理解。

在真值表法中，当采取第一种判断模式时，需要判断所有前提均为真时，结论是否为真。而所有前提都为真，即任意一前提都为真，即为规则 P。同时，如果 S 和 T 是推导过程中经过推导得到的公式，则 S 和 T 的合取 $S \wedge T$ 成立，即为规则 T。对 CP 规则和反证法，用定理 3-6 和定理 3-7 来说明。

定理 3-6 给定某一前提集合 $\{G_1, G_2, \cdots, G_n\}$，证明：$(G_1 \wedge G_2 \wedge \cdots \wedge G_n) \rightarrow (S \rightarrow T)$ 为重言式，当且仅当 $(G_1 \wedge G_2 \wedge \cdots \wedge G_n \wedge S) \rightarrow T$ 为重言式。

证明：

$$\begin{aligned}
&(G_1 \wedge G_2 \wedge \cdots \wedge G_n) \rightarrow (S \rightarrow T) \\
&= \neg(G_1 \wedge G_2 \wedge \cdots \wedge G_n) \vee (S \rightarrow T) \\
&= \neg(G_1 \wedge G_2 \wedge \cdots \wedge G_n) \vee (\neg S \vee T) \\
&= (\neg G_1 \vee \neg G_2 \vee \cdots \vee \neg G_n) \vee \neg S \vee T \\
&= \neg(G_1 \wedge G_2 \wedge \cdots \wedge G_n \wedge S) \vee T \\
&= (G_1 \wedge G_2 \wedge \cdots \wedge G_n \wedge S) \rightarrow T
\end{aligned}$$

由于 $(G_1 \wedge G_2 \wedge \cdots \wedge G_n) \rightarrow (S \rightarrow T)$ 与 $(G_1 \wedge G_2 \wedge \cdots \wedge G_n \wedge S) \rightarrow T$ 是等价的，因此 $(G_1 \wedge G_2 \wedge \cdots \wedge G_n) \rightarrow (S \rightarrow T)$ 为重言式，当且仅当 $(G_1 \wedge G_2 \wedge \cdots \wedge G_n \wedge S) \rightarrow T$ 为重言式。

□

从定理 3-6 可以看出，如果 $(G_1 \wedge G_2 \wedge \cdots \wedge G_n) \rightarrow (S \rightarrow T)$ 为重言式，则可以说明 $S \rightarrow T$ 是前提集合 $\{G_1, G_2, \cdots, G_n\}$ 的有效结论，而 $(G_1 \wedge G_2 \wedge \cdots \wedge G_n \wedge S) \rightarrow T$ 为重言式，则可以说明 T 是前提集合 $\{G_1, G_2, \cdots, G_n, S\}$ 的有效结论。而该定理说明，$(G_1 \wedge G_2 \wedge \cdots \wedge G_n) \rightarrow (S \rightarrow T)$ 为重言式和 $(G_1 \wedge G_2 \wedge \cdots \wedge G_n \wedge S) \rightarrow T$ 为重言式二者是等价的，因此在推导的过程中可以把公式 S 作为前提加入前提集合中，称其为附加前提。

定理 3-7 给定某一前提集合 $\{G_1, G_2, \cdots, G_n\}$，证明：$(G_1 \wedge G_2 \wedge \cdots \wedge G_n) \rightarrow S$ 为重言式，当且仅当 $G_1 \wedge G_2 \wedge \cdots \wedge G_n \wedge \neg S$ 为矛盾式。

证明：

$$\begin{aligned}
&(G_1 \wedge G_2 \wedge \cdots \wedge G_n) \rightarrow S \\
&= \neg(G_1 \wedge G_2 \wedge \cdots \wedge G_n) \vee S \\
&= \neg(G_1 \wedge G_2 \wedge \cdots \wedge G_n \wedge \neg S)
\end{aligned}$$

如果 $(G_1 \wedge G_2 \wedge \cdots \wedge G_n) \rightarrow S$ 为重言式，即 $\neg(G_1 \wedge G_2 \wedge \cdots \wedge G_n \wedge \neg S)$ 是重言式，即 $G_1 \wedge G_2 \wedge \cdots \wedge G_n \wedge \neg S$ 为矛盾式。

□

换个角度看，如果要证明 S 是 $\{G_1, G_2, \cdots, G_n\}$ 的有效结论，即要证明 $G_1 \wedge G_2 \wedge \cdots \wedge G_n \Rightarrow S$ 成立，考虑到 $S = S \vee 0 = \neg S \rightarrow 0$，因此只需证明 $G_1 \wedge G_2 \wedge \cdots \wedge G_n \Rightarrow \neg S \rightarrow 0$ 即可。考虑到欲证明的结论是蕴涵式，因此，可以把蕴涵式的前件拿到前提中，只需证明 $G_1 \wedge G_2 \wedge \cdots \wedge G_n \wedge \neg S \Rightarrow 0$ 即可。这样的处理方法，从本质上看就是 CP 规则。因此，反证法实质上是 CP 规则的变形。

2）推理定律

根据前面的真值表法及推理规则，可以得到许多蕴涵重言式，它们构成了命题逻辑推理的基础。下面给出常见的蕴涵重言式，它们的正确性可以由真值表法或者前面的推理规则得到。

设 G、H、S、T 是命题公式，则有如下规则。

① $G \land H \Rightarrow G$，$G \land H \Rightarrow H$。
② $G \Rightarrow G \lor H$，$H \Rightarrow G \lor H$。
③ $\neg(G \to H) \Rightarrow G$，$\neg(G \to H) \Rightarrow \neg H$，$\neg G \Rightarrow G \to H$，$H \Rightarrow G \to H$。
④ $G, H \Rightarrow G \land H$。
⑤ $\neg G, G \lor H \Rightarrow H$。
⑥ $G, G \to H \Rightarrow H$，$\neg H, G \to H \Rightarrow \neg G$。
⑦ $G, G \leftrightarrow H \Rightarrow H$，$\neg G, G \leftrightarrow H \Rightarrow \neg H$。
⑧ $G \to H, H \to S \Rightarrow G \to S$。
⑨ $G \lor H, G \to I, H \to I \Rightarrow I$。

对于这些规则，读者不需要死记硬背，因为它们都是在真值表法和前面的几条推理规则的基础上得来的。下面通过例题来熟悉一下推理规则和推理定律，同时熟悉一下推理的整个过程。这里需要说明的是，在推理的过程中，不要求读者写出具体采用的哪个推理规则，只需要用符号 I 表示即可，表示推理（inference）；如果推理过程涉及等值演算，同样不需要指明涉及定理 3.2 中的哪个等值演算，只需要用符号 E 表示即可，表示等价（equivalence）。

例 3-35 设前提集合 $\Gamma = \{P \lor Q, \neg R, Q \to R\}$，证明 P 是前提集合的有效结论。

分析：从前提集合中证明某个有效结论，可以采用如下的方法来理解。假设前提集合中的所有公式都为真，需要判断结论是否也为真。而当前提集合中的所有公式都为真时，通常情况下从前提集合中的文字出发，因为通过文字为真可以直接判断出某个变元的真值。以该题为例，如果 $\neg R$ 为真，则 R 为假，又由于 $Q \to R$ 为真，则 Q 为假，根据 $P \lor Q$ 为真，可以推断出 P 为真。将这样的分析整理出来，就是逻辑推理的整个过程。这里需要强调的是，在推理公式中出现的公式，必须是真值为真的公式。如果某一公式真值为假，则写其否定形式。

证明：

(1) $\neg R$　　　　　P
(2) $Q \to R$　　　　P
(3) $\neg Q$　　　　　T (1)(2)，I
(4) $P \lor Q$　　　　P
(5) P　　　　　　T (3)(4)，I

例 3-36 设前提集合 $\Gamma = \{P \lor Q, Q \to R, P \to S, \neg S\}$，证明 $R \land (P \lor Q)$ 是 Γ 的有效结论。

分析：从结论的形式看，$R \land (P \lor Q)$ 是合取式，而要证明合取式是有效结论，需要说明 R 和 $P \lor Q$ 都是前提集合的有效结论。从 Γ 中可以得到 $P \lor Q$ 已经是一个有效结论，因此只需要说明 R 是 Γ 的有效结论即可。进一步分析，从给定的前提出发，由于 $\neg S$ 为真，因此 S 为假；由于 $P \to S$ 为真，因此 P 为假；由于 $P \lor Q$ 为真，因此 Q 为真；由于 $Q \to R$

为真，因此 R 为真。将上述分析的过程整理出来，即为逻辑推理的整个过程。

证明：

（1）$\neg S$ P
（2）$P \to S$ P
（3）$\neg P$ T（1）（2），I
（4）$P \vee Q$ P
（5）Q T（3）（4），I
（6）$Q \to R$ P
（7）R T（5）（6），I
（8）$R \wedge (P \vee Q)$ T（4）（7），I

例 3-37 设前提集合 $\Gamma = \{\neg P \vee Q, \neg Q \vee R, R \to S\}$，公式 $G = P \to S$。证明 $\Gamma \Rightarrow G$。

分析： 结论的形式是一个蕴涵式，遇到这种情况，首先想到的应是应用 CP 规则，把蕴涵式的前件拿到前提集合中。

证明：

（1）P P（附加前提）
（2）$\neg P \vee Q$ P
（3）Q T（1）（2），I
（4）$\neg Q \vee R$ P
（5）R T（3）（4），I
（6）$R \to S$ P
（7）S T（5）（6），I
（8）$P \to S$ CP（1）（7）

需要说明的是，由于 $P \to S$ 与 $\neg P \vee Q$ 是等价的，因此，当结论是蕴涵式或析取式时，均可用 CP 规则进行推理。

例 3-38 设前提集合 $\Gamma = \{P \vee Q, P \leftrightarrow R, Q \to S\}$，公式 $G = S \vee R$。证明 $\Gamma \Rightarrow G$。

分析： 需要证明的结论从形式上是析取的情况，在推理提供的推理规则中，只有 $G \Rightarrow G \vee H$ 这条规则的结论是这样的形式，而要想证明 G 或 H 是前提集合的结论，再应用规则 $G \Rightarrow G \vee H$ 的可能性不是很大。遇到这种情况，通常采用两种办法，一种是将析取式 $G \vee H$ 变换为蕴涵式 $\neg G \to H$，利用 CP 规则；另一种是利用反证法。下面分别通过这两种思路证明。

证明：

方法 1

（1）$\neg S$ P（附加前提）
（2）$Q \to S$ P
（3）$\neg Q$ T（1）（2），I
（4）$P \vee Q$ P

(5)	P	T(3)(4),I
(6)	$P \leftrightarrow R$	P
(7)	R	T(5)(6),I
(8)	$\neg S \to R$	CP(1)(7)
(9)	$S \vee R$	T(9),E

方法 2

(1)	$\neg(S \vee R)$	P(附加前提)
(2)	$\neg S \wedge \neg R$	T(1),E
(3)	$\neg S$	T(2),I
(4)	$\neg R$	T(2),I
(5)	$Q \to S$	P
(6)	$\neg Q$	T(3)(5),I
(7)	$P \vee Q$	P
(8)	P	T(6)(7),I
(9)	$P \leftrightarrow R$	P
(10)	R	T(8)(9),I
(11)	$R \wedge \neg R$	T(4)(10),I

例 3-39 如果小张守第一垒并且小李向 B 队投球，则 A 队将取胜。或者 A 队未取胜，或者 A 队成为联赛第 1 名。A 队没有成为联赛第 1 名。小张守第一垒。因此，小李没向 B 队投球。

分析： 对于实际应用的逻辑推理，需要做两步工作。① 命题形式化，将给定的语句形式化表示；② 推理，在命题逻辑的框架下，运用基本推理规则进行。

证明：

设 P 表示小张守第一垒，Q 表示小李向 B 队投球，R 表示 A 队将取胜，S 表示 A 队成为联赛第 1 名。则上述语句可形式化如下。

前提：$\Gamma = \{(P \wedge Q) \to R, \neg R \vee S, \neg S, P\}$

结论：$\neg Q$

推理过程如下：

(1)	$\neg S$	P
(2)	$\neg R \vee S$	P
(3)	$\neg R$	T(1)(2),I
(4)	$(P \wedge Q) \to R$	P
(5)	$\neg(P \wedge Q)$	T(3)(4),I
(6)	$\neg P \vee \neg Q$	T(5),E
(7)	P	P
(8)	$\neg Q$	T(6)(7),I

在逻辑推理中，除了上述的推理方法外，还有一种特殊的方法，称为消解法（resolution），又称归结证明法。

定理 3-8 设 P、Q、R 为任意的命题变元，则有
$$P \vee Q, \neg Q \vee R \Rightarrow P \vee R$$

证明：

(1) $P \vee Q$ P
(2) $\neg P \to Q$ T (1), E
(3) $\neg Q \vee R$ P
(4) $Q \to R$ T (3), E
(5) $\neg P \to R$ T (2)(4), I
(6) $P \vee R$ T (5), E

从该定理中可以发现，给定的前提是两个析取式：$P \vee R$ 和 $\neg Q \vee R$，二者有一个共同的逻辑变量 Q，不同的是，一个以原变量形式出现，另一个以变量的否定形式出现；结论是另外两个逻辑变量的析取。

例 3-40 证明 $P \vee Q, \neg P \vee R, \neg R \vee S \Rightarrow Q \vee S$。

证明：

(1) $\neg P \vee R$ P
(2) $P \vee Q$ P
(3) $R \vee Q$ T (1)(2), I
(4) $\neg R \vee S$ P
(5) $Q \vee S$ T (3)(4), I

例 3-41 证明 $Q \to P, Q \leftrightarrow S, S \leftrightarrow T, T \wedge R \Rightarrow P \wedge Q \wedge S$。

证明：

将此推理转化为与其等价的形式，如下：
$$\neg Q \vee P, \neg Q \vee S, \neg S \vee Q, \neg S \vee T, \neg T \vee S, T \wedge R \Rightarrow P \wedge Q \wedge S$$

(1) $\neg Q \vee P$ P
(2) $T \wedge R$ P
(3) T T (2), I
(4) R T (2), I
(5) $\neg T \vee S$ P
(6) S T (3)(5), I
(7) $\neg S \vee Q$ P
(8) Q T (6)(7), I
(9) P T (1)(8), I
(10) $P \wedge Q \wedge S$ T (6)(8)(9), I

习题 3

1. 判断下列哪些是命题。
   （1）别说话！
   （2）宇宙间只有地球上有生命。
   （3）3 是素数，当且仅当济南是山东的省会。
   （4）真累呀！
   （5）任何一个偶数都可以表示成两个素数的和。
   （6）2 + 4 = 6。
   （7）明天我要去青岛。
   （8）不存在最大的质数。

2. 写出下列命题的真值，并判断哪些命题是简单命题。
   （1）177 和 256 的和是偶数。
   （2）177 或 256 是偶数。
   （3）长江与黄河是中国两条最长的河。
   （4）如果 1 + 2 = 3，则 4 + 5 = 9。
   （5）9 + 6 < 14。
   （6）2 是偶数且是质数。

3. 将下列命题符号化。
   （1）刘丽聪明用功。
   （2）张三和李秀都是东北人。
   （3）胡勇和李能是好朋友。
   （4）郑小虎一边吃饭，一边看电视。
   （5）如果你不去上课，那么我也不去上课。
   （6）现在的风速或者是三四级，或者是五六级。
   （7）虽然天气不好，但大家仍然坚持上体育课。
   （8）今天太阳明亮且湿度不高。

4. 设命题 P 表示"这个材料很有趣"，命题 Q 表示"这些习题很难"，命题 R 表示"这门课程受人喜欢"，将下列句子符号化。
   （1）这个材料很有趣，并且这些习题很难。
   （2）这个材料无趣，习题也不难，因此这门课程基本没人喜欢。
   （3）这个材料无趣，习题也不难，而且没人喜欢这门课程。
   （4）这个材料很有趣意味着这些习题很难，反之亦然。
   （5）或者这个材料有趣，或者习题很难，二者恰具其一。

5. 设命题 P 表示"天下雨"，命题 Q 表示"他骑自行车上班"，命题 R 表示"他乘公共汽车上班"，符号化下列命题。
   （1）只有不下雨，他才骑自行车去上班。

（2）只要不下雨，他就骑自行车去上班。

（3）除非下雨，否则他就骑自行车去上班。

（4）他或者骑自行车去上班，或者坐公共汽车去上班。

6. 设命题 P 表示"天在下雨"，命题 Q 表示"我将进城"，命题 R 表示"我有空"，用自然语言写出下列命题。

（1）$Q \leftrightarrow (R \wedge \neg P)$。　　（2）$P \wedge Q$。

（3）$(Q \rightarrow R) \wedge (R \rightarrow Q)$。　　（4）$\neg(R \vee Q)$。

7. 设 P、Q 的真值为 0，R 和 S 的真值为 1，求下列命题的真值。

（1）$(P \vee (Q \wedge R)) \rightarrow (R \vee S)$。

（2）$(P \leftrightarrow R) \wedge (\neg Q \vee S)$。

（3）$(\neg P \wedge Q \wedge \neg S) \leftrightarrow (P \rightarrow (Q \wedge S))$。

（4）$\neg(P \vee (Q \rightarrow (R \wedge \neg P))) \rightarrow (R \vee \neg S)$。

8. 中国民间流传着这样一个故事，名为"师徒打官司"。

一位讼师收了一位徒弟，协议规定"学成之后，打赢一场官司交给讼师一两银子，打输一场官司就不交"。后来弟子满师，打赢了官司却一直不交钱，讼师气急了就告到县衙，和弟子打官司。这场官司该如何裁决？

9. 利用真值表判断下列公式的类型。

（1）$P \rightarrow (Q \vee Q \vee R)$。　　（2）$\neg(\neg Q \vee P) \wedge P$。

（3）$(P \rightarrow Q) \rightarrow (\neg Q \rightarrow \neg P)$。　　（4）$(P \wedge R) \leftrightarrow \neg(P \vee Q)$。

10. 化简图 3-6 所示的逻辑电路。

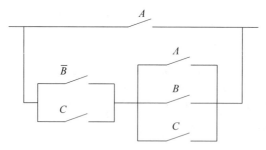

图 3-6　第 10 题的逻辑电路图

11. 用真值表或基本等价公式证明下列命题公式。

（1）$((P \rightarrow Q) \wedge (P \rightarrow R)) = P \rightarrow (Q \wedge R)$。

（2）$P \rightarrow (Q \rightarrow P) = \neg P \rightarrow (P \rightarrow \neg Q)$。

（3）$P \rightarrow (Q \rightarrow R) = (P \wedge Q) \rightarrow R$。

（4）$P \rightarrow (Q \rightarrow R) = Q \rightarrow (P \rightarrow R)$。

12. 求下列公式对应的主析取范式和主合取范式。

（1）$P \rightarrow (P \wedge Q)$。　　（2）$P \rightarrow (Q \rightarrow R)$。

（3）$\neg P \wedge (Q \vee R)$。　　（4）$(\neg P \wedge Q) \rightarrow (R \vee S)$。

13. 某公司要从赵、钱、孙、李、周 5 名新毕业的大学生中选派一些人出国学习，选派必须满足下列条件。

(1) 若赵去，钱也去。

(2) 李、周二人中必有一人去。

(3) 钱、孙两人中去且仅去一人。

(4) 孙、李两人都去或都不去。

(5) 若周去，则赵、钱也都去。

判断该公司应如何选派他们出国？

14. 运用演绎法证明下列论断是否正确。

(1) $P, Q \to R, R \lor S \Rightarrow Q \to S$。

(2) $\neg P \lor Q, Q \to R, \neg R \Rightarrow \neg P$。

(3) $P \to \neg Q, \neg R \lor Q, R \land \neg S \Rightarrow \neg P$。

(4) $P \lor Q, P \to R, Q \to S \Rightarrow R \lor S$。

(5) $\neg P \to Q, P \to R, R \to S \Rightarrow Q \lor S$。

(6) $P, \neg P \lor R, \neg R \lor S \Rightarrow S$。

(7) $P, P \to (Q \to (R \land S)) \Rightarrow Q \to S$。

(8) $P \to (Q \lor R), S \to \neg R, P \land S \Rightarrow Q$。

15. 符号化下列论断，并用演绎法验证论断是否正确。

(1) 或者逻辑难学，或者有少数学生不喜欢它；如果数学容易学，那么逻辑并不难学。因此，如果数学不难学，那么许多学生喜欢逻辑。

(2) 如果周强是上海人，则他是复旦大学或中山大学的学生。如果他不想离开上海，他就不是中山大学的学生。周强是上海人并且不想离开上海。所以他是复旦大学的学生。

(3) 小王学过英语或日语。如果小王学过英语，则他去过英国。如果他去过英国，他也去过日本。所以小王学过日语或去过日本。

(4) 若今天星期二，那么我要考离散数学或数据结构；如果离散数学老师生病，就不考离散数学；今天星期二，并且离散数学老师病了，所以今天我要考数据结构。

第4章 谓 词 逻 辑

本章导引

在命题逻辑中，命题是最小的处理单位，无法再进一步分解，这对研究命题逻辑是合适的。但进一步研究发现，这样处理命题逻辑，许多推理问题无法解决。从下面苏格拉底三段论的例子来说明：

人总是要死的，苏格拉底是人，所以苏格拉底是要死的。

用命题逻辑处理该问题时，将命题作为最小的处理单位，即用 P 表示"人总是要死的"，Q 表示"苏格拉底是人"，R 表示"苏格拉底是要死的"，则该语句形式化为 $P, Q \Rightarrow R$。而3个命题之间并无任何关系，因而也就无法推导出上述推理的合理性。

分析出现这种情况的原因，是由于上述句子之间的关系并不是在原子命题这个层次，而是在命题内部的成分上，而命题逻辑对此无能为力。从这个角度看，有必要对命题进行进一步分解。谓词逻辑正是在这种情况下产生的，它是在命题逻辑的基础上，对命题进行进一步的分解后建立起的逻辑体系。

本章将在命题逻辑的基础上，对谓词逻辑进行介绍，重点介绍谓词逻辑中的基本概念、谓词逻辑的演算和推理。

4.1 谓词逻辑的基本概念

在第3章中，命题被定义为具有确切真值的陈述句，考虑陈述句是由主语和谓语组成的，因此对作为命题的句子进行进一步分割，引出个体、谓词和量词的概念。

定义 4-1 在简单命题中，真实存在的客体，称为个体（individual）。个体根据其性质可以分为两类。

(1) 表示具体或特定的个体称为个体常量。通常，个体常量用小写字母 a、b、c 等表示。

(2) 表示抽象的或泛指的个体称为个体变量，一般用小写字母 x、y、z 等表示。

例 4-1 烟台、人、张浩、王老师等都是个体，其中烟台、张浩、王老师可以看成个体常量，而人可以看成个体变量。

定义 4-2 个体的取值范围称为个体域或论域（domain），用大写字母 D 表示，宇宙间所有个体组成的集合称为全总个体域（universal individual domain）。

定义 4-3 在简单命题中，用来描述个体的性质或者个体之间的关系称为谓词（predicate）。一般情况下，如果谓词描述的是个体的性质，则谓词称为一元谓词，表示为 $P(x)$；如果谓词描述的是 n 个个体之间的关系，则称其为 n 元谓词，可以表示为 $P(x_1, x_2, \cdots, x_n)$。

需要注意的是,谓词的个体是有顺序的,即 $P(x, y)$ 和 $P(y, x)$ 表示不同的含义。

例 4-2 指出下列句子中的个体和谓词。

(1) 胡梦在鲁东大学上学。
(2) 烟台在济南的东面。
(3) 4 在 3 和 5 的中间。

解:

(1) 该句子中含有 1 个个体,即胡梦,这句话描述的是胡梦的性质,因此可以用 a 表示个体常量"胡梦",用 $P(x)$ 表示"x 在鲁东大学上学"。

(2) 该句子描述的是济南和烟台这两座城市的位置关系,因此可以用 a 和 b 分别表示个体"烟台"和"济南",用谓词 $P(x, y)$ 表示"x 在 y 的东面"。

(3) 该句子描述的是 3、4 和 5 这 3 个数之间的关系,因此可以用 $P(x, y, z)$ 表示"x 在 y 和 z 的中间"。

□

需要说明的是,对简单命题进行分解,需要根据实际情况和上下文而定。像例 4-2 中的几个句子,可以有不同的分割策略,第一个句子可以表示"胡梦"的性质,也可以表示"胡梦"和"鲁东大学"之间的关系,根据这种情况,可以构造上题中的一元谓词,还可以构造一个二元谓词 $P(x, y)$ 表示"x 在 y 上学"。另外,两个命题也存在同样的问题,这些都需要在形式化时具体分析。

引入谓词和个体以后,就可以对一些简单命题进行形式化[1],如例 4-2 中,(1) 可以形式化为 $P(胡梦)$,(2) 可以形式化为 $P(烟台,济南)$,(3) 可以形式化为 $P(4,3,5)$。

例 4-3 形式化下面的命题。

(1) 所有的人都是要死的。
(2) 有的人是大学生。
(3) 有些自然数不是素数。

解: 设 $P(x)$ 表示 x 是要死的,$Q(x)$ 表示 x 是大学生,$R(x)$ 表示 x 是素数,则上述命题可以形式化为

(1) 对任意的 x, $P(x)$ $x \in \{人\}$
(2) 有些 x, $Q(x)$ $x \in \{人\}$
(3) 有些 x, $\neg R(x)$ $x \in \{自然数\}$

□

在上述表示中,仅仅形式化了一部分内容,对命题中的"所有的""有的""有些"等词并未形式化。而这些词语都是与个体的数量有关的词语,无法用谓词或个体来表示,因此,需要在谓词的前面加上一个限制词,称为量词(quantifier)。

定义 4-4 谓词逻辑中,定义两个量词:全称量词(universal quantifier)和存在量词(existential quantifier),分别用 $(\forall x)$ 和 $(\exists x)$ 来表示,其中 x 称为作用变量。全称量词对应

---

[1] 这里涉及的都是个体常量,因此直接表示,不再用符号表示具体的常量。

着"所有的""任何"等词语,而存在量词对应"有一些""存在"等词语。一般情况下,量词加在谓词之前,记为 $(\forall x)P(x)$ 或 $(\exists x)P(x)$,其中 $P(x)$ 称为量词的辖域或作用域(scope)。

在引入量词以后,就可以对例 4-3 中的命题符号化,如下:
(1) $(\forall x)P(x)$ $x \in \{人\}$
(2) $(\exists x)Q(x)$ $x \in \{人\}$
(3) $(\exists x)\neg R(x)$ $x \in \{自然数\}$

仔细分析上述表示,每个命题都需要指定个体域,如果是复合命题,个体域更难分辨,这样很难把命题表达清晰。基于这种情况,有必要对个体域进行统一,选择全总个体域作为所有个体的个体域,而在例 4-3 中出现的{人}、{自然数}等个体域,引入谓词来刻画它们,这样的谓词称为特性谓词。一般来讲,引入特性谓词要注意以下两点。

(1) 对于全称量词$(\forall x)$,特性谓词是作为蕴涵式的前件加入。
(2) 对于存在量词$(\exists x)$,特性谓词是作为合取项中的一项加入。

例 4-4 对例 4-3 中的命题进行形式化表示。

解:
(1) 设 $P(x)$ 表示 x 是人,$Q(x)$ 表示 x 是要死的。由于命题中出现的是全称量词,因此该命题可以形式化表示为
$$(\forall x)(P(x) \to Q(x))$$
(2) 设 $P(x)$ 表示 x 是人,$Q(x)$ 表示 x 是大学生。由于命题中出现的是存在量词,因此该命题可以形式化表示为
$$(\exists x)(P(x) \wedge Q(x))$$
(3) 设 $P(x)$ 表示 x 是自然数,$Q(x)$ 表示 x 是素数。由于命题中出现的是存在量词,因此该命题可以形式化表示为
$$(\exists x)(P(x) \wedge \neg Q(x))$$

至此,已经完全介绍了谓词逻辑中的 3 个基本概念:个体、谓词和量词,再加上命题逻辑中的 5 个联结词,可以对形式逻辑中的任何语句进行符号化表示。

例 4-5 符号化下列语句。
(1) 不存在最大的实数。
(2) 存在着偶素数。
(3) 没有不犯错误的人。
(4) 有些实数是有理数。
(5) 有人聪明,但并非一切人都聪明。

解:
(1) 设 $P(x)$ 表示 x 是实数,$Q(x, y)$ 表示 x 比 y 大,则该命题可形式化为
$$\neg(\exists x)(P(x) \wedge (\forall y)(P(y) \to Q(x, y)))$$
(2) 设 $P(x)$ 表示 x 是偶数,$Q(x)$ 表示 x 是素数,则该命题可形式化为
$$(\exists x)(P(x) \wedge Q(x))$$

(3) 设 $P(x)$ 表示 x 是人，$Q(x)$ 表示 x 犯错误，则该命题可形式化为
$$\neg(\exists x)(P(x) \wedge \neg Q(x))$$

(4) 设 $P(x)$ 表示 x 是实数，$Q(x)$ 表示 x 是有理数，则该命题可形式化为
$$(\exists x)(P(x) \wedge Q(x))$$

(5) 设 $P(x)$ 表示 x 是人，$Q(x)$ 表示 x 聪明，则该命题可形式化为
$$(\exists x)(P(x) \wedge Q(x)) \wedge \neg(\forall x)(P(x) \to Q(x))$$

通过比较谓词与命题可以发现，谓词 $P(x)$ 不是命题，只有把谓词和个体结合起来，才能构成命题，也就是要把 $P(x)$ 中的 x 加以指定。与谓词不同的是，量词是对个体数量的指定，一旦个体域被指定，$(\forall x)P(x)$ 或 $(\exists x)P(x)$ 的真值已经确定。不妨设个体域 $D = \{d_1, d_2, \cdots, d_n\}$，根据全称量词的定义，可以得知 $(\forall x)P(x)$ 的真值为真，当且仅当对个体域中的每个个体而言，$P(x)$ 均为真，只要有一个个体不满足 $P(x)$ 为真，$(\forall x)P(x)$ 的真值就为假。因此，
$$(\forall x)P(x) = P(d_1) \wedge P(d_2) \wedge \cdots \wedge P(d_n)$$

类似地，对含有存在量词的公式 $(\exists x)P(x)$ 而言，它的真值为假，当且仅当对任意一个个体而言，$P(x)$ 均为假，只要有一个个体使 $P(x)$ 为真，$(\exists x)P(x)$ 的真值就为真。因此，
$$(\exists x)P(x) = P(d_1) \vee P(d_2) \vee \cdots \vee P(d_n)$$

根据上述表示，"有人不死"这句话可以形式化为 $(\exists x)P(x)$，其中 $P(x)$ 表示"x 不死"。它可以描述为 $P(d_1) \vee P(d_2) \vee \cdots \vee P(d_n)$，个体域是全体人的集合。根据析取联结词的性质，只要有一个为真，$(\exists x)P(x)$ 就为真。从这个角度看，"有人不死"这句话不一定为假，只是还没有找到使它成立的那个个体而已。

4.2 谓词公式

命题逻辑中，命题公式由命题常量、命题变量和命题联结词构成。而在谓词逻辑中，命题被分解为个体和谓词，为了对谓词逻辑中的表达式进行形式化，除个体、谓词、量词以及命题联结词外，还将引入以下符号。

(1) 常量符号：用小写字母 a、b、$c\cdots$ 或 a_1、b_1、$c_1\cdots$ 来表示，它是个体域集合中的某个元素。

(2) 变量符号：用小写字母 x、y、$z\cdots$ 或 x_1、y_1、$z_1\cdots$ 来表示，它是个体域集合中的任意元素。

(3) 函数符号：用小写字母 f、g、$h\cdots$ 或 f_1、g_1、$h_1\cdots$ 来表示，如果个体域集合用 D 表示，n 元函数从本质上是从 D^n 到 D 的映射。

(4) 谓词符号：用大写字母 P、Q、$R\cdots$ 或 P_1、Q_1、$R_1\cdots$ 来表示，如果个体域集合用 D 表示，n 元谓词从本质上讲是从 D^n 到 $\{0,1\}$ 的映射。

定义 4-5 谓词逻辑中的项（term）定义如下。

(1) 任何个体常量或个体变量是项。

(2) 如果 $t_1, t_2, \cdots, t_n$ 是项，f 是 n 元函数符号，则 $f(t_1, t_2, \cdots, t_n)$ 是项。

(3) 有限次利用上述两条规则得到的表达式才是项。

例 4-6 如果用 a 表示个体常量"胡梦"，函数 $f(x)$ 表示"x 的父亲"，则 $f(a)$ 表示个体常量"胡梦的父亲"。

定义 4-6 如果 $t_1, t_2, \cdots, t_n$ 是项，P 是 n 元谓词符号，则称 $P(t_1, t_2, \cdots, t_n)$ 为原子谓词公式（atomic predicate formula），简称原子公式。

利用谓词逻辑中的原子公式和量词，再结合命题逻辑中的命题联结词，得到谓词公式的定义，如定义 4-7。

定义 4-7 满足如下条件的表达式，称为谓词公式（predicate formula），简称公式。
（1）原子谓词公式是公式。
（2）若 G、H 是公式，则 $\neg G$、$\neg H$、$G \wedge H$、$G \vee H$、$G \rightarrow H$、$G \leftrightarrow H$ 都是公式。
（3）若 G 是公式，x 是个体常量，则 $(\forall x)G$、$(\exists x)G$ 也都是公式。
（4）有限次利用上述 3 条规则得到的表达式，才是合法的谓词公式。

在谓词公式中，如果量词的辖域内只含有一个原子公式，则确定辖域的圆括号可以省略，否则不能省略。例如，$(\forall x)(P(x, y))$ 可以表示为 $(\forall x)P(x, y)$，而 $(\forall x)(P(x, y) \rightarrow Q(x))$ 与 $(\forall x)P(x, y) \rightarrow Q(x)$ 表示不同的公式。需要说明的是，在公式 $(\forall x)P(x, y) \rightarrow Q(x)$ 中，$P(x, y)$ 中的 x 与 $Q(x)$ 中的 x 不是同一个变量，前者是量词 $(\forall x)$ 辖域范围之内的，而后者却不在其中。因此，分清楚量词的辖域范围在谓词逻辑中非常重要。

例 4-7 求下列公式中各量词的辖域。
（1）$(\forall x)P(x, y) \rightarrow ((\forall x)Q(x) \wedge R(x))$。
（2）$(\forall x)(P(x, y) \wedge Q(x)) \wedge R(x)$。
（3）$(\exists x)(P(x) \leftrightarrow (\forall y)Q(x, y))$。

分析：判断辖域的过程，实际就是判断量词后是否有左圆括号，如果有，找到和这个括号配对的右圆括号，圆括号内的范围都属于该量词的辖域；如果没有圆括号，量词后的原子公式就是该量词的辖域。

解：
用下画线标一下量词的作用域，具体如下。
（1）$(\forall x)\underline{P(x, y)} \rightarrow ((\forall x)\underline{Q(x)} \wedge R(x))$。
（2）$(\forall x)\underline{(P(x, y) \wedge Q(x))} \wedge R(x)$。
（3）$(\exists x)\underline{(P(x) \leftrightarrow (\forall y)\underline{Q(x, y)})}$。

从上述例子可以看出，对于某个变元而言，它可能既出现在某些量词的辖域范围之内，也可能同时出现在量词的辖域范围之外。在谓词逻辑中，在量词辖域范围之内的变元实际上并没有起到变元的作用，只有不在任何量词辖域范围之内的变元才是真正的变元。基于此，对谓词公式中的变元出现形式进行规范化定义。

定义 4-8 给定一个谓词公式，如果变元 x 出现在使用该变量的量词辖域之内，称它是约束出现的，此时的变元 x 为约束变元（bound variable）；如果变元 x 的出现不是约束出现，称其是自由出现的，此时的变元 x 称为自由变元（free variable）。

例 4-8 指出例 4-7 中各变元的类型。

(1) $(\forall x)P(x,y) \to ((\forall x)Q(x) \land R(x))$。

(2) $(\forall x)(P(x,y) \land Q(x)) \land R(x)$。

(3) $(\exists x)(P(x) \leftrightarrow (\forall y)Q(x,y))$。

解：

(1) $P(x,y)$ 中的变元 x 出现在量词 $\forall x$ 的辖域内，因此，它是约束出现的，而其中的变元 y 是自由变元；$Q(x)$ 中的 x 出现在后一个量词 $\forall x$ 的辖域内，因此，它是约束变元，而 $R(x)$ 中的变元 x 没有出现在任何量词的辖域内，因此 $R(x)$ 中的变元 x 是自由变元。

(2) $P(x,y)$ 中的变元 x 和 $Q(x)$ 中的 x 都在量词 $\forall x$ 的辖域范围之内，它们是同一个变元，因此它们是约束出现的，而 $P(x,y)$ 中的变元 y 和 $R(x)$ 中的变元 x 是自由变元。

(3) $P(x)$ 中的 x 和 $Q(x,y)$ 中的 x 都在量词 $\exists x$ 的辖域范围之内，它们是同一个变元，因此它们是约束出现的，$Q(x,y)$ 中的变元 y 同样是约束出现的，因为它出现在量词 $\forall y$ 的范围内。

从该例子可以发现，同一个变元符号在一个谓词公式中，既可能约束出现，也可能自由出现。为了使一个变元在同一个公式中仅以一种身份出现，需要对它们进行符号变换，确保同一个变元符号在谓词公式中仅以一种身份出现。由此引入规则 4-1 和规则 4-2。

规则 4-1 约束变元的改名规则。

(1) 将量词中出现的变元以及该量词辖域中该变元的所有约束出现，均用新的个体变元替代。

(2) 新的变元应有别于辖域内的其他变元。

规则 4-2 自由变元的代入规则。

(1) 将自由出现的变元的每处出现均用新个体变元替代。

(2) 新变元不允许在原公式中以任何约束形式出现。

例 4-9 (1) 对 $(\forall x)P(x,y) \to ((\forall x)Q(x) \land R(x))$ 公式进行改名。

(2) 对 $(\forall x)(P(x,y) \land Q(x)) \land R(x)$ 进行代入。

解：

(1) 利用改名规则对 $(\forall x)P(x,y) \to ((\forall x)Q(x) \land R(x))$ 进行改名。

正确的改名：$(\forall z)P(z,y) \to ((\forall x)Q(x) \land R(x))$、$(\forall x)P(x,y) \to ((\forall z)Q(z) \land R(x))$ 等。

不正确的改名：$(\forall y)P(y,y) \to ((\forall x)Q(x) \land R(x))$ 等。

(2) 利用代入规则对 $(\forall x)(P(x,y) \land Q(x)) \land R(x)$ 进行代入。

正确的代入：$(\forall x)(P(x,y) \land Q(x)) \land R(z)$、$(\forall x)(P(x,z) \land Q(x)) \land R(x)$ 等。

不正确的代入：$(\forall x)(P(x,x) \land Q(x)) \land R(x)$ 等。

通过对改名规则和代入规则进行比较，二者的共同点是都不能改变原有的约束关系，即某一位置变元的出现形式不能发生改变，而二者的不同点有以下两点。

（1）作用对象不同：代入规则针对谓词公式中的自由变元进行，而改名规则针对谓词公式中的约束变元进行。

（2）作用范围不同：代入规则要对整个谓词公式中出现的自由变元代入，而改名规则只限于量词的辖域。

定义 4-9 如果谓词公式中无自由出现的个体变元，称该谓词公式是封闭的，或称其为闭式（closed formula）。

4.3 谓词公式的等价与蕴涵

在命题逻辑中，如果命题变元被指定为某个命题以后，它就具有了确切的真值。而在谓词逻辑中，谓词公式本质上也是符号化的命题，是由一些抽象的符号组成的表达式。如何判断谓词公式的真值呢？根据谓词公式的定义可知，谓词公式由个体常量、个体变量、函数符号和谓词符号构成，只有对它们进行确切的解释和赋值，谓词公式的真值才能确定。

定义 4-10 谓词逻辑中公式的解释 I(explaination)由以下 4 部分组成。

（1）个体域集合 D。

（2）谓词公式的每个常量符号，指定为 D 中某个特定的元素。

（3）谓词公式中的每个 n 元函数符号，指定为 D^n 到 D 的某个特定函数。

（4）谓词公式中的每个 n 元谓词，指定为 D^n 到 $\{0,1\}$ 的某个特定谓词。

在谓词逻辑中，只有不包含自由变元的谓词公式才能求出其真值，此时的谓词公式就成为一个具有确切真值的命题。

例 4-10 设有公式 $(\exists x)(P(f(x)) \wedge Q(x, f(a)))$，在如下的解释下，判断该公式的真值。

（1）个体域为 $D = \{\alpha, \beta\}$。

（2）个体常元 a 指定为 α。

（3）$f(\alpha)$ 指定为 β，$f(\beta)$ 指定为 α。

（4）$P(\alpha)$ 指定为 1，$P(\beta)$ 指定为 0，$Q(\alpha,\alpha)$ 指定为 0，$Q(\alpha,\beta)$ 指定为 1，$Q(\beta,\alpha)$ 指定为 1，$Q(\beta,\beta)$ 指定为 1。

解：

由于个体常元 a 指定为 α，因此 $(\exists x)(P(f(x)) \wedge Q(x, f(a))) = (\exists x)(P(f(x)) \wedge Q(x, f(\alpha)))$。根据存在量词的定义，有

$$(\exists x)(P(f(x)) \wedge Q(x, f(\alpha)))$$
$$= (P(f(\alpha)) \wedge Q(\alpha, f(\alpha))) \vee (P(f(\beta)) \wedge Q(\beta, f(\alpha)))$$
$$= (P(\beta) \wedge Q(\alpha, \beta)) \vee (P(\alpha) \wedge Q(\beta, \alpha))$$
$$= (0 \wedge 1) \vee (1 \wedge 1)$$
$$= 1$$

因此，该公式的真值为真。

例 4-11 给定谓词公式 $(\forall x)(\exists y)P(x,y)$，在如下的解释下，判断其真值。

（1） $D = \{\alpha, \beta\}$。

（2） $P(\alpha,\alpha) = P(\beta,\beta) = 1$，$P(\alpha,\beta) = P(\beta,\alpha) = 0$。

解：
根据量词的定义，有
$$(\forall x)(\exists y)P(x,y)$$
$$= (\exists y)P(\alpha,y) \wedge (\exists y)P(\beta,y)$$
$$= (P(\alpha,\alpha) \vee P(\alpha,\beta)) \wedge (P(\beta,\alpha) \vee P(\beta,\beta))$$
$$= (1 \vee 0) \wedge (0 \vee 1)$$
$$= 1$$
因此，该公式的真值为真。

□

定义 4-11 对谓词公式 G 而言，如果在所有解释下，它的真值都为真，称其为有效公式或永真式（tautology）；如果在所有解释下，它的真值都为假，称其为永假式或矛盾公式（contradiction）；如果存在一种解释使其真值为真，称其为可满足公式（satisfiable）。

例 4-12 判断下列谓词公式的类型。

（1） $P(a) \to (\exists x)P(x)$。

（2） $P(x,y) \wedge Q(x,y) \to P(x,y)$。

（3） $(\forall x)P(x) \to P(a)$。

分析：对于谓词公式的真值判断与命题公式一样，都是针对其中的联结词判断真值，唯一不同的是，谓词逻辑中有量词和谓词。

解：

（1）如果 $P(a)$ 为真，则 $(\exists x)P(x)$ 也为真，因此 $P(a) \to (\exists x)P(x)$ 为有效公式。

（2）如果 $P(x,y) \wedge Q(x,y)$ 为真，则有 $P(x,y)$ 和 $Q(x,y)$ 都为真，因此 $P(x,y) \wedge Q(x,y) \to P(x,y)$ 为有效公式。

（3）如果 $(\forall x)P(x)$ 为真，则必有 $P(a)$ 为真，因此 $(\forall x)P(x) \to P(a)$ 为永真式。

□

如同命题公式一样，谓词逻辑中同样也有等价关系和蕴涵关系，如定义 4-12。

定义 4-12 如果公式 $G \leftrightarrow H$ 是有效公式,则称公式 G 和 H 是等价的,记为 $G = H$；如果公式 $G \to H$ 是有效公式，则称公式 G 蕴涵式 H，记为 $G \Rightarrow H$。

在谓词逻辑中，假设 $P(x)$、$Q(x)$ 是只含自由变元 x 的谓词公式，S 是不含 x 的谓词公式，则在全总个体域中，有以下公式成立。

（1） $(\exists x)P(x) = (\exists y)P(y)$，$(\forall x)P(x) = (\forall y)P(y)$。

（2） $\neg(\exists x)P(x) = (\forall x)\neg P(x)$，$\neg(\forall x)P(x) = (\exists x)\neg P(x)$。

（3） $(\forall x)(P(x) \wedge S) = (\forall x)P(x) \wedge S$，$(\forall x)(P(x) \vee S) = (\forall x)P(x) \vee S$；

$(\exists x)(P(x) \wedge S) = (\exists x)P(x) \wedge S$，$(\exists x)(P(x) \vee S) = (\exists x)P(x) \vee S$。

（4） $(\forall x)P(x) \Rightarrow (\exists x)P(x)$。

（5） $(\forall x)(P(x) \wedge Q(x)) = (\forall x)P(x) \wedge (\forall x)Q(x)$，$(\exists x)(P(x) \vee Q(x)) = (\exists x)P(x) \vee (\exists x)Q(x)$。

（6）$(\forall x)P(x) \lor (\forall x)Q(x) \Rightarrow (\forall x)(P(x) \lor Q(x))$，$(\exists x)(P(x) \land Q(x)) \Rightarrow (\exists x)P(x) \land (\exists x)Q(x)$。

（7）$(\forall x)(P(x) \to Q(x)) \Rightarrow (\forall x)P(x) \to (\forall x)Q(x)$，$(\forall x)(P(x) \to Q(x)) \Rightarrow (\exists x)P(x) \to (\exists x)Q(x)$。

（8）$(\forall x)(\forall y)P(x,y) = (\forall y)(\forall x)P(x,y)$，$(\exists x)(\exists y)P(x,y) = (\exists y)(\exists x)P(x,y)$。

（9）$(\exists x)(\forall y)P(x,y) \Rightarrow (\forall y)(\exists x)P(x,y)$，$(\forall x)(\forall y)P(x,y) \Rightarrow (\exists y)(\forall x)P(x,y)$，
$(\forall y)(\forall x)P(x,y) \Rightarrow (\exists x)(\forall y)P(x,y)$，$(\exists y)(\forall x)P(x,y) \Rightarrow (\forall x)(\exists y)P(x,y)$，
$(\forall x)(\exists y)P(x,y) \Rightarrow (\exists y)(\exists x)P(x,y)$，$(\forall y)(\exists x)P(x,y) \Rightarrow (\exists x)(\exists y)P(x,y)$。

该定理中的许多公式可以相互证明。下面选择几个典型的加以证明。

定理 4-1 证明 $\neg(\exists x)P(x) = (\forall x)\neg P(x)$，$\neg(\forall x)P(x) = (\exists x)\neg P(x)$。

分析：判断两个公式相等，即要证明对任意的解释，二者拥有相同的真值，可以从这个角度来加以证明。同时，可以根据量词的性质加以证明，但这要求个体域有限。

证明：

方法 1 设个体域为 $D = \{d_1, d_2, \cdots, d_n\}$，根据量词的性质，有

$(\exists x)P(x) = P(d_1) \lor P(d_2) \lor \cdots \lor P(d_n)$，$(\forall x)\neg P(x) = \neg P(d_1) \land \neg P(d_2) \land \cdots \land \neg P(d_n)$

因此有

$$\neg(\exists x)P(x)$$
$$= \neg(P(d_1) \lor P(d_2) \lor \cdots \lor P(d_n))$$
$$= \neg P(d_1) \land \neg P(d_2) \land \cdots \land \neg P(d_n)$$
$$= (\forall x)\neg P(x)$$

同理可证，$\neg(\forall x)P(x) = (\exists x)\neg P(x)$。

方法 2 设 I 是公式的任意一个解释，则

（1）如果 I 使 $\neg(\exists x)P(x)$ 为真，则 $(\exists x)P(x)$ 为假，即对任意的变元 x，都有 $P(x)$ 为假。因此有 $\neg P(x)$ 为真，即该解释使 $(\forall x)\neg P(x)$ 为真。

（2）如果 I 使 $\neg(\exists x)P(x)$ 为假，即 $(\exists x)P(x)$ 为真，即存在某个变元 x，使 $P(x)$ 为真。因此，并不是对任意变元 x，都有 $\neg P(x)$ 为真，即 $(\forall x)\neg P(x)$ 为假。

同理可证，$\neg(\forall x)P(x) = (\exists x)\neg P(x)$。

□

例 4-13 设 $P(x)$ 表示 x 请假。则 $\neg(\exists x)P(x)$ 表示"没有人请假"，$(\forall x)\neg P(x)$ 表示"所有的人都没有请假"。二者的含义是相同的；$(\exists x)\neg P(x)$ 表示"有人没请假"，$\neg(\forall x)P(x)$ 表示"并不是所有的人都请假"，显然二者的含义也是相同的。

定理 4-2 证明下列公式的等价性。

（1）$(\forall x)(P(x) \land Q(x)) = (\forall x)P(x) \land (\forall x)Q(x)$。

（2）$(\exists x)(P(x) \lor Q(x)) = (\exists x)P(x) \lor (\exists x)Q(x)$。

分析：证明两个公式 G 和 H 是等价的，通常有 3 种方法[①]。

（1）由 $G = 0$ 推导出 $H = 0$，同时由 $G = 1$ 推导出 $H = 1$。

（2）由 $G = 0$ 推导出 $H = 0$，同时由 $H = 0$ 推导出 $G = 0$。

（3）由 $G = 1$ 推导出 $H = 1$，同时由 $H = 1$ 推导出 $G = 1$。

---

① 3 种方法中，（2）和（3）是由（1）演变出来的，其依据是原命题与逆否命题是等价的。

下面采取第 1 种方法证明上述结论。

证明：

设 I 是任意的一个解释，则有

（1）若 I 使 $(\forall x)(P(x) \wedge Q(x))$ 真值为真，则对任意的变元 x，都有 $P(x) \wedge Q(x)$ 为真。根据合取的定义，有 $P(x)$ 和 $Q(x)$ 都为真。因此有 $(\forall x)P(x)$ 和 $(\forall x)Q(x)$ 为真，即 $(\forall x)P(x) \wedge (\forall x)Q(x)$ 为真。

（2）若 I 使 $(\forall x)(P(x) \wedge Q(x))$ 真值为假，则对任意变元 x，$P(x) \wedge Q(x)$ 并不是全为真，因此必然存在个体 x，使 $P(x)$ 或 $Q(x)$ 为假。因此 $(\forall x)P(x)$ 为假或 $(\forall x)Q(x)$ 为假，即 $(\forall x)P(x) \wedge (\forall x)Q(x)$ 为假。

综合上述两点，可知 $(\forall x)(P(x) \wedge Q(x)) = (\forall x)P(x) \wedge (\forall x)Q(x)$。

同理可证，$(\exists x)(P(x) \vee Q(x)) = (\exists x)P(x) \vee (\exists x)Q(x)$。
□

例 4-14 设 $P(x)$ 表示 x 会唱歌，$Q(x)$ 表示 x 会跳舞。$(\forall x)(P(x) \wedge Q(x))$ 表示"所有人都会唱歌和跳舞"，即"所有人都会唱歌""所有人都会跳舞"，因此 $(\forall x)P(x) \wedge (\forall x)Q(x)$ 与 $(\forall x)(P(x) \wedge Q(x))$ 含义相同；$(\exists x)(P(x) \vee Q(x))$ 表示"有人会唱歌或跳舞"，即"某个人会唱歌，或者会跳舞"。因此有"某个人会唱歌"或"某个人会跳舞"，即 $(\exists x)P(x) \vee (\exists x)Q(x)$ 与 $(\exists x)(P(x) \vee Q(x))$ 的含义相同。

从另一个角度，也可以对定理 4-2 中的公式进行解释，首先对两个谓词的真值进行表示，如表 4-1 所示。

表 4-1　两个谓词的真值

个 体 域	$P(x)$	$Q(x)$	$P(x) \wedge Q(x)$
d_1			
⋮			
d_n			

如果 $(\forall x)(P(x) \wedge Q(x))$ 为真，即对任何一个个体而言，$P(x)$ 和 $Q(x)$ 都为真，则表 4-1 中第 2 列和第 3 列真值均为 1，因此有 $(\forall x)P(x)$ 和 $(\forall x)Q(x)$ 同时为真，从这个角度看，$(\forall x)(P(x) \wedge Q(x))$ 和 $(\forall x)P(x) \wedge (\forall x)Q(x)$ 是等价的。$(\exists x)(P(x) \vee Q(x))$ 与 $(\exists x)P(x) \vee (\exists x)Q(x)$ 的等价性也可以采用同样的方式分析。

定理 4-3　证明如下蕴涵关系：

（1）$(\forall x)P(x) \vee (\forall x)Q(x) \Rightarrow (\forall x)(P(x) \vee Q(x))$。

（2）$(\exists x)(P(x) \wedge Q(x)) \Rightarrow (\exists x)P(x) \wedge (\exists x)Q(x)$。

证明：

设 I 是任意的一个解释，则有

（1）如果 I 使公式 $(\forall x)P(x) \vee (\forall x)Q(x)$ 为真，则必有 $(\forall x)P(x)$ 或 $(\forall x)Q(x)$ 为真，即对任意的 x，$P(x)$ 都为真，或者对任意的 x，$Q(x)$ 都为真。如果 $P(x)$ 都为真，则有 $P(x) \vee Q(x)$ 为真；如果 $Q(x)$ 都为真，则有 $P(x) \vee Q(x)$ 为真。综合考虑两种情况，$(\forall x)(P(x) \vee Q(x))$ 真值为真。

（2）如果解释 I 使 $(\exists x)(P(x) \wedge Q(x))$ 为真，则存在某个变元 x，使 $P(x) \wedge Q(x)$ 为真，即 $P(x)$ 和 $Q(x)$ 同时为真，因此有 $(\exists x)P(x)$ 和 $(\exists x)Q(x)$ 为真，即 $(\exists x)P(x) \wedge (\exists x)Q(x)$ 为真。 □

例 4-15 设 $P(x)$ 表示 x 会唱歌，$Q(x)$ 表示 x 会跳舞。$(\forall x)P(x) \vee (\forall x)Q(x)$ 表示所有人都会唱歌或所有人都会跳舞，而 $(\forall x)(P(x) \vee Q(x))$ 表示所有人会唱歌或会跳舞。显然若前者成立，则后者一定成立，但反过来不一定成立。不妨假设个体域有两个个体：张三和李四。张三会唱歌，李四会跳舞。显然有 $(\forall x)(P(x) \vee Q(x))$ 成立，但 $(\forall x)P(x) \vee (\forall x)Q(x)$ 不成立。

$(\exists x)(P(x) \wedge Q(x))$ 表示"有人既会唱歌又会跳舞"，而 $(\exists x)P(x) \wedge (\exists x)Q(x)$ 表示"有人会唱歌，有人会跳舞"。因此若前者成立，则后者一定成立。相比之下，后者中会唱歌的个体不一定是会跳舞的个体，因此反过来不成立。

参照表 4-1 的方式对定理 4-3 进行分析，如果 $(\forall x)P(x) \vee (\forall x)Q(x)$ 成立，则必有 $(\forall x)P(x)$ 或 $(\forall x)Q(x)$ 成立，即表 4-1 中的第 2 列和第 3 列至少有一列全为真，因此二者的析取必然为真，即 $P(x) \vee Q(x)$ 为真。因此 $(\forall x)P(x) \vee (\forall x)Q(x)$ 成立必有 $(\forall x)(P(x) \vee Q(x))$ 成立。相反，如果后者成立，前者不一定成立，看表 4-2 中的例子。

表 4-2 $P(x)$、$Q(x)$ 和 $P(x) \vee Q(x)$ 的真值

个体域	$P(x)$	$Q(x)$	$P(x) \vee Q(x)$
d_1	1	0	1
d_2	0	1	1

从表 4-2 中可以看出，$(\forall x)(P(x) \vee Q(x))$ 为真，但 $(\forall x)P(x)$ 和 $(\forall x)Q(x)$ 都为假，即 $(\forall x)P(x) \vee (\forall x)Q(x)$ 为假。因此公式 $(\forall x)P(x) \vee (\forall x)Q(x)$ 和 $(\forall x)(P(x) \vee Q(x))$ 是蕴涵的关系而不是等价的关系。

同样可以说明 $(\exists x)(P(x) \wedge Q(x))$ 与 $(\exists x)P(x) \wedge (\exists x)Q(x)$ 的蕴涵关系。如果后者成立，前者不一定成立，这一点可以由表 4-3 说明。

表 4-3 $P(x)$、$Q(x)$ 和 $P(x) \wedge Q(x)$ 的真值

个体域	$P(x)$	$Q(x)$	$P(x) \wedge Q(x)$
d_1	1	0	0
d_2	0	1	0

利用谓词公式的等价关系，可以在谓词公式之间进行等值演算。这里需要说明的是，除了利用上述等价关系外，命题逻辑中的等值演算同样适用于谓词逻辑。

例 4-16 证明：$(\exists x)(P(x) \rightarrow Q(x)) = (\forall x)P(x) \rightarrow (\exists x)Q(x)$。

分析：对于此题的证明，主要是考查谓词公式的等价与蕴涵。

证明：

$$(\exists x)(P(x) \rightarrow Q(x))$$
$$= (\exists x)(\neg P(x) \vee Q(x))$$
$$= (\exists x)\neg P(x) \vee (\exists x)Q(x)$$

$$= \neg(\forall x)P(x) \vee (\exists x)Q(x)$$
$$= (\forall x)P(x) \rightarrow (\exists x)Q(x)$$

□

4.4 范式

在命题逻辑中，命题公式有与其等价的范式，分别是主合取范式和主析取范式。在研究公式的相关特性时，范式起着非常重要的作用。在谓词逻辑中，也存在两种范式，分别是前束范式和斯科伦（Skolem）[①]范式，其中前束范式与谓词公式是等价的，而后者与谓词公式不是等价的。

定义 4-13 前束范式是谓词公式的一种范式，它具有如下形式：
$$(Q_1x_1)(Q_2x_2)\cdots(Q_nx_n)M(x_1,x_2,\cdots,x_n)$$
其中，Q_i 是全称量词或存在量词，M 称为基式，其中不含量词、蕴涵联结词与等价联结词。

一般情况下，将谓词公式转化为前束范式需要以下 4 步。
（1）采取公式演算消去公式中的"$\rightarrow$""$\leftrightarrow$"。
（2）反复运用德摩根律，将"$\neg$"移至谓词公式的前端。
（3）使用代入规则或更名规则，使所有约束变元及自由变元均不相同。
（4）运用谓词逻辑的等价公式将量词提到最前端。

例 4-17 求公式 $((\forall x)P(x) \vee (\exists y)R(y)) \rightarrow (\forall x)Q(x)$ 的前束范式。

解：
（1）消去其中的蕴涵联结词，得
$$((\forall x)P(x) \vee (\exists y)R(y)) \rightarrow (\forall x)Q(x) = \neg((\forall x)P(x) \vee (\exists y)R(y)) \vee (\forall x)Q(x)$$
（2）将"$\neg$"移至谓词公式的前端，得
$$\neg((\forall x)P(x) \vee (\exists y)R(y)) \vee (\forall x)Q(x) = ((\exists x)\neg P(x) \wedge (\forall y)\neg R(y)) \vee (\forall x)Q(x)$$
（3）运用更名规则，得
$$(\exists x)\neg P(x) \wedge (\forall y)\neg R(y)) \vee (\forall x)Q(x) = ((\exists x)\neg P(x) \wedge (\forall y)\neg R(y)) \vee (\forall z)Q(z)$$
（4）量词前提，得
$$((\exists x)\neg P(x) \wedge (\forall y)\neg R(y)) \vee (\forall z)Q(z) = (\exists x)(\forall y)(\forall z)((\neg P(x) \wedge \neg R(y)) \vee Q(z))$$

□

对前束范式中的基式进行规范化，可以得到前束析取范式、前束合取范式、前束主析取范式、前束主合取范式等表示形式。如果对前束范式进一步处理，得到谓词公式的 Skolem 标准形。

定义 4-14 给定谓词公式的前束范式，如果将其中的存在量词和全称量词消去，得到的公式称为谓词公式的 Skolem 标准形。

一般情况下，基于谓词公式的前束范式 $(Q_1x_1)(Q_2x_2)\cdots(Q_nx_n)M(x_1,x_2,\cdots,x_n)$ 得到相应

[①] 斯科伦（Thoralf Albert Skolem，1887—1963），挪威数学家，在数理逻辑、集合论等领域做了大量基础研究工作。

的 Skolem 标准形，需要以下 3 个步骤。

（1）如果 Q_i 是存在量词，并且 Q_i 的左边没有全称量词，直接用一个常量符号 a 替代 x_i，且 a 不同于基式中的其他符号。

（2）如果 Q_i 是全称量词，直接用一个变量符号 x 替代 x_i，x 不同于基式中的其他符号。

（3）如果 Q_i 是存在量词，并且 Q_i 的左边存在全称量词 $(\forall x_l),(\forall x_j),\cdots,(\forall x_k)$，则直接用一个函数 $f(x_l,x_j,\cdots,x_k)$ 替代 x_i，引入的函数符号不同于基式中的其他函数符号。

例 4-18 计算公式 $(\exists x)(\forall y)(\forall z)(\exists u)(\exists v)(\forall w)P(x,y,z,u,v,w)$ 的 Skolem 标准形。

解：

（1）消去 $(\exists x)$，由于其左边没有全称量词，因此直接用变元符号替代，得
$$(\forall y)(\forall z)(\exists u)(\exists v)(\forall w)P(a,y,z,u,v,w)$$

（2）消去 $(\forall y)$，对于全称量词，直接用一个变元符号 y 替换，得
$$(\forall z)(\exists u)(\exists v)(\forall w)P(a,y,z,u,v,w)$$

（3）消去 $(\forall z)$，对于全称量词，直接用一个变元符号 z 替换，得
$$(\exists u)(\exists v)(\forall w)P(a,y,z,u,v,w)$$

（4）消去 $(\exists u)$，由于其左侧有两个自由变元 y 和 z，因此用 $f(y,z)$ 替换，得
$$(\exists v)(\forall w)P(a,y,z,f(y,z),v,w)$$

（5）消去 $(\exists v)$，由于其左侧有两个自由变元 y 和 z，因此用 $g(y,z)$ 替换，得
$$(\forall w)P(a,y,z,f(y,z),g(y,z),w)$$

（6）消去 $(\forall w)$，对全称量词，直接用变元 w 替换，得
$$P(a,y,z,f(y,z),g(y,z),w)$$

即为公式的 Skolem 标准形。

□

4.5 谓词逻辑的蕴涵推理

在谓词逻辑中，同样需要研究推理问题，用来作为命题逻辑推理的扩充。在谓词逻辑中，推理与命题逻辑的推理一样，均由 3 部分组成：前提、结论和推理过程。在推理过程中，可以使用命题演算系统中的证明方法和推理规则。除此之外，由于谓词逻辑中引入了谓词、个体和量词，因此还需要引入谓词逻辑中的推理规则。

（1）全称量词特指（universal specify，US）规则：
$$(\forall x)G(x) \Rightarrow G(y)$$

其中，y 是个体域中的任意一个个体。

该规则的意思：如果对个体域中的所有个体 x，都有 $G(x)$ 成立，则对个体域中的任何一个个体 y，必然有 $G(y)$ 成立。使用该规则时，当 $G(x)$ 中存在量词时，需要限制 y 不在 $G(x)$ 中约束出现。

例如，$(\forall x)(\exists y)G(x,y)$ 在利用 US 规则将 x 进行替换时，不能替换成 $G(x,y)$ 中的约

束变元 y。具体地讲，如果 $G(x,y)$ 表示 x 小于 y，则 $(\forall x)(\exists y)G(x,y)$ 表示"不存在最大的实数"。如果将 x 替换成受约束的 y，则替换后的公式变为 $(\exists y)G(y,y)$，即"存在某个实数 y，y 小于 y 成立"，这显然是不正确的。因此替换时需要注意约束变元的问题。

（2）全称量词泛指（universal generalize，UG）规则：
$$G(y) \Rightarrow (\forall x)G(x)$$
其中，y 是个体域中的任意一个个体。

该规则的含义：如果任意一个个体都具有性质 G，则所有个体都具有该性质。这里需要注意的是，UG 规则引入的变元 x 不在 $G(y)$ 中约束出现。

（3）存在量词泛指（existential generalize，EG）规则：
$$G(a) \Rightarrow (\exists x)G(x)$$

该规则的含义：如果某一个体具有性质 G，则存在个体具有该性质。需要注意的是，运用 EG 规则时，x 不能在 $G(a)$ 中出现。

例如，不能从 $G(x,c)$ 中推导出 $(\exists x)G(x,x)$，这是因为 x 在 $G(x,c)$ 中出现。

（4）存在量词特指（existential specify，ES）规则：
$$(\exists x)G(x) \Rightarrow G(a)$$

该规则的含义：如果存在某个个体具有性质 G，那么必然有某个个体 a 具有该性质。运用该规则需要注意的是，$G(x)$ 中应无自由变元，如果存在自由变元，则应采用函数的形式表示。

例如，$(\exists x)G(x,y) \Rightarrow G(a,y)$ 是错误的，此时应按函数的形式处理，即 $(\exists x)G(x,y) \Rightarrow G(f(y),y)$。

在谓词逻辑的推理过程中，需要对上述 4 条规则灵活运用，同时结合命题逻辑推理中的规则 P、规则 T、CP 规则、反证法、消解法等，得到谓词逻辑的推理过程。在具体的推理过程中，还要注意以下两点。

（1）在推理过程中，当遇到不同的存在量词和全称量词时，需要注意 US 规则和 ES 规则的使用顺序。由于存在量词要求部分个体满足性质，而全称量词要求所有个体满足性质，因此在推理过程中，应先处理存在量词，后处理全称量词。

（2）当遇到两个不同的存在量词需要使用 ES 规则时，要注意二者应对应不同的个体。这是因为满足第一个谓词的个体未必是满足第二个谓词的个体。

例 4-19 证明苏格拉底三段论。

"人总是要死的，苏格拉底是人，所以苏格拉底是要死的。"

分析：谓词逻辑的证明过程与命题逻辑一样，首先对命题进行形式化表示，然后运用量词的 4 条规则和命题逻辑的推理规则进行。

证明：

设 $P(x)$ 表示"x 是人"，$Q(x)$ 表示"x 是要死的"，a 表示"苏格拉底"，上述命题可形式化为
$$(\forall x)(P(x) \to Q(x)), P(a) \Rightarrow Q(a)$$

（1）$(\forall x)(P(x) \to Q(x))$　　　　P
（2）$P(a) \to Q(a)$　　　　　　　　US（1）

（3） $P(a)$　　　　　　　　　P
（4） $Q(a)$　　　　　　　　　T（2）（3），I

例 4-20　前提：$(\forall x)(P(x) \to Q(x))$，$(\forall x)P(x)$。

结论：$(\forall x)Q(x)$。

分析：要证明 $(\forall x)Q(x)$，从量词的 4 条规则看，需要推导出 $Q(y)$ 成立后利用 UG 规则进行。同时，对于结论涉及全称量词，可以考虑利用反证法证明。

证明：

方法 1

（1） $(\forall x)(P(x) \to Q(x))$　　　　P
（2） $P(x) \to Q(x)$　　　　　　　US（1）
（3） $(\forall x)P(x)$　　　　　　　　P
（4） $P(x)$　　　　　　　　　　　US（3）
（5） $Q(x)$　　　　　　　　　　　T（2）（4），I
（6） $(\forall x)Q(x)$　　　　　　　　UG（5）

方法 2（反证法）

（1） $\neg(\forall x)Q(x)$　　　　　　　P（附加前提）
（2） $(\exists x)\neg Q(x)$　　　　　　　T（1），E
（3） $\neg Q(a)$　　　　　　　　　　ES（2）
（4） $(\forall x)(P(x) \to Q(x))$　　　　P
（5） $P(a) \to Q(a)$　　　　　　　US（3）
（6） $\neg P(a)$　　　　　　　　　　T（3）（4），I
（7） $(\forall x)P(x)$　　　　　　　　P
（8） $P(a)$　　　　　　　　　　　US（7）
（9） $P(a) \wedge \neg P(a)$　　　　　　T（6）（8），I

在该例中，需要注意一个问题，当需要同时运用 ES 规则和 US 规则时，要首先使用 ES 规则，然后再使用 US 规则。因为 US 规则对个体域中的全部个体有效，而 ES 规则针对个体域中的某个个体有效。

例 4-21　证明：有些学生相信所有的老师，任何学生都不相信骗子，因此老师都不是骗子。

证明：

设 $P(x)$ 表示 x 是学生，$Q(x)$ 表示 x 是老师，$R(x)$ 表示 x 是骗子，$S(x,y)$ 表示 x 相信 y。上述语句可形式化为

$$(\exists x)(P(x) \wedge (\forall y)(Q(y) \to S(x,y)))$$

$$(\forall x)(P(x) \to (\forall y)(R(y) \to \neg S(x,y))) \Rightarrow (\forall x)(Q(x) \to \neg R(x))$$

考虑到证明的结论是含有全称量词的形式，可以采用 UG 规则和反证法两种方法进行，具体如下。

方法 1（UG 规则）

(1) $(\exists x)(P(x) \wedge (\forall y)(Q(y) \rightarrow S(x,y)))$ P
(2) $P(a) \wedge (\forall y)(Q(y) \rightarrow S(a,y))$ ES（1）
(3) $(\forall x)(P(x) \rightarrow (\forall y)(R(y) \rightarrow \neg S(x,y)))$ P
(4) $P(a) \rightarrow (\forall y)(R(y) \rightarrow \neg S(a,y))$ US（3）
(5) $P(a)$ T（2），I
(6) $(\forall y)(R(y) \rightarrow \neg S(a,y))$ T（4）（5），I
(7) $(\forall y)(Q(y) \rightarrow S(a,y))$ T（2），I
(8) $Q(y) \rightarrow S(a,y)$ US（7）
(9) $R(y) \rightarrow \neg S(a,y)$ US（6）
(10) $S(a,y) \rightarrow \neg R(y)$ T（9），E
(11) $Q(y) \rightarrow \neg R(y)$ T（8）（10），I
(12) $(\forall x)(Q(x) \rightarrow \neg R(x))$ UG（11）

方法 2（反证法）

(1) $\neg(\forall x)(Q(x) \rightarrow \neg R(x))$ P（附加前提）
(2) $(\exists x)\neg(Q(x) \rightarrow \neg R(x))$ T（1），E
(3) $\neg(Q(a) \rightarrow \neg R(a))$ ES（2）
(4) $Q(a)$ T（3），I
(5) $R(a)$ T（3），I
(6) $(\exists x)(P(x) \wedge (\forall y)(Q(y) \rightarrow S(x,y)))$ P
(7) $P(b) \wedge (\forall y)(Q(y) \rightarrow S(b,y))$ ES（6）
(8) $P(b)$ T（7），I
(9) $(\forall y)(Q(y) \rightarrow S(b,y))$ T（7），I
(10) $Q(a) \rightarrow S(b,a)$ US（9）
(11) $S(b,a)$ T（4）（10），I
(12) $(\forall x)(P(x) \rightarrow (\forall y)(R(y) \rightarrow \neg S(x,y)))$ P
(13) $P(b) \rightarrow (\forall y)(R(y) \rightarrow \neg S(b,y))$ US（12）
(14) $(\forall y)(R(y) \rightarrow \neg S(b,y))$ T（8）（13），I
(15) $R(a) \rightarrow \neg S(b,a)$ US（14）
(16) $\neg S(b,a)$ T（5）（15），I
(17) $S(b,a) \wedge \neg S(b,a)$ T（11）（17），I
(18) $(\forall x)(Q(x) \rightarrow \neg R(x))$ 反证法

□

需要进一步说明的是，由于谓词逻辑中同样包含了命题逻辑中的命题联结词，因此命题逻辑中的相关证明方法可以灵活地运用到谓词逻辑中。

例 4-22 证明：$(\exists x)(P(x) \wedge Q(x)) \rightarrow (\forall y)(R(y) \rightarrow S(y)), (\exists y)(R(y) \wedge \neg S(y)) \Rightarrow (\forall x)(P(x) \rightarrow \neg Q(x))$。

分析：本例中的前提 $(\exists y)(R(y) \wedge \neg S(y))$ 与另一前提 $(\exists x)(P(x) \wedge Q(x)) \rightarrow (\forall y)(R(y) \rightarrow$

$S(y))$ 中的后件中的谓词相同，结论 $(\forall x)(P(x) \to \neg Q(x))$ 与前提 $(\exists x)(P(x) \land Q(x)) \to (\forall y)(R(y) \to S(y))$ 中前件中出现的谓词相同，因此，将基于谓词公式之间的公式演算证明。

证明：
（1） $(\exists y)(R(y) \land \neg S(y))$　　　　　　　　P
（2） $(\exists y)\neg(\neg R(y) \lor S(y))$　　　　　　T（1），E
（3） $\neg(\forall y)(R(y) \to S(y))$　　　　　　　T（2），E
（4） $(\exists x)(P(x) \land Q(x)) \to (\forall y)(R(y) \to S(y))$　　P
（5） $\neg(\exists x)(P(x) \land Q(x))$　　　　　　T（3）（4），I
（6） $(\forall x)(P(x) \to \neg Q(x))$　　　　　　T（5），E

□

例 4-23　证明：$(\forall x)(P(x) \lor Q(x)) \Rightarrow (\forall x)P(x) \lor (\exists x)Q(x)$。

分析：由于结论 $(\forall x)P(x) \lor (\exists x)Q(x)$ 是析取的形式，可以将其转换成等价的蕴涵形式，采取 CP 规则证明。

证明：
（1） $\neg(\forall x)P(x)$　　　　　　　　　P（附加前提）
（2） $(\exists x)\neg P(x)$　　　　　　　　T（1），E
（3） $\neg P(a)$　　　　　　　　　　　ES（2）
（4） $(\forall x)(P(x) \lor Q(x))$　　　　　P
（5） $P(a) \lor Q(a)$　　　　　　　　US（4）
（6） $Q(a)$　　　　　　　　　　　　T（3）（5），I
（7） $(\exists x)Q(x)$　　　　　　　　　EG（6）
（8） $\neg(\forall x)P(x) \to (\exists x)Q(x)$　　CP（1）（7）
（9） $(\forall x)P(x) \lor (\exists x)Q(x)$　　　T（8），E

□

例 4-24　证明：$(\forall x)(P(x) \to Q(x)) \Rightarrow (\forall x)((\exists y)(P(y) \land R(x,y)) \to (\exists y)(Q(y) \land R(x,y)))$。

证明：

方法 1（CP 规则）
（1） $(\exists y)(P(y) \land R(x,y))$　　　　　　　　　　P（附加前提）
（2） $P(a) \land R(x,a)$　　　　　　　　　　　　　ES（1）
（3） $(\forall x)(P(x) \to Q(x))$　　　　　　　　　　P
（4） $P(a) \to Q(a)$　　　　　　　　　　　　　US（3）
（5） $P(a)$　　　　　　　　　　　　　　　　T（2），I
（6） $R(x,a)$　　　　　　　　　　　　　　　T（2），I
（7） $Q(a)$　　　　　　　　　　　　　　　　T（4）（5），I
（8） $Q(a) \land R(x,a)$　　　　　　　　　　　　T（6）（7），I
（9） $(\exists y)(Q(y) \land R(x,y))$　　　　　　　　　EG（8）
（10） $(\exists y)(P(y) \land R(x,y)) \to (\exists y)(Q(y) \land R(x,y))$　　CP（1）（10）

（11）	$(\forall x)((\exists y)(P(y) \wedge R(x,y)) \rightarrow (\exists y)(Q(y) \wedge R(x,y)))$	UG（10）

方法 2（反证法）

（1）	$\neg(\forall x)((\exists y)(P(y) \wedge R(x,y)) \rightarrow (\exists y)(Q(y) \wedge R(x,y)))$	P（附加前提）
（2）	$(\exists x)\neg((\exists y)(P(y) \wedge R(x,y)) \rightarrow (\exists y)(Q(y) \wedge R(x,y)))$	T（1），E
（3）	$\neg((\exists y)(P(y) \wedge R(a,y)) \rightarrow (\exists y)(Q(y) \wedge R(a,y)))$	ES（2）
（4）	$(\exists y)(P(y) \wedge R(a,y))$	T（3），I
（5）	$\neg(\exists y)(Q(y) \wedge R(a,y))$	T（3），I
（6）	$(\forall y)\neg(Q(y) \wedge R(a,y))$	T（5），E
（7）	$P(b) \wedge R(a,b)$	ES（4）
（8）	$\neg(Q(b) \wedge R(a,b))$	US（6）
（9）	$P(b)$	T（7），I
（10）	$R(a,b)$	T（7），I
（11）	$\neg Q(b) \vee \neg R(a,b)$	T（8），E
（12）	$\neg Q(b)$	T（10）（11），I
（13）	$(\forall x)(P(x) \rightarrow Q(x))$	P
（14）	$P(b) \rightarrow Q(b)$	UG（13）
（15）	$Q(b)$	T（9）（14），I
（16）	$Q(b) \wedge \neg Q(b)$	T（12）（15），I
（17）	$(\forall x)((\exists y)(P(y) \wedge R(x,y)) \rightarrow (\exists y)(Q(y) \wedge R(x,y)))$	反证法

□

例 4-25 所有爱学习、有毅力的人都有知识；每个有知识、爱思考的人都有创造力；有些有创造力的人是科学家；有些有毅力、爱学习、爱思考的人是科学家。因此，有些爱学习、有毅力、有创造力的人是科学家。

证明：

将个体域限制在人的范围内，并假设 $P(x)$ 表示 x 爱学习，$Q(x)$ 表示 x 有毅力，$R(x)$ 表示 x 有知识，$S(x)$ 表示 x 爱思考，$T(x)$ 表示 x 有创造力，$U(x)$ 表示 x 是科学家，则上述语句形式化如下。

前提：$(\forall x)((P(x) \wedge Q(x)) \rightarrow R(x))$，$(\forall x)((R(x) \wedge S(x)) \rightarrow T(x))$，$(\exists x)(T(x) \wedge U(x))$，$(\exists x)(Q(x) \wedge P(x) \wedge S(x) \wedge U(x))$。

结论：$(\exists x)(P(x) \wedge Q(x) \wedge T(x) \wedge U(x))$。

（1）	$(\exists x)(Q(x) \wedge P(x) \wedge S(x) \wedge U(x))$	P
（2）	$Q(a) \wedge P(a) \wedge S(a) \wedge U(a)$	ES（1）
（3）	$Q(a) \wedge P(a)$	T（2），I
（4）	$S(a)$	T（2），I
（5）	$(\forall x)((P(x) \wedge Q(x)) \rightarrow R(x))$	P
（6）	$(P(a) \wedge Q(a)) \rightarrow R(a)$	US（5）
（7）	$R(a)$	T（3）（6），I
（8）	$R(a) \wedge S(a)$	T（4）（7），I

（9）	$(\forall x)((R(x) \wedge S(x)) \to T(x))$	P
（10）	$(R(a) \wedge S(a)) \to T(a)$	UG（9）
（11）	$T(a)$	T（8）（10），I
（12）	$U(a)$	T（2），I
（13）	$P(a) \wedge Q(a) \wedge T(a) \wedge U(a)$	T（3）（11）（12），I
（14）	$(\exists x)(P(x) \wedge Q(x) \wedge T(x) \wedge U(x))$	EG（13）

例 4-26 证明：$(\forall x)P(x) \to (\exists x)Q(x) \Rightarrow (\exists x)(P(x) \to Q(x))$。

证明：

运用反证法进行。

（1）	$\neg(\exists x)(P(x) \to Q(x))$	P（附加前提）
（2）	$(\forall x)\neg(P(x) \to Q(x))$	T（1），E
（3）	$\neg(P(x) \to Q(x))$	US（2）
（4）	$P(x)$	T（3），I
（5）	$\neg Q(x)$	T（3），I
（6）	$(\forall x)P(x)$	UG（4）
（7）	$(\forall x)P(x) \to (\exists x)Q(x)$	P
（8）	$(\exists x)Q(x)$	T（6）（7），I
（9）	$Q(a)$	EG（8）
（10）	$\neg(P(a) \to Q(a))$	US（2）
（11）	$\neg Q(a)$	T（10），I
（12）	$Q(a) \wedge \neg Q(a)$	T（9）（11），I
（13）	$(\exists x)(P(x) \to Q(x))$	反证法

阅读材料

1. 水容器问题

例 4-27 设有两个分别能盛 7L 与 5L 的水容器，初始均为空，允许对容器做以下 3 种操作。

（1）向容器倒满水。

（2）将容器中的水倒光。

（3）从一个容器倒水至另一个容器，使一个容易倒光或另一个容器倒满。

最后，要求能使大容器中有 4L 水，求其操作过程。

分析： 用一个二元谓词 $S(u,v)$ 表示两个容器的盛水状态。其中，第一个个体变量表示大容器中有 uL 水；第二个个体变量表示小容器中有 vL 水。则可以将给定的 3 种基本操作用谓词公式表示,从初始条件 $S(0,0)$ 开始,运用谓词公式的推理,得到目标 $S(4,0)$ 或 $S(4,5)$。

解:
用 $S(u,v)$ 表示两个容器中的盛水状态。其中,大容器中有 uL 水,小容器中有 vL 水。则 3 种操作可以分别表示如下。

向大容器中倒满水:$(\forall x)(\forall y)(S(x,y) \to S(7,y))$。
向小容器中倒满水:$(\forall x)(\forall y)(S(x,y) \to S(x,5))$。
将大容器中的水倒光:$(\forall x)(\forall y)(S(x,y) \to S(0,y))$。
将小容器中的水倒光:$(\forall x)(\forall y)(S(x,y) \to S(x,0))$。
从大容器将水倒至小容器,使大容器为空:$(\forall x)(\forall y)(\exists z)(S(x,y) \to S(0,z))$,其中 $x+y=z \leq 5$。
从小容器将水倒至大容器,使小容器为空:$(\forall x)(\forall y)(\exists z)(S(x,y) \to S(z,0))$,其中 $x+y=z \leq 7$。
从大容器将水倒至小容器,使小容器满:$(\forall x)(\forall y)(\exists z)(S(x,y) \to S(z,5))$,其中 $x+y=z+5$。
从小容器将水倒至大容器,使大容器满:$(\forall x)(\forall y)(\exists z)(S(x,y) \to S(7,z))$,其中 $x+y=7+z$。

初始条件:$S(0,0)$。
目标条件:$S(4,0)$。
证明过程如下。

(1) $S(0,0)$ P
(2) $(\forall x)(\forall y)(S(x,y) \to S(7,y))$ P
(3) $(\forall y)(S(0,y) \to S(7,y))$ US (2)
(4) $S(0,0) \to S(7,0))$ US (3)
(5) $S(7,0)$ T (1)(4), I
(6) $(\forall x)(\forall y)(\exists z)(S(x,y) \to S(z,5))$ P
(7) $(\forall y)(\exists z)(S(7,y) \to S(z,5))$ US (6)
(8) $(\exists z)(S(7,0) \to S(z,5))$ US (7)
(9) $S(7,0) \to S(2,5)$ ES (8)
(10) $S(2,5)$ T (5)(9), I
(11) $(\forall x)(\forall y)(S(x,y) \to S(x,0))$ P
(12) $(\forall y)(S(2,y) \to S(2,0))$ US (11)
(13) $S(2,5) \to S(2,0)$ US (12)
(14) $S(2,0)$ T (10)(13), I
(15) $(\forall x)(\forall y)(\exists z)(S(x,y) \to S(0,z))$ P
(16) $(\forall y)(\exists z)(S(2,y) \to S(0,z))$ US (15)
(17) $(\exists z)(S(2,0) \to S(0,z))$ US (16)
(18) $S(2,0) \to S(0,2)$ ES (17)

（19）	$S(0,2)$	T（14）（18），I
（20）	$S(0,2) \to S(7,2)$	US（3）
（21）	$S(7,2)$	T（19）（20），I
（22）	$(\exists z)(S(7,2) \to S(z,5))$	US（7）
（23）	$S(7,2) \to S(4,5)$	ES（22）
（23）	$S(4,5)$	T（21）（23），I
（24）	$(\forall x)(\forall y)(S(x,y) \to S(x,0))$	P
（25）	$(\forall y)(S(4,y) \to S(4,0))$	US（24）
（26）	$S(4,5) \to S(4,0)$	US（25）
（27）	$S(4,0)$	T（25）（26），I

上述推导过程可以表示为图 4-1。

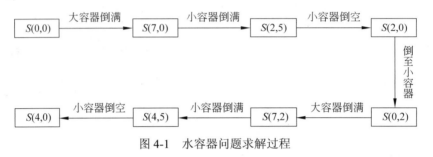

图 4-1　水容器问题求解过程

基于上述思想的程序 4-1 如下。

程序 4-1　实现水容器问题求解的参考程序

```
#include<bits/stdc++.h>
using namespace std;

int dp[8][6];
//a 容量7,b 容量5
int work(int a,int b){
    if(a==4)return 1;
    if(dp[a][b])return 0;
    dp[a][b]=1;

    if(a<7&&work(7,b)){ //filling a
        printf("倒满 A\n");
        return 1;
    }
    if(b<5&&work(a,5)){ //filling b
        printf("倒满 B\n");
        return 1;
    }
    if(a>0&&work(0,b)){ //dumping a
        printf("倒光 A\n");
```

```
        return 1;
    }
    if(b>0&&work(a,0)){ //dumping b
        printf("倒光 B\n");
        return 1;
    }
    int trans=min(a,5-b);
    if(trans>0&&work(a-trans,b+trans)){ //a to b
        printf("A-> B\n");
        return 1;
    }
    trans=min(7-a,b);
    if(trans>0&&work(a+trans,b-trans)){ //a to b
        printf("B-> A\n");
        return 1;
    }
    return 0;
}

int main()
{
    printf("回溯,请倒序读: \n\n");
    work(0,0);
}
```

□

2. 谓词逻辑与 Prolog

Prolog（programming in logic）是以一阶谓词逻辑为理论基础的逻辑程序设计语言，是人工智能程序设计语言族中应用最为广泛的一种逻辑程序设计语言。Prolog 语言的思想最早是由英国爱丁堡大学（The University of Edinburgh）的罗伯特·科瓦尔斯基（Robert Kowalski，1941—　）首先提出，1972 年由法国艾克斯-马赛（Aix-Marseille）大学的艾伦·考尔麦劳厄（Alain Colmerauer，1941—2017）及其研究小组研制成功。由于 Prolog 描述功能强，具有逻辑推理能力，语法简单，使用方便，使得它在人工智能的许多研究领域诸如动态关系数据库、定理自动证明、智能问题求解、符号方程求解、规则生成、计算机辅助设计、编译程序的构造、自然语言理解、专家系统和专家系统工具等方面得到了广泛的应用，成为最受重视的人工智能语言。

应用 Prolog 进行逻辑推理或定理证明的基本原理是**消解法**（resolution principle，或称归结原理），它是美国雪城大学（Syracuse University）的艾伦·罗宾逊（Alan Robinson，1930—2016）于 1965 年发明的，消解法的形式如下：

$$P \vee Q, \neg Q \vee R \Rightarrow P \vee R$$

从另一个角度看，消解法与如下的形式是等价的：

$$\neg P \rightarrow Q, Q \rightarrow R \Rightarrow \neg P \rightarrow R$$

上式可以简单看成将 $\neg P \to Q$ 和 $Q \to R$ 的前提进行合取运算，结论进行合取运算，最后将前提和结论中共同出现的项删除。通过下面的例子来说明。

例 4-28 运用消解法证明下式。

前提：
$$\text{parent(bob, jake)} \to \text{father(bob, jake)} \vee \text{mother(bob, jake)}$$
$$\text{father(bob, jake)} \wedge \text{father(jake, fred)} \to \text{grandfather(bob, fred)}$$

结论：
$$\text{parent(bob, jake)} \wedge \text{father(jake, fred)} \to \text{grandfather(bob, fred)} \vee \text{mother(bob, jake)}$$

证明：

(1)	parent(bob, jake) → father(bob, jake) ∨ mother(bob, jake)	P
(2)	¬parent(bob, jake) ∨ father(bob, jake) ∨ mother(bob, jake)	T（1），E
(3)	father(bob,jake) ∧ father(jake,fred) → grandfather(bob,fred)	P
(4)	¬father(bob,jake) ∨ ¬father(jake,fred) ∨ grandfather(bob,fred)	T（3），E
(5)	¬parent(bob,jake) ∨ mother(bob,jake) ∨ ¬father(bob,fred) ∨ grandfather(bob,fred)	T（2）（4），I
(6)	parent(bob,jake) ∧ father(jake,fred) → grandfather(bob,fred) ∨ mother(bob,jake)	T（5），E

□

进一步分析可以发现，给定的两个前提中，所有的项均等价于析取范式（子句），将以原形式和否定形式同时出现的谓词删除，即得到所需要的结论。基于 Prolog 进行逻辑推理和证明，正来源于此。

1）Prolog 的发展

因开发 Prolog 语言，法国艾克斯-马赛大学和英国爱丁堡大学之间的协作一直持续到 20 世纪 70 年代中期，而此后这两个大学则对 Prolog 语言的开发和使用展开了独立的研究，这就导致存在两种语法不同的 Prolog 版本。

Prolog 开发和有关逻辑程序设计的研究曾一直仅限于爱丁堡大学和艾克斯-马赛大学范围内，直到 1981 年日本政府启动了一个大型的研究项目后情况才有所改观，这个项目称为 FGCS（fifth generation computing system，第五代计算机系统），此项目的主要目标之一是开发智能机器，并且将 Prolog 选作其基础。FGCS 使美国和一些欧洲国家的许多研究人员以及政府都对人工智能和逻辑程序设计突然产生了浓厚的兴趣。经过十年的努力，FGCS 项目悄然落幕。尽管认为逻辑程序设计和 Prolog 有很大的潜力，但是在此期间并未取得突破性进展，这也使得人们对 Prolog 的使用兴趣锐减，不过 Prolog 仍不乏自己的应用领域和支持者。

早期的 Prolog 版本都是解释型的，自 1986 年美国 Borland 公司推出编译型 Prolog，即 Turbo Prolog 以后，Prolog 便很快在 PC 上流行起来。后来又经历了 PDC Prolog、Visual Prolog 等不同版本的发展。并行的逻辑语言也于 20 世纪 80 年代初开始研制，其中比较著名的有 PARLOG、Concurrent Prolog 等。

（1）Turbo Prolog。

由美国 Prolog 开发中心（Prolog Development Center，PDC）于 1986 年开发成功，Borland 公司对外发行，其 1.0、2.0、2.1 版本取名为 Turbo Prolog，主要在 IBM PC 系列计算机和 MS-DOS 环境下运行。

（2）PDC Prolog。

1990 年后，PDC 推出新的版本，更名为 PDC Prolog 3.0、3.2，它把运行环境扩展到 OS/2 操作系统，并且向全世界发行。它的主要特点如下。

① 速度快。编译及运行速度都很快，产生的代码非常紧凑。

② 用户界面友好。提供了图形化的集成开发环境。

③ 提供了强有力的外部数据库系统。

④ 提供了一个用 PDC Prolog 编写的 Prolog 解释起源代码。用户可以用它研究 Prolog 的内部机制，并创建自己的专用编程语言、推理机、专家系统外壳或程序接口。

⑤ 提供了与其他语言（如 C、Pascal、FORTRAN 等）的接口。Prolog 和其他语言可以相互调用对方的子程序。

⑥ 具有强大的图形功能。支持 Turbo C、Turbo Pascal 同样的功能。

（3）Visual Prolog。

Visual Prolog 是基于 Prolog 语言的可视化集成开发环境，是 PDC 推出的基于 Windows 环境的智能化编程工具。目前，Visual Prolog 在美国、西欧、日本、加拿大、澳大利亚等国家和地区十分流行，是国际上研究和开发智能化应用的主流工具之一。

Visual Prolog 具有模式匹配、递归、回溯、对象机制、事实数据库和谓词库等强大功能。它包含构建大型应用程序所需要的一切特性：图形开发环境、编译器、连接器和调试器，支持模块化和面向对象程序设计，支持系统级编程、文件操作、字符串处理、位级运算、算术与逻辑运算及与其他编程语言的接口。

Visual Prolog 包含一个全部使用 Visual Prolog 语言写成的有效的开发环境，包含对话框、菜单、工具栏等编辑功能。Visual Prolog 与 SQL 数据库系统、C++开发系统及 Visual Basic、Delphi 或 Visual Age 等编程语言一样，也可以用来轻松地开发各种应用。

2）Prolog 程序

Prolog 程序在构成形式上与其他语言不同。无论哪种版本的 Prolog 语言，其核心都是一样的。而一个完整的 Prolog 程序，由域说明（domains）、谓词说明（predicates）、子句（clauses）和目标（goal）4 部分构成。

（1）域说明部分定义变量和符号类型及取值范围，如

$$p, s=\text{integer}$$

说明两个对象 p 和 s 的类型均为整型。

（2）谓词说明部分定义程序中涉及的所有谓词，由谓词名和域对象构成，如

$$\text{likes(symbol, symbol)}$$

定义了一个二元谓词 likes。

（3）子句是 Prolog 语言的核心，它由事实和规则两部分组成。它们是 Prolog 程序最

基本的组成部分。其中，事实用来说明一个问题中已知的对象和它们之间的关系，由谓词名及用圆括号括起来的一个或几个个体组成，其中谓词和个体可由用户自己定义。例如，事实

$$likes(Bill, book).$$

表示对象 Bill 和 book 之间有 likes 的关系。

规则由几个互相有依赖关系的简单句（谓词）组成，用来描述事实之间的依赖关系。从形式上看，规则由**左边表示结论**的后件谓词和**右边表示条件**的前提谓词组成。例如，

$$bird(X) :- animal(X), has(X, feather).$$

表示了"凡是动物并且有羽毛，那么它就是鸟"的规则。

需要注意的是，在 Prolog 中，同一规则中相同变元具有相同的含义，不同规则中的变元相互独立，即使它们采用了相同的符号表示，这是 Prolog 的重要特点，即 Prolog 中的变量都是局部变量，离开了它所在的语句就没有任何值的概念。

（4）把事实和规则写进 Prolog 程序中后，就可以向 Prolog 询问有关问题的答案，询问的问题就是程序运行的目标。目标的结构与事实或规则相同，可以是一个简单的谓词，也可以是多个谓词的组合。目标分内、外两种，内部目标写在程序中，外部目标在程序运行时由用户手工输入。例如

$$student(John).$$

表示问题"John 是学生吗？"，要求系统给出 Yes 或 No 的回答。而

$$friends(John, X)$$

表示"谁和 John 是朋友？"的目标，要求系统给出具体的目标。

以下是一个完整的 Prolog 程序举例。

程序 4-2 Prolog 程序

```
domains
        person, activity=symbol
predicates
        likes(person, activity)
clauses
        likes(Ellen, tennis).
        likes(John, football).
        likes(Tom, baseball).
        likes(Bill, X) :- likes(Tom, X).
```

输出完以上程序后，在对话框中输入目标 likes(Bill, baseball) 后，程序运行结果为 Yes，如图 4-2 所示。

3）Prolog 应用于逻辑推理

为了有效使用 Prolog，程序员需要准确地了解 Prolog 系统是如何处理其他程序的。在 Prolog 语言中，将查询称为目标，当目标是一个复合问题时，称每个事实为一个子目标（subgoal）。要证明该目标为真，推理过程必须在数据库中找到推理规则以及一条事

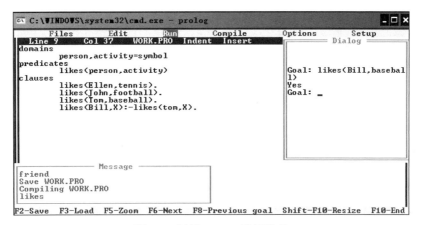

图 4-2 运用 Prolog 进行推理

实链,从而将目标与数据库中的一个或多个事实相连接。例如,如果 Q 是目标,那么 Q 要么是数据库中的一个事实,要么推导过程必须找出命题 P_1 和 P_2 的一个序列 $P_3,\cdots,P_n$,满足:

$$P_2 :\text{-} P_1$$
$$P_3 :\text{-} P_2$$
$$\vdots$$
$$Q :\text{-} P_n$$

当然,如果规则的右边是复合命题,或者规则中有变量,那么此过程将更为复杂。找出 P 的过程基本上是项之间的相互比较或匹配的过程。

证明一个子目标的过程,是一个命题匹配的过程,有时将它称为匹配。在某些情况下,将证明子目标称为满足子目标。如下面的查询

$$\text{man(job).}$$

是最简单的目标语句。由归结法可以相对容易地确定其为真或为假:只需将此目标的模式与数据库中的事实和规则相比较。如果数据库中包含事实

$$\text{man(job).}$$

则显然得证。然而,如果数据库中包含以下事实和推导规则:

$$\text{father(Bob).}$$
$$\text{man(X):- father(X).}$$

Prolog 就需要找到这两条语句,并用它们来推导目标的真值。这就要求将 X 实例化为 Bob。

再以一个简单的例子来说明 Prolog 的应用。

程序 4-3 Prolog 程序

```
predicates                   /*谓词段,对要用的谓词名和参数进行说明*/
  likes(symbol, symbol)
  friend(symbol, symbol)
clauses                      /*子句段,存放所有的事实和规则*/
  likes(Bell,sports).        /*前 4 行是事实*/
  likes(Mary,music).
```

```
likes(Mary,sports).
likes(Jane,smith).
friend(John,X):-likes(X,sports),likes(X,music).    /*本行是规则*/
```

当将上述事实与规则输入计算机后，运行该程序，用户就可以进行询问，如输入目标

$$friend(John,X)$$

即询问 John 的朋友是谁，这时计算机的运行结果为

    X=Mary   （Mary 是 John 的朋友）
    1 Solution   （得到了一个结果）

程序 4-3 运行界面如图 4-3 所示。

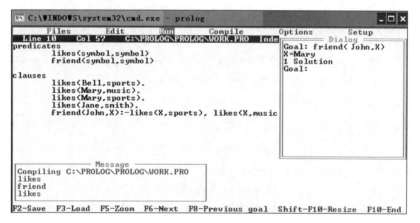

图 4-3 程序 4-3 的运行结果

4）Prolog 的缺陷

Prolog 还存在着明显的不足和缺陷。

（1）归结次序控制。因为效率的原因，Prolog 允许用户在归结过程中控制模式匹配的次序。在纯逻辑程序设计的环境中，归结过程中所尝试的匹配次序是不确定的，所有的匹配都可能被并行地尝试。然而，因为 Prolog 总是以相同的次序来进行匹配，匹配开始于数据库的首部以及给定目标的最左边，所以用户能够通过将数据库语句排序，来优化一种特定的应用，从而对效率产生巨大影响。

（2）封闭世界假设（closed world assumption，CWA）。Prolog 消解的性质，有时会产生误导的结果。就 Prolog 语言而言，唯一的真值是那些能够从它的数据库得到证明的。Prolog 不具有它的数据库之外的世界的知识，对于任何一个查询，如果在数据库中没有充分的信息来证明，就认为是假的。Prolog 能够证明一个目标为真，但是它不能够证明一个给定的目标为假。它仅仅做出如下假设：如果无法证明一个目标为真，则这个目标为假。Prolog 实质上是一个"真与失败"的系统，而不是一个"真与假"的系统。

实际上，对于封闭世界假设并不陌生，它与司法系统有着相同的操作方式。嫌犯是无罪的，直到证明他有罪；嫌犯是不需要被证明是无罪的，如果审判不能够证明一个人有罪，他即被认为是无罪的。

此外，Prolog 在处理否定问题时存在一定的困难，同时，由于它是非过程的程序设计，可能导致在处理某些问题，如排序问题时效率低下等。所有这些问题，并不意味着应该抛弃逻辑程序设计，以目前的形式，它就可以处理许多有用的应用问题，此外，它以一种吸引人的概念作为基础，何况它的本身就是有趣的。人们有可能开发出某种新的推理技术，以允许逻辑程序设计语言系统高效地处理日益增多的应用问题。

习题 4

1. 用谓词和量词形式化下列命题。
（1）陈汉是田径或球类运动员。
（2）每个有理数都是实数。
（3）某些实数是有理数。
（4）并非每个实数都是有理数。
（5）直线 AC 平行于直线 BD，当且仅当直线 AC 与直线 BD 不相交。
（6）存在偶素数。
（7）任何金属都可以溶解于某种液体中。
（8）有些液体能溶解任何金属。
（9）每个人的姥姥是他母亲的母亲。
（10）没有不犯错误的人。

2. 令 $P(x)$ 表示"x 是质数"，$E(x)$ 表示"x 是偶数"，$O(x)$ 表示"x 是奇数"，$D(x,y)$ 表示"x 整除 y"。将下列各式翻译成汉语。
（1）$P(5)$。
（2）$E(2) \land P(2)$。
（3）$(\forall x)(D(2,x) \to E(x))$。
（4）$(\exists x)(E(x) \land D(x,6))$。
（5）$(\forall x)(\neg E(x) \to \neg D(2,x))$。
（6）$(\forall x)(E(x) \to (\forall y)(D(x,y) \to E(y)))$。
（7）$(\forall x)(P(x) \to (\exists y)(E(y) \land D(x,y)))$。
（8）$(\forall x)(O(x) \to (\forall y)(P(y) \to \neg D(x,y)))$。

3. 指出下列公式中的自由变元和约束变元。
（1）$(\forall x)P(x) \to P(y)$。
（2）$(\forall x)(P(x) \land (\forall y)Q(x,y))$。
（3）$(\forall x)(P(x) \land Q(x)) \to (\forall x)P(x) \land Q(x)$。
（4）$(\exists x)(\forall y)(P(x,y) \land Q(z))$。
（5）$(\exists x)(\forall y)(P(x) \lor Q(y)) \to (\forall x)P(x)$。
（6）$(\forall x)((P(x) \lor Q(x)) \land S(x)) \to (\forall x)(P(x) \land Q(x))$。

4. 已知个体域 $D = \{a_1, a_2, a_3\}$，消去下列公式中的量词。
（1）$(\forall x)P(x)$。

（2）$(\forall x)(\exists y)Q(x,y)$。

（3）$(\forall x)P(x) \lor (\forall y)Q(y)$。

（4）$(\forall x)(P(x) \to (\exists y)Q(y))$。

5. 给定解释如下。

（1）个体域 $D = \{3,4\}$。

（2）函数定义为 $f(3) = 4$，$f(4) = 3$。

（3）谓词定义为 $P(3,3) = P(4,4) = 0$，$P(3,4) = P(4,3) = 1$。

求下列公式在上述解释下的真值。

（1）$(\forall x)(\exists y)P(x,y)$。

（2）$(\exists x)(\forall y)P(x,y)$。

（3）$(\forall x)(\forall y)(P(x,y) \to P(f(x),f(y)))$。

6. 对下列谓词公式中的约束变元进行改名，对自由变元进行代入。

（1）$(\forall x)(\exists y)(P(x,z) \to Q(y)) \leftrightarrow R(x,y)$。

（2）$((\forall x)(P(x) \to (R(x) \lor Q(x))) \land (\exists x)R(x)) \to (\exists z)S(x,z)$。

（3）$((\exists y)P(x,y) \to (\forall x)B(x,z)) \land (\exists x)(\forall z)C(x,y,z)$。

（4）$((\forall y)P(x,y) \land (\exists z)Q(x,z)) \lor (\forall x)R(x,y)$。

7. 证明：

（1）$(\forall x)P(x) \to Q \Leftrightarrow (\exists x)(P(x) \to Q)$。

（2）$(\forall x)(\forall y)(P(x) \to Q(y)) \Leftrightarrow (\exists x)P(x) \to (\forall y)Q(y)$。

8. 证明：

（1）$(\forall x)(P(x) \to (Q(x) \land R(x))), (\exists x)P(x) \Rightarrow (\exists x)(P(x) \land R(x))$。

（2）$(\forall x)(P(x) \lor Q(x)) \Rightarrow (\forall x)P(x) \lor (\exists x)Q(x)$。

（3）$(\forall x)(\neg P(x) \to Q(x)), (\exists x)\neg Q(x) \Rightarrow (\exists x)P(x)$。

（4）$(\exists x)P(x) \to (\forall y)((P(y) \lor Q(y)) \to R(y)), (\exists x)P(x) \Rightarrow (\exists x)R(x)$。

（5）$\neg((\exists x)P(x) \land Q(c)) \Rightarrow (\exists x)P(x) \to \neg Q(c)$。

9. 求下列公式的前束范式和 Skolem 范式。

（1）$(\forall x)(P(x) \to (\exists y)Q(x,y))$。

（2）$(\exists x)(\neg(\exists y)P(x,y) \to ((\exists z)Q(z) \to R(x)))$。

10. 符号化下列命题并证明其结论的正确性。

（1）所有有理数都是实数，某些有理数是整数，因此有些实数是整数。

（2）任何人如果喜欢步行，则他不喜欢乘汽车，每个人或者喜欢乘汽车或者喜欢骑自行车。有的人不喜欢骑自行车，因而有的人不喜欢步行。

（3）每个大学生不是文科学生就是理工科学生，有的大学生是优等生，小张不是理工科学生，但他是优等生，因此如果小张是大学生，他就是文科学生。

（4）没有不守信用的人是可以依赖的，有些可以信赖的人是受过教育的。因此，有些受过教育的人是守信用的。

（5）所有的有理数都是实数，所有的无理数也是实数。虚数不是实数。因此，虚数既不是有理数也不是无理数。

（6）每个旅客或者坐头等舱或者坐经济舱；每个旅客当且仅当他富裕时坐头等舱，有些旅客富裕但并非所有的旅客都富裕，因此有些旅客坐经济舱。

（7）三角函数都是周期函数，一些三角函数是连续函数，所以一些周期函数是连续函数。

（8）所有的舞蹈者都很有风度，王英是个学生并且是个舞蹈者。因此，有些学生很有风度。

（9）每个大学生或者要交学费，或者享受奖学金。每个大学生享受奖学金当且仅当学习优秀。并不是所有的大学生都学习优秀，因此，有些大学生需要交学费。

第 5 章　集合论基础

本章导引

集合论作为数学中最富创造性的伟大成果之一，是 19 世纪末由德国数学家格奥尔格·康托尔[①]创立起来的。现在，集合已经发展成为数学及其他各学科不可缺少的描述工具，并且成为数学中最基本的概念。在计算机科学中，集合论不仅可以表示数和数的运算，还可以应用于非数值领域中信息的表示和处理，在程序设计语言、数据结构、操作系统、数据库以及人工智能等课程中有着广泛的应用。

一般认为，康托尔建立的集合体系属于朴素集合论体系，将满足相关性质的个体放在一起组成集合。但在康托尔体系中隐含着矛盾，这就是著名的理发师问题[②]。为了消除悖论，产生了集合论的公理体系。

5.1　集合的概念与表示

定义 5-1　把具有某种性质的个体汇集在一起，就形成一个集合（set）。在集合中，个体通常被称为元素（element）或成员。

例如，所有企鹅汇集在一起形成的集合；所有自然数形成的集合；所有鲁东大学的学生汇集在一起形成的集合等。

一般情况下，用大写字母 $A,B,C,\cdots,A_1,B_1,C_1,\cdots$ 表示集合，而集合中的元素通常用小写字母 $a,b,c,\cdots,a_1,b_1,c_1,\cdots$ 表示。如果元素 a 是集合 A 中的元素，记为 $a \in A$，读作"a 属于 A"；如果元素 a 不是集合 A 中的元素，记为 $a \notin A$，读作"a 不属于 A"。

例 5-1　（1）全体自然数构成的全体，称为自然数集合，用 **N** 表示。

（2）全体整数构成的全体，称为整数集合，用 **Z** 表示。

（3）全体实数、有理数、复数构成的全体，分别称为实数集合、有理数集合、复数集合，分别用 **R**、**Q**、**C** 表示。

（4）C 语言中的所有标识符构成的集合。

（5）全体英文字母构成的集合。

□

在集合中，元素之间是互不相同的，相同的元素只能出现一次。同一个元素在集合中的出现没有先后顺序，即集合 $\{a,b\}$ 和集合 $\{b,a\}$ 是同一个集合。对元素而言，要么属

[①] 格奥尔格·康托尔（Cantor, Georg Ferdinand Ludwig Philipp, 1845—1918)，德国数学家，在数学领域的主要贡献是集合论和超穷数理论。

[②] 理发师问题：某理发师在理发店门口贴了一张告示——我只为那些不给自己理发的人理发。请问谁给这位理发师理发？

于某个集合，要么不属于该集合，二者必居其一。

一般来说，集合有两种表示方法：列举法和描述法。

列举法。当一个集合中元素的个数有限时，通常将集合中的所有元素列举出来，这种方法称为列举法，又称枚举法。例如：

$$A = \{a, e, i, o, u\}$$
$$B = \{-\sqrt{2}, -1, 0, 1, \sqrt{2}\}$$

等，都是用列举法表示的集合。

描述法。通常通过刻画集合中元素具备的性质来表示集合，这种方法称为描述法。一般地，用谓词 $P(x)$ 表示 x 具备的性质，用 $\{x|P(x)\}$ 表示具有性质 P 的全体元素构成的集合。例如：

R=$\{x \mid x$ 是一个实数$\}$ 表示实数集合；

N=$\{x \mid x$ 是正整数或零$\}$ 表示自然数集合；

$K = \{x \mid x \in \mathbf{R} \wedge a \leqslant x \leqslant b\}$ 表示区间 $[a,b]$ 中的所有实数组成的集合。

例 5-2 用列举法表示下列集合。

（1）不大于 10 的非负偶数组成的集合。

（2）$y = 2x + 1$ 与 y 轴的交点组成的集合。

（3）式子 $\dfrac{|a|}{a} + \dfrac{|b|}{b}(a \neq 0, b \neq 0)$ 的所有值组成的集合。

解：

（1）$\{0, 2, 4, 6, 8, 10\}$。

（2）$\{(0, 1)\}$。

（3）根据 a、b 的正负值，对上述情况进行如下 3 种情况的分析。

① 当 $a > 0$ $b > 0$ 时，$\dfrac{|a|}{a} + \dfrac{|b|}{b} = 2$；

② 当 $a > 0$ $b < 0$ 或 $a < 0$ $b > 0$ 时，$\dfrac{|a|}{a} + \dfrac{|b|}{b} = 0$；

③ 当 $a < 0$ $b < 0$ 时，$\dfrac{|a|}{a} + \dfrac{|b|}{b} = -2$。

因此，上述集合用列举法表示为 $\{2, 0, -2\}$。

例 5-3 用描述法表示下列集合。

（1）正偶数集。

（2）被 3 除余 2 的正整数的集合。

（3）平面直角坐标系上坐标轴上的点组成的集合。

解：

（1）$A = \{a \in \mathbf{Z}^+, a \bmod 2 = 0\}$；

（2）$B = \{b \in \mathbf{Z}^+ \mid b \bmod 3 = 2\}$；

（3）$C = \{(x, y) \mid x, y \in \mathbf{R}, xy = 0\}$。

5.2 集合之间的关系

定义 5-2 设 A、B 是两个集合，如果集合 A 中的每个元素都是集合 B 中的元素，称集合 A 是集合 B 的子集（subset），记作 $A \subseteq B$ 或 $B \supseteq A$，如果 A 不是 B 的子集，记作 $A \nsubseteq B$。形式化表示如下：

$$A \subseteq B \Leftrightarrow (\forall x)(x \in A \rightarrow x \in B)$$
$$A \nsubseteq B \Leftrightarrow (\exists x)(x \in A \land x \notin B)$$

例 5-4 设 $A = \{1,2,3\}$，$B = \{1,2,3,4\}$，$C = \{1,4\}$，则有 $A \subseteq B$，$C \subseteq B$，$A \subseteq A$，$C \nsubseteq A$ 等成立。

□

从定义 5-2 可以看出，对任意集合 A 来讲，$A \subseteq A$ 成立。

定义 5-3 设 A、B 是两个集合，如果 A 是 B 的子集，同时 B 也是 A 的子集，称两集合相等[①]，即

$$A = B \Leftrightarrow A \subseteq B \land B \subseteq A$$

如果集合 A 和 B 不相等，记为 $A \neq B$，即

$$A \neq B \Leftrightarrow A \nsubseteq B \lor B \nsubseteq A$$

如果集合 A 是集合 B 的子集，并且 $A \neq B$，则称集合 A 是集合 B 的真子集（proper subset），记为 $A \subset B$，即

$$A \subset B \Leftrightarrow A \subseteq B \land A \neq B$$

定义 5-4 不含任何元素的集合称为空集（empty set），记为 $\varnothing$。空集可以符号化表示如下。

$$\varnothing = \{x \mid x \neq x\}$$

需要说明的是，空集是客观存在的。例如，集合 $A = \{x \mid x \in \mathbf{R}, x^2 + 1 = 0\}$ 就是空集，因为在实数范围内 $x^2+1=0$ 是不成立的。

定理 5-1 空集是一切集合的子集。

分析：证明空集是任意集合的子集，只能从子集的定义出发。对空集中的任意元素而言，判断它在给定的任意集合中。由于空集中不含任何元素，因此这里需要利用命题逻辑中蕴涵联结词的相关性质，如果前提不成立，蕴涵式一定为真。

证明：

由于空集中不含有任何元素，因此 $x \in \varnothing$ 为假，进而对任意集合 A 而言，必有 $x \in \varnothing \rightarrow x \in A$ 为真，即对任意元素 x，$x \in \varnothing \rightarrow x \in A$ 为永真式。因此，$\varnothing \subseteq A$ 成立。

□

推论 5-1 空集是唯一的。

分析：对于唯一性的判断，通常采用反证法进行。利用反证法的思路是，假设存在两个空集 $\varnothing_1$、$\varnothing_2$，通过证明 $\varnothing_1 = \varnothing_2$ 来证明空集的唯一性。证明两个集合相等可以根据定

[①] 这种描述也称集合的外延性定理，即两个集合相等，当且仅当两个集合中含有的元素相等。

义 5-3，通过证明二者互为子集来证明，而二者互为子集可以利用定义 5-2 来证明。

证明： 略。

定义 5-5 在讨论的范围内，一切元素构成的集合称为全集，用 U 表示。

集合论中的全集与谓词逻辑中的全总个体域不一样，全总个体域是绝对的，包含了宇宙间的一切个体，而集合论中的全集是相对的，是相对唯一的。

定义 5-6 集合 A 中元素的个数称为集合的基数或势（cardinality），记为 $|A|$。如果一个集合的基数是有限的，称该集合为有限集合，反之称其为无限集合。

常见的集合，例如，自然数集合 **N**、整数集合 **Z**、有理数集合 **Q**、实数集合 **R** 等都是无限集合。在这些集合中，自然数集合称为可数集合（enumerable set），因为它的记法与常用的记法一致，其元素可以一个一个地数出来。

定义 5-7 设有 A、B 两个集合，如果存在一一映射：$A \to B$，则称集合 A 和 B 是等势的。凡与自然数集合 **N** 等势的集合，称为可数集合（countable set）或可列集。可列集的基数记为 $\aleph_0$，读作"阿列夫零"。

例 5-5 证明以下集合是可数集合。

（1）$O^+ = \{x \mid x \in \mathbf{N}, x \bmod 2 = 1\}$。

（2）整数集合 **Z**。

（3）素数集合。

（4）有理数集合 **Q**。

分析： 要证明上述集合是可数集合，只需在上述集合与自然数集合之间建立一一映射即可。

证明：

（1）集合 O^+ 是正奇数集合，可以在该集合与自然数之间建立如下的一一映射：

$$\begin{array}{ccccccc} 0 & 1 & 2 & 3 & \cdots & n & \cdots \\ \downarrow & \downarrow & \downarrow & \downarrow & & \downarrow & \\ 1 & 3 & 5 & 7 & \cdots & 2n+1 & \cdots \end{array}$$

可见，集合 O^+ 是可数集合。

（2）在整数集合 **Z** 与自然数集合 **N** 之间可以建立如下的一一映射：

$$\begin{array}{ccccccccccc} 0 & 1 & 2 & 3 & 4 & 5 & 6 & \cdots & 2n-1 & 2n & \cdots \\ \downarrow & \downarrow & \downarrow & \downarrow & \downarrow & \downarrow & \downarrow & & \downarrow & \downarrow & \\ 0 & 1 & 1 & 2 & 2 & 4 & 4 & \cdots & n & n & \cdots \end{array}$$

可见，整数集合 **Z** 也是可数集合。

（3）在素数集合与自然数集合之间可以建立如下的一一映射：

$$\begin{array}{cccccc} 0 & 1 & 2 & 3 & 4 & 5 & \cdots \\ \downarrow & \downarrow & \downarrow & \downarrow & \downarrow & \downarrow & \\ 2 & 3 & 5 & 7 & 11 & 13 & \cdots \end{array}$$

可见，素数集合也是可数集合。

（4）有理数中的任何数字可以表示为分数 p/q 的形式（p,q 是整数且 $q \neq 0$）。因此可以将有理数中的元素以 p/q 的形式排列成一个有序图形，然后从 $0/1$ 开始，沿着一条穿过整个图形的路径把所经过的有理数与自然数配对：

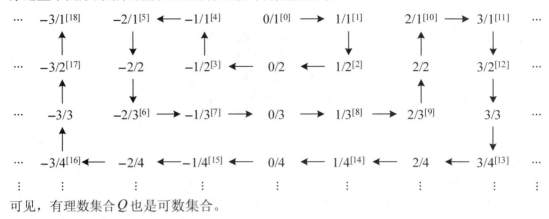

可见，有理数集合 Q 也是可数集合。

5.3 集合的运算

定义 5-8 设 A、B 为两个集合，则

（1）由 A 和 B 的全体元素构成的集合称为 A 和 B 的并集（union），记为 $A \cup B$，即
$$A \cup B = \{x \mid x \in A \vee x \in B\}$$

（2）由 A 和 B 的公共元素构成的集合称为 A 和 B 的交集（intersection），记为 $A \cap B$，即
$$A \cap B = \{x \mid x \in A \wedge x \in B\}$$

（3）由属于集合 A 但不属于集合 B 的元素构成的集合称为 A 和 B 的差集（difference），记为 $A - B$，即
$$A - B = \{x \mid x \in A \wedge x \notin B\}$$

（4）由属于集合 A 但不属于集合 B，或者属于集合 B 而不属于集合 A 的元素构成的集合，称为集合 A 和 B 的对称差（symmetric difference），记为 $A \oplus B$，即
$$A \oplus B = \{x \mid (x \in A \wedge x \notin B) \vee (x \notin A \wedge x \in B)\}$$

（5）设 U 为全集，对任意 $A \subseteq U$，称 $U - A$ 为集合 A 的补集（complement），记为 $\overline{A}$，即
$$\overline{A} = \{x \mid x \in U \wedge x \notin A\}$$

例 5-6 设 $U = \{1,2,3,4,5,6,7,8,9,10\}$，集合 $A = \{1,2,3,4,5\}$，集合 $B = \{2,4,6,8,10\}$，则有

$$A \cup B = \{1,2,3,4,5,6,8,10\}$$
$$A \cap B = \{2,4\}$$
$$A - B = \{1,3,5\}$$
$$A \oplus B = \{1,3,5,6,8,10\}$$
$$\overline{A} = \{6,7,8,9,10\}$$

$$\overline{B} = \{1,3,5,7,9\}$$

例 5-7 满足 $\{1,2\} \bigcup A = \{1,2,3\}$ 的集合 A 的个数有多少？

解：通过并集运算的分析，得知集合 A 中必须包含 3，而对于元素 1 和 2 可以包含，也可以不包含。因此，集合 A 可以是以下 4 种情况：$\{3\},\{1,3\},\{2,3\},\{1,2,3\}$。即满足上述运算的集合 A 的个数为 4 个。

例 5-8 已知 $U = \{1,2,3,4,5,6,7,8\}$，$A = \{2,3,5,6\}$，$B = \{1,3,4,6,7\}$，计算 $A \bigcap (U-B)$ 的值。

解：根据差集运算的定义，有
$$U - B = \{2,5,8\}$$
因此有 $A \bigcap (U-B) = \{2,5\}$。

上述集合之间的运算可以用韦恩①图（Venn diagram）直观地表示，韦恩图是用封闭曲线表示集合及其关系的图形，其构造方式如下：用一个矩形内部的点代表全集 U，用矩形内部的圆或者其他封闭曲线的内部表示 U 的子集，用阴影区域表示集合之间运算结果构造的新的集合。

设集合 A、B 是全集 U 的子集，图 5-1 给出了集合的交集、并集、差集、对称差以及补集的韦恩图。

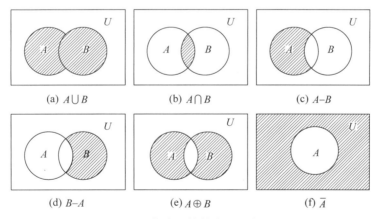

图 5-1 集合运算的韦恩图表示

定义 5-9 设 A 是一个集合，由 A 的所有子集组成的集合称为 A 的幂集（power set），记为 $\rho(A)$ 或 2^A，即
$$\rho(A) = \{B \mid B \subseteq A\}$$

例 5-9 设 $A = \{1,2,3\}$，求该集合的幂集。

---

① 韦恩（Venn，1834—1923），英国数学家，在概率论和逻辑学方面有所贡献，曾澄清了布尔在 1854 年的《思维规律的研究》中一些含混的概念。

解：
按 A 的全部子集从小到大进行分类。
含有 0 个元素的子集，即空集，只有 C_3^0 个：$\varnothing$。
含有 1 个元素的子集，有 C_3^1 个：$\{1\}$、$\{2\}$、$\{3\}$。
含有 2 个元素的子集，有 C_3^2 个：$\{1,2\}$、$\{1,3\}$、$\{2,3\}$。
含有 3 个元素的子集，有 C_3^3 个：$\{1,2,3\}$。
所以，集合 $A=\{1,2,3\}$ 的全部子集总数为
$$C_3^0 + C_3^1 + C_3^2 + C_3^3 = 2^3 = 8$$
集合 A 的幂集为
$$\rho(A) = \{\varnothing, \{1\}, \{2\}, \{3\}, \{1,2\}, \{1,3\}, \{2,3\}, \{1,2,3\}\}$$

定理 5-2 设集合 A 中有 n 个元素，则 $\rho(A)$ 中有 2^n 个元素。
证明：
$$|\rho(A)| = C_n^0 + C_n^1 + \cdots + C_n^n = 2^n$$

由于 $\rho(A)$ 中元素的个数即为集合 A 的子集个数，即集合 A 有 2^n 个不同的子集，读者可以进一步考虑，集合 A 有多少个真子集？有多少个非空子集？又有多少个非空真子集呢？

进一步考虑，如何通过编程求出一个集合的幂集呢？这是程序设计中非常经典的一个问题——遍历解空间。可以发现，含有 3 个元素的集合幂集中有 8 个集合，含有 4 个元素的集合幂集中有 16 个集合，恰好对应深度为 3 和 4 的完全二叉树的叶结点数目。将该问题与数的进制转换思想结合起来，可以得到集合的幂集，即含有 3 个元素的集合幂集中有 8 个元素，可以将元素是否在相应的子集中用 1 和 0 表示，则幂集中的 8 个元素可以用长度为 3 的二进制串来表示，分别表示为 000，001，…，111，对应 0～7 的二进制；而含有 4 个元素的集合幂集中有 16 个元素，可以用长度为 4 的二进制串来表示，分别表示为 0000，0001，…，1111，对应 0～15 的二进制。程序 5-1 如下所示。

程序 5-1 计算集合的幂集

```
#include<stdio.h>
#include<math.h>
#define N 3
int main()
{
    int a[N]={1,2,3};
    int number,temp;
    int i;

    for(number=0;number<(int)pow(2.0,N);number++)
    {
```

```
            temp=number;
            for(i=0;i<N;i++)
            {
                if(temp%2)
                    printf("%d",a[i]);
                temp=temp/2;
            }
            printf("\n");
        }
        return 0;
    }
```

程序运行结果如图 5-2 所示。

图 5-2　程序运行结果

根据集合的运算，可以得到如下有关运算的许多性质。

定理 5-3　设全集为 U，A、B 为 U 的子集，则有如下恒等式成立。

(1) 交换律：$A \cap B = B \cap A$，$A \cup B = B \cup A$。

(2) 结合律：$(A \cap B) \cap C = A \cap (B \cap C)$，$(A \cup B) \cup C = A \cup (B \cup C)$。

(3) 分配律：$A \cup (B \cap C) = (A \cup B) \cap (A \cup C)$，$A \cap (B \cup C) = (A \cap B) \cup (A \cap C)$。

(4) 吸收律：$A \cap (A \cup B) = A$，$A \cup (A \cap B) = A$。

(5) 幂等律：$A \cap A = A$，$A \cup A = A$。

(6) 德摩根律：$\overline{A \cup B} = \overline{A} \cap \overline{B}$，$\overline{A \cap B} = \overline{A} \cup \overline{B}$。

(7) 矛盾律：$A \cap \overline{A} = \varnothing$。

(8) 排中律：$A \cup \overline{A} = U$。

(9) 零律：$A \cup U = U$，$A \cap \varnothing = \varnothing$。

(10) 同一律：$A \cup \varnothing = A$，$A \cap U = A$。

(11) 双重否定律：$\overline{\overline{A}} = A$。

对上述恒等式的证明，可以采用韦恩图来说明，也可以采用两个集合相等的定义进行严格证明。以 $\overline{A \cup B} = \overline{A} \cap \overline{B}$ 为例说明上述恒等式的证明过程。

证明：

为了证明 $\overline{A \cup B} = \overline{A} \cap \overline{B}$，考虑到恒等式两边都是集合，因此根据两个集合相等的定义，需要证明二者互为子集，即 $\overline{A \cup B} \subseteq \overline{A} \cap \overline{B}$ 和 $\overline{A} \cap \overline{B} \subseteq \overline{A \cup B}$，下面分别证明。

(1) 对任意的 $x \in \overline{A \cup B}$，有 $x \notin A \cup B$，因此有 $x \notin A$ 和 $x \notin B$ 都成立，即 $x \in \overline{A}$，$x \in \overline{B}$。

因而有 $x \in \overline{A} \cap \overline{B}$。因此，$\overline{A \cup B} \subseteq \overline{A} \cap \overline{B}$ 成立。

（2）对任意的 $x \in \overline{A} \cap \overline{B}$，有 $x \in \overline{A}$ 和 $x \in \overline{B}$ 都成立，即 $x \notin A$，$x \notin B$。因而有 $x \notin A \cup B$，即 $x \in \overline{A \cup B}$。因此，$\overline{A} \cap \overline{B} \subseteq \overline{A \cup B}$。

□

5.4 序偶与笛卡儿积

定义 5-10 设有两个元素 x、y，二者按照一定的顺序组成的二元组称为序偶（ordered pair），记为 $<x, y>$，其中 x 称为序偶的第一元素，y 称为序偶的第二元素。

例 5-10 平面直角坐标系中点的坐标就是序偶，如 $(1,2)$、$(-1,3)$ 等；<操作码, 地址码>这条单地址指令也是序偶。

在序偶中，元素是有顺序的，即两个序偶 $<x, y>$ 和 $<u, v>$ 相等，当且仅当它们的第一元素和第二元素都相等。

例 5-11 设序偶 $<x+2, y-1> = <2y-1, 2x+3>$，根据序偶相等的条件，可知
$$x + 2 = 2y - 1, \quad y - 1 = 2x + 3$$
解得 $x = -5/3, y = 2/3$。

考虑序偶反映的是两个元素按照一定的顺序构成的二元组，可以在此基础上进行推广，得到 n 元有序组的概念。

定义 5-11 设有 n 个元素 $a_1, a_2, \cdots, a_n$，它们按照一定的顺序组成的 n 元组称为 n 元有序组，记为 $<a_1, a_2, \cdots, a_n>$。

同样，两个 n 元有序组 $<a_1, a_2, \cdots, a_n>$ 和 $<b_1, b_2, \cdots, b_n>$ 相等，当且仅当 $a_i = b_i$，其中 $1 \leq i \leq n$。

定义 5-12 设 A、B 为两任意集合，以集合 A 中的元素为第一元素，集合 B 中的元素为第二元素组成序偶，所有这样的序偶构成的集合，称为 A 与 B 的笛卡儿[①]积（Cartesian product）或叉积，记为 $A \times B$，符号化表示为
$$A \times B = \{<a, b> | a \in A, b \in B\}$$

例 5-12 （1）设集合 $A = \{1, 2, 3\}$，集合 $B = \{a, b\}$，则有
$$A \times B = \{<1, a>, <1, b>, <2, a>, <2, b>, <3, a>, <3, b>\}$$

（2）设 **R** 为实数集合，则 $\mathbf{R} \times \mathbf{R} = \{<a, b> | a, b \in R\}$ 是平面直角坐标系上所有点构成的集合。

可以证明，$|A \times B| = |A| \times |B|$。当 $A = B$ 时，$A \times A$ 可以表示为 A^2。

定理 5-4 （1）笛卡儿积不满足交换律，即，如果 $A \neq B$，则 $A \times B \neq B \times A$。

[①] 勒内·笛卡儿（René Descartes，1596—1650），法国著名的哲学家、物理学家、数学家、神学家，他对现代数学的发展做出重要的贡献，因将几何坐标体系公式化而被认为是解析几何之父。笛卡儿是二元论的代表，留下名言"我思故我在"，提出了"普遍怀疑"的主张，是欧洲近代哲学的奠基人之一，黑格尔称他为"现代哲学之父"。他的哲学思想深深影响了之后的几代欧洲人，开拓了所谓"欧陆理性主义"哲学。笛卡儿自成体系，融唯物主义与唯心主义于一体，在哲学史上产生了深远的影响，同时，他又是一位勇于探索的科学家，所建立的解析几何在数学史上具有划时代的意义。笛卡儿堪称 17 世纪的欧洲哲学界和科学界最有影响的巨匠之一，被誉为"近代科学的始祖"。

（2）笛卡儿积对集合的交运算和并运算满足分配律，即
$$A\times(B\cup C) = (A\times B)\cup(A\times C)$$
$$A\times(B\cap C) = (A\times B)\cap(A\times C)$$
$$(B\cup C)\times A = (B\times A)\cup(C\times A)$$
$$(B\cap C)\times A = (B\times A)\cap(C\times A)$$

该定理中的（1）是显然的，以（2）中的前两个公式为例对分配律进行证明。

分析：要证明笛卡儿积对集合的交运算和并运算满足分配律，关键在于要清楚笛卡儿积的本质是集合，不同的是集合中的元素是序偶。而要证明两个集合相等，只需证明二者互为子集即可。

证明：

（1）证明 $A\times(B\cup C) = (A\times B)\cup(A\times C)$。

对 $A\times(B\cup C)$ 中的任意序偶 $<a,b>$，根据笛卡儿积的定义，有 $a\in A$，$b\in B\cup C$。根据集合并集的定义，知 $b\in B$ 或 $b\in C$。进一步可得 $<a,b>\in A\times B$ 或 $<a,b>\in A\times C$。即 $<a,b>\in (A\times B)\cup(A\times C)$，因此 $A\times(B\cup C)\subseteq (A\times B)\cup(A\times C)$。

对 $(A\times B)\cup(A\times C)$ 中的任意序偶 $<a,b>$，根据集合并集的定义，有 $<a,b>\in A\times B$ 或 $<a,b>\in A\times C$，即 $a\in A, b\in B$ 或 $a\in A, b\in C$。所以 $a\in A$，$b\in B\cup C$。因此有 $<a,b>\in A\times(B\cup C)$。所以有 $(A\times B)\cup(A\times C)\subseteq A\times(B\cup C)$。

根据上述两点，可以得到 $A\times(B\cup C) = (A\times B)\cup(A\times C)$。

（2）证明 $A\times(B\cap C) = (A\times B)\cap(A\times C)$。

对 $A\times(B\cap C)$ 中的任意序偶 $<a,b>$，根据笛卡儿积的定义，可得 $a\in A, b\in B\cap C$。根据集合交集的定义，有 $b\in B$，$b\in C$。因而有 $<a,b>\in A\times B$，$<a,b>\in A\times C$。所以 $<a,b>\in (A\times B)\cap(A\times C)$。因此，$A\times(B\cap C)\subseteq (A\times B)\cap(A\times C)$。

对 $(A\times B)\cap(A\times C)$ 中的任意序偶 $<a,b>$，根据交集的定义，可得 $<a,b>\in A\times B$，$<a,b>\in A\times C$。因此有 $a\in A$，$b\in B$，$b\in C$ 成立，即 $a\in A$，$b\in B\cap C$。所以 $<a,b>\in A\times(B\cap C)$。因此，$(A\times B)\cap(A\times C)\subseteq A\times(B\cap C)$。

□

与序偶到 n 元有序组的扩展类似，可以将笛卡儿积的定义从两个集合推广到 n 个集合。

定义 5-13 设 $A_1,A_2,\cdots,A_n$ 为任意 n 个集合，它们的笛卡儿积为由这些集合中的元素构成的所有 n 元有序组构成的集合，表示为 $A_1\times A_2\times\cdots\times A_n$，形式化表示如下：
$$A_1\times A_2\times\cdots\times A_n = \{<a_1,a_2,\cdots,a_n>|a_1\in A_1,a_2\in A_2,\cdots,a_n\in A_n\}$$

5.5 容斥原理

定义 5-14 容斥，指在计算某类物的数目时，要排斥那些不应包含在这个数目中的数目，但同时要包容那些被错误排斥了的数目作为补偿。这种原理称为容斥原理（the principle of inclusion-exclusion），又称包含排斥原理（include exclusion principle）。

定理 5-5 设 A、B 为任意有限集合，则有
$$|A\cup B| = |A| + |B| - |A\cap B|$$

证明：

由集合的韦恩图可以看出：
$$A \cup B = (A-B) \cup (A \cap B) \cup (B-A)$$
由于 $(A-B) \cap (A \cap B) = \varnothing$，$(A-B) \cap (B-A) = \varnothing$，$(A \cap B) \cap (B-A) = \varnothing$，因此有
$$|A \cup B| = |A-B| + |A \cap B| + |B-A|$$
由于 $(A-B) \cup (A \cap B) = A$，因此有 $|A-B| + |A \cap B| = |A|$，即 $|A-B| = |A| - |A \cap B|$；同理 $|B-A| = |B| - |A \cap B|$，因此有
$$|A \cup B| = |A-B| + |A \cap B| + |B-A|$$
$$= |A| - |A \cap B| + |A \cap B| + |B| - |A \cap B|$$
$$= |A| + |B| - |A \cap B|$$

□

例 5-13 设某班级共有 70 人，其中选修 Java 的同学有 50 人，选修.NET 的同学有 40 人，两门功课都选修的有多少人？

解：

设集合 A 代表选修 Java 的同学集合，集合 B 代表选修.NET 的同学集合，由定理 5-5 可得
$$|A \cup B| = |A| + |B| - |A \cap B|$$
即 $70 = 50 + 40 - |A \cap B|$，可得 $|A \cap B| = 20$。

因此，两门功课都选修的同学有 20 人。

□

有趣的是，定理 5-5 表示的两个集合的容斥原理，又称**计数的减法原则**，描述如下。

减法原则 如果一个任务或者可以通过 n_1 种方法 1 执行，或者可以通过 n_2 种方法 2 执行，那么执行这个任务的方法是 $n_1 + n_2$ 减去两种方法中执行这个任务相同的方法。

利用数学归纳法，可以将定理 5-5 推广到多个集合的情况，例如，对集合 A、B、C，有
$$|A \cup B \cup C| = |A| + |B| + |C| - |A \cap B| - |A \cap C| - |B \cap C| + |A \cap B \cap C|$$
当存在多个集合时，有如下的定理。

定理 5-6 设 $A_1, A_2, \cdots, A_n$ 是任意 n 个集合，则有
$$|A_1 \cup A_2 \cup \cdots \cup A_{n-1}| = |A_1| + |A_2| + \cdots + |A_n| - |A_1 \cap A_2| - \cdots - |A_{n-1} \cap A_n| +$$
$$(-1)^{3-1} \sum \sum \sum |A_i \cap A_j \cap A_k| + \cdots +$$
$$(-1)^{n-1} \sum \cdots \sum |A_1 \cap A_2 \cap \cdots \cap A_n|$$

分析： 对于类似公式一般形式的证明，通常采取数学归纳法证明。

证明：

利用数学归纳法。

当 $k = 2$ 时，公式成立；

假设 $k = n - 1$ 时成立，可得

$$|A_1 \cup A_2 \cup \cdots \cup A_{n-1}| = |A_1| + |A_2| + \cdots + |A_{n-1}| - |A_1 \cap A_2| - \cdots - |A_{n-2} \cap A_{n-1}| +$$
$$(-1)^{3-1} \sum\sum\sum |A_i \cap A_j \cap A_k| + \cdots +$$
$$(-1)^{n-2} \sum\cdots\sum |A_1 \cap A_2 \cap \cdots \cap A_{n-1}|$$

当 $k = n$ 时，有

$$|A_1 \cup A_2 \cup \cdots \cup A_n| = |(A_1 \cup A_2 \cup \cdots \cup A_{n-1}) \cup A_n|$$
$$= |A_1 \cup A_2 \cup \cdots \cup A_{n-1}| + |A_n| - |(A_1 \cup A_2 \cup \cdots \cup A_{n-1}) \cap A_n|$$
$$= |A_1 \cup A_2 \cup \cdots \cup A_{n-1}| + |A_n| - |(A_1 \cap A_n) \cup (A_2 \cap A_n) \cup \cdots \cup (A_{n-1} \cap A_n)|$$
$$= |A_1 \cup A_2 \cup \cdots \cup A_{n-1}| + |A_n| -$$
$$\left[\begin{array}{l} |A_1 \cap A_n| + |A_2 \cap A_n| + \cdots + |A_{n-1} \cap A_n| + (-1)^{2-1} \sum |A_i \cap A_n \cap A_j \cap A_n| + \\ (-1)^{3-1} \sum\sum\sum |A_i \cap A_n \cap A_j \cap A_n \cap A_k \cap A_n| + \cdots + \\ (-1)^{n-2} \sum\cdots\sum |A_1 \cap A_2 \cap \cdots \cap A_{n-1} \cap A_n| \end{array} \right]$$
$$= |A_1 \cup A_2 \cup \cdots \cup A_{n-1}| + |A_n| -$$
$$\left[\begin{array}{l} |A_1 \cap A_n| + |A_2 \cap A_n| + \cdots + |A_{n-1} \cap A_n| + (-1)^{2-1} \sum |A_i \cap A_j \cap A_n| + \\ (-1)^{3-1} \sum\sum\sum |A_i \cap A_j \cap A_k \cap A_n| + \cdots + \\ (-1)^{n-2} \sum\cdots\sum |A_1 \cap A_2 \cap \cdots \cap A_{n-1} \cap A_n| \end{array} \right]$$
$$= |A_1| + |A_2| + \cdots + |A_{n-1}| + (-1)^{2-1} \sum |A_i \cap A_j| + (-1)^{3-1} \sum\sum\sum |A_i \cap A_j \cap A_k| + \cdots +$$
$$(-1)^{n-2} \sum\cdots\sum |A_1 \cap A_2 \cap \cdots \cap A_{n-1}| + |A_n| +$$
$$\left[\begin{array}{l} (-1)^{2-1} \sum_{j=1}^{n-1} |A_j \cap A_n| + (-1)^{3-1} \sum |A_i \cap A_j \cap A_n| + (-1)^{4-1} \sum\sum\sum |A_i \cap A_j \cap A_k \cap A_n| + \cdots + \\ (-1)^{n-1} \sum\cdots\sum |A_1 \cap A_2 \cap \cdots \cap A_{n-1} \cap A_n| \end{array} \right]$$
$$= \sum |A_i| + (-1)^{2-1} \sum |A_i \cap A_j| + (-1)^{3-1} \sum\sum\sum |A_i \cap A_j \cap A_k| + \cdots +$$
$$(-1)^{n-1} \sum\cdots\sum |A_1 \cap A_2 \cap \cdots \cap A_{n-1}|$$

□

例 5-14 求 100 以内的素数个数。

分析：求 100 以内的素数个数，第一感觉这是一道关于程序设计的题目。通过程序设计的思想，可以判断出如果 100 以内的自然数是 2～10 的因子，则它不是一个素数，否则它是一个素数。而在 2～10 的 9 个数中，共有 2、3、5、7 这 4 个素数，其他的数都是这 4 个素数中某数的倍数。因此，判断 100 以内某个数是否为素数，只需判断该数不是 2、3、5、7 的倍数即可，可以借助容斥原理来求解。

解：

设集合 A 表示 100 以内可以被 2 整除的数构成的集合，B、C 和 D 分别表示 100 以内可以被 3、5、7 整除的数构成的集合。则 100 以内的素数集合除了这 4 个数以外，还包括集合 $\overline{A} \cap \overline{B} \cap \overline{C} \cap \overline{D}$ 中的所有数，即 $\overline{A \cup B \cup C \cup D}$，而该集合中元素的个数为

$$|\overline{A \cup B \cup C \cup D}| = |U| - |A \cup B \cup C \cup D|$$

从 2～100 这 99 个数中，被 2 整除的数的个数为 $|A|=\left\lfloor\dfrac{100}{2}\right\rfloor=50$。

被 3 整除的数的个数为 $|B|=\left\lfloor\dfrac{100}{3}\right\rfloor=33$。

被 5 整除的数的个数为 $|C|=\left\lfloor\dfrac{100}{5}\right\rfloor=20$。

被 7 整除的数的个数为 $|D|=\left\lfloor\dfrac{100}{7}\right\rfloor=14$。

同时被 2、3 整除的数的个数为 $|A\cap B|=\left\lfloor\dfrac{100}{2\times 3}\right\rfloor=16$。

同时被 2、5 整除的数的个数为 $|A\cap C|=\left\lfloor\dfrac{100}{2\times 5}\right\rfloor=10$。

同时被 2、7 整除的数的个数为 $|A\cap D|=\left\lfloor\dfrac{100}{2\times 7}\right\rfloor=7$。

同时被 3、5 整除的数的个数为 $|B\cap C|=\left\lfloor\dfrac{100}{3\times 5}\right\rfloor=6$。

同时被 3、7 整除的数的个数为 $|B\cap D|=\left\lfloor\dfrac{100}{3\times 7}\right\rfloor=4$。

同时被 5、7 整除的数的个数为 $|C\cap D|=\left\lfloor\dfrac{100}{5\times 7}\right\rfloor=2$。

同时被 2、3、5 整除的数的个数为 $|A\cap B\cap C|=\left\lfloor\dfrac{100}{2\times 3\times 5}\right\rfloor=3$。

同时被 2、3、7 整除的数的个数为 $|A\cap B\cap D|=\left\lfloor\dfrac{100}{2\times 3\times 7}\right\rfloor=2$。

同时被 2、5、7 整除的数的个数为 $|A\cap C\cap D|=\left\lfloor\dfrac{100}{2\times 5\times 7}\right\rfloor=1$。

同时被 3、5、7 整除的数的个数为 $|B\cap C\cap D|=\left\lfloor\dfrac{100}{3\times 5\times 7}\right\rfloor=0$。

同时被 2、3、5、7 整除的数的个数为 $|A\cap B\cap C\cap D|=\left\lfloor\dfrac{100}{2\times 3\times 5\times 7}\right\rfloor=0$。

因此有
$$|A\cup B\cup C\cup D|$$
$$=|A|+|B|+|C|+|D|-$$
$$|A\cap B|-|A\cap C|-|A\cap D|-|B\cap C|-|B\cap D|-|C\cap D|+$$
$$|A\cap B\cap C|+|A\cap B\cap D|+|A\cap C\cap D|+|B\cap C\cap D|-|A\cap B\cap C\cap D|$$
$$=50+33+20+14-16-10-7-6-4-2+3+2+1$$
$$=78$$

即不能被 2、3、5、7 整除的数的个数为

$$|\overline{A\cup B\cup C\cup D}|=|U|-|A\cup B\cup C\cup D|=99-78=21$$

即 100 以内的素数有 25 个。

基于上述原理，可以写出更为简单的程序，以求 100 以内的所有素数。程序 5-2 如下所示。

程序 5-2　求 100 以内的所有素数

```c
#include<stdio.h>
#include<math.h>
int main()
{
    int number;
    printf("%d %d %d %d",2,3,5,7);
    for(number=2;number<=100;number++)
    {
        if(number%2 && number %3 && number%5 && number%7)
            printf(" %d ", number);
    }
    return 0;
}
```

将上述思想进行推广，如果要求 1000 以内的所有素数，又该如何处理？请读者考虑。

阅读材料

自然数集合的定义

众所周知，数学是整个自然科学体系的基础，人们对自然界的认识结论一般要通过数学演算或数学证明来保证其正确性。从理论上说，数学既然能够作为一种可以鉴别结论真伪的基本工具，那么其自身就不应该有任何错误和矛盾。但实际情况并没有这么简单，希帕索斯悖论、贝克莱悖论、理发师悖论等，使数学理论的正确性面临一次又一次的严峻挑战。为拯救数学于危机之中，捍卫数学理论的正确性，无数杰出科学家做了大量的研究工作。终于在 19 世纪初，奥古斯丁·路易·柯西（Augustin Louis Cauchy，1789—1857）、卡尔·魏尔斯特拉斯（Karl Theodor Wilhelm Weierstraß，1815—1897）等数学家通过创立极限理论，解决了希帕索斯悖论、贝克莱悖论，为实数理论和微积分的正确性奠定了坚实的基础。

但是，极限理论在逻辑上还有需要完善的地方。因为极限理论由自然数定义，要保证极限理论的正确性，首先需要保证自然数概念及相关理论的正确性。虽然自然数是熟知且常用的一个基本概念，但对自然数的理论还是依靠经验。为保证极限理论的正确性，必须对自然数进行正式的数学定义。这项工作是由冯·诺依曼（John von Neumann，

1903—1957)用集合的方式定义,并取得了成功。由此,对整个数学理论体系正确性和无矛盾性的论证就转化为对集合论的正确性和无矛盾性的论证,集合论成为整个数学大厦的根基。尽管伯特兰·罗素(Bertrand Arthur William Russell,1872—1970)提出的理发师问题指出了极限的局限性,曾一度动摇了这个根基,但是有惊无险,恩斯特·策梅洛(Ernst Friedrich Ferdinand Zermelo,1871—1953)提出的公理化集合论有效解决了理发师悖论问题,不仅稳定了数学根基,而且进一步确定了集合论在数学大厦中的基础地位。因此,集合论被誉为19世纪最伟大的数学成就,它的创始人康托尔被誉为整个19世纪最伟大的数学家。

基于定义5-7,我们知道,两个集合等势,当且仅当在两个集合之间可以建立一个一一映射。然而,对于无限集的势进行度量,还需要确定一个基本的规模度量单位作为度量标准或基准。对任意一个无限集合A,可以从中取出第一元素x_1,从剩下的元素中可以取出第二元素x_2,这个过程可以持续下去,从而得到A的一个子集$\{x_1, x_2, \cdots\}$。因此,任意的无限集合,都可以生成一个子集与自然数集等势,因此可以将自然数集合作为无限集规模度量的一个基准。要解决无限集的度量问题,首先必须了解自然数和自然数集合的定义。

自然数集合可以看成对有限集合中所含元素个数进行度量和比较的一种工具。如果将所含元素个数彼此相等的有限集合抽象成一个抽象集合,那么这些抽象集合就可以按照其规模的大小排成一个有序序列。因此,自然数集合可以看成这些抽象集合及其有序序列的一种数学符号。

1891年,著名数学家朱塞佩·皮亚诺(Giuseppe Peano,1858—1932)以0和后续数这两个概念加5条公理表述了自然数的上述本质特征,创立了自然数的皮亚诺公理系统,为自然数的抽象集合定义及相关的算术运算系统提供了一个标准。皮亚诺公理的具体内容如下。

公理5-1 至少存在一个个体是自然数,它被记为0。

公理5-2 如果n是自然数,则n必定含有一个直接后继,记为n^+。

公理5-3 0不是任何自然数的直接后继。

公理5-4 如果自然数m, n的直接后继m^+, n^+相同,那么$m = n$。

公理5-5 不满足上述条件的个体均为非自然数。

可以证明,自然数的运算性质都可以从上述5条公理出发推演获得。根据上述5条公理,可以构建一套比较完备的自然数算术运算系统。定义自然数其实就是要找出一系列具体个体,让它们满足这5条公理,其中关键要点是给出0和后继数的定义。

1923年,冯·诺依曼用集合定义了0和后续数的概念,并由此通过归纳的方式实现自然数和自然数集合的完美定义。

定义5-15 对于任意一个集合A,称集合$A^+ = A \cup \{A\}$为A的直接后继。

例5-15 给定如下集合,计算其直接后继。

(1) $\varnothing$;(2) $\{\varnothing\}$;(3) $\{\varnothing, \{\varnothing\}\}$。

解：

$$\varnothing^+ = \varnothing \cup \{\varnothing\} = \{\varnothing\}$$
$$\{\varnothing\}^+ = \{\varnothing\} \cup \{\{\varnothing\}\} = \{\varnothing, \{\varnothing\}\}$$
$$\{\varnothing, \{\varnothing\}\}^+ = \{\varnothing, \{\varnothing\}\} \cup \{\{\varnothing, \{\varnothing\}\}\} = \{\varnothing, \{\varnothing\}, \{\varnothing, \{\varnothing\}\}\}$$

□

定义 5-16　对于任意给定的集合 N，如果它满足以下两个条件，则称其为**自然数集合**：

（1）$\varnothing \in N$，并将 $\varnothing$ 定义为自然数 0；

（2）对于任意一个集合 A，如果有 $A \in N$，则有 $A^+ = A \cup \{A\} \in N$。

根据上述定义，可以得到如下的自然数集合：

$$\varnothing,\ \{\varnothing\},\ \{\varnothing, \{\varnothing\}\},\ \{\varnothing, \{\varnothing\}, \{\varnothing, \{\varnothing\}\}\},\ \cdots$$

根据等势的定义，$\{\varnothing\}$ 与所有含 1 个元素的集合等势，可以看成这些集合的代表，令其为自然数 1；同理，$\{\varnothing, \{\varnothing\}\}$ 与所有含 2 个元素的集合等势，可以看成这些集合的代表，令其为自然数 2；$\{\varnothing, \{\varnothing\}, \{\varnothing, \{\varnothing\}\}\}$ 与所有含 3 个元素的集合等势，令其为自然数 3；如此下去，便可得到所有的自然数：0，1，2，3…。显然，可以建立如下的递推关系：

$$0 = \varnothing,\quad 1 = \{0\},\quad 2 = \{0, 1\},\quad 3 = \{0, 1, 2\},\ \cdots$$

一般地，有

$$n = \{0, 1, 2, \cdots, n-1\}$$

下面证明上述自然数集合定义满足皮亚诺公理系统的 5 条公理。

定理 5-7　定义 5-16 中关于自然数集合的定义满足皮亚诺提出的 5 条公理。

证明：

只需证明上述定义满足公理 5-1~公理 5-4 即可。

显然，定义 5-16 中的定义满足公理 5-1，因为 $\varnothing$ 作为一个自然数 0 在 N 中。

对于公理 5-2 的证明，设 n 为一个自然数，首先 n 有后继 $n^+ = n \cup \{n\}$，其次可证 n^+ 是唯一的，因为 $n^+ = n \cup \{n\} = \{0, 1, 2, \cdots, n\}$ 是唯一确定的集合。

对于公理 5-3 的证明，采用反证法。假设 $\varnothing$ 是某个自然数 n 的后继，从而有 $\varnothing = n \cup \{n\}$，但这是不可能的，因为上式等号右边的集合中至少有元素 n。因此 $\varnothing$ 不会是任何自然数的后继。

对于公理 5-4 的证明，同样采用反证法。即有自然数 m, n，有 $m^+ = n^+$，但 $m \neq n$。

由于 $m^+ = n^+$，即 $m \cup \{m\} = n \cup \{n\}$。因为 $m \neq n$，因此总有 $x \in m$ 且 $x \notin n$，或者 $x \notin m$ 且 $x \in n$。不妨设 $x \in m$ 但 $x \notin n$，则有 $x \in m \cup \{m\} = n \cup \{n\}$，进而有 $x \in n \cup \{n\}$。由于 $x \notin n$，因而有 $x \in \{n\}$，即 $x = n$。这样便有 $n \in m$。由于 $n \in m$ 可知 $m \neq n$ 且 $m \notin n$。这与 $m \cup \{m\} = n \cup \{n\}$ 相矛盾，因此有 $m = n$，公理 5-4 得证。

□

习题 5

1. 用枚举法表现下列集合。
（1） $A = \{a \in N, a \mid 12\}$。
（2） 20 以内的素数构成的集合。
（3） $B = \{x \in Z \mid x^2 - 3x + 2 = 0\}$。
（4） $C = \{<a,b> \mid a,b \in N, a+b = 5\}$。

2. 判断下列各式的正确性。
（1） $\varnothing \in \{\varnothing, \{\varnothing\}\}$。
（2） $\varnothing \subseteq \{\varnothing, \{\varnothing\}\}$。
（3） $\{\varnothing\} \in \{\varnothing, \{\varnothing\}\}$。
（4） $\{\varnothing\} \subseteq \{\varnothing, \{\varnothing\}\}$。

3. 已知 $U = \{1,2,3,4,5,6\}$，$A = \{1,4\}$，$B = \{1,2,6\}$，$C = \{3,4,5\}$，求：
（1） $A \cap \overline{B}$；　（2） $(A \cap B) \cup \overline{C}$；　（3） $\overline{A} \cup \overline{B}$；
（4） $\overline{A \cap B}$；　（5） $(A \cup B) - C$；　（6） $\rho(B) - \rho(A)$。

4. 证明下列各式。
（1） $A - B = \overline{B} - \overline{A}$。
（2） $A - (B - C) = (A - B) \cup (A \cap C)$。
（3） $A - (B \cup C) = (A - B) \cap (A - C)$。

5. 求下列集合的幂集。
（1） $A = \{a,b,c\}$。
（2） $B = \{a, \{a\}\}$。
（3） $\rho(\{a\})$。
（4） $C = \{<a,b>, <b,c>\}$。

6. 画出下列集合的韦恩图。
（1） $\overline{A} \cap \overline{B}$。
（2） $A - (B \cup \overline{C})$。

7. 已知 $A = \{a,b,c\}$，计算 $A \times \rho(A)$。

8. 已知 A、B 为任意集合，证明：
（1） $\rho(A) \cap \rho(B) = \rho(A \cap B)$。
（2） $\rho(A) \cup \rho(B) \subseteq \rho(A \cup B)$。

9. 某班有 25 名学生，其中 14 人会打篮球，12 人会打排球，6 人会打排球和篮球，5 人会打篮球和网球，还有 2 人会打这 3 种球。已知会打网球的 6 人都会打篮球或排球。求不会打球的同学人数。

10. 计算 1000 以内素数的个数，并编程实现。

11. 计算 1000 以内不能被 3、4、5 整除的数的个数。
12. 如果不超过 $\sqrt{N}$ 的素数有 r 个，表示如下：
$$2 = p_1 < p_2 < p_3 < \cdots < p_r \leqslant \sqrt{N}$$
利用容斥原理证明不超过 N 的素数个数为

$$\pi(N) = r - 1 + N - \sum_{i=1}^{r} \left\lfloor \frac{N}{p_i} \right\rfloor + \sum_{1 \leqslant i \leqslant j \leqslant r} \left\lfloor \frac{N}{p_i p_j} \right\rfloor - \sum_{1 \leqslant i \leqslant j \leqslant k \leqslant r} \left\lfloor \frac{N}{p_i p_j p_k} \right\rfloor + \cdots + (-1)^r \left\lfloor \frac{N}{p_1 p_2 \cdots p_r} \right\rfloor$$

第6章 关 系

本章导引

在进行管理信息系统（management information system，MIS）开发时，数据库的设计是其中一个重要的环节，其主要目的在于有效地组织和存储数据，在数据库系统中减少数据存储冗余、实现数据共享、保障数据安全，以及高效检索数据和处理数据，提高数据处理与信息管理的效率。

在数据库的发展史中，先后经历了层次数据库、网状数据库及关系数据库。在层次数据库和网状数据库中，实体之间的关系主要通过指针来实现，而关系数据库则是建立在"关系"的基础上，它把数学的逻辑结构归结为满足一定条件的二维表的形式。实体本身的信息以及实体之间的联系均表现为二维表，这种表就称为关系。若干关系组成的集合称为关系模型。由于关系模型可以用关系代数描述，因而关系数据库可以用严格的数学理论来描述数据库的组织和操作，且具有简单、灵活、独立性强的特点。本章将对关系进行全面介绍，为后续课程的学习奠定必要的基础。

6.1 关系的定义

第 5 章介绍了由元素构造的序偶以及两个集合的笛卡儿积，本章将在序偶和 n 元有序组的基础上，进一步定义关系。首先看下面的例子。

例 6-1 设某班的同学可以用下面的集合来表示：$A_1=\{张龙,谢光,王晨\}$，$A_2=\{男,女\}$，$A_3=\{烟台,菏泽\}$，该班同学的具体信息如表 6-1 所示。

表 6-1 某班同学的信息表

姓　名	性　别	籍　贯
张　龙	男	烟台
谢　光	男	菏泽
王　晨	女	菏泽

根据笛卡儿积运算的相关知识，上述信息表中的同学信息可以用 $A_1 \times A_2 \times A_3$ 的一个子集来表示。

在实际生活中，包含在笛卡儿积中的某些序偶或 n 元有序组代表的某些个体往往在实际生活中没有意义，如例 6-1 中的<王晨,男,烟台>，我们研究更多的是集合笛卡儿积的一个子集，这就是关系的由来。

定义 6-1 设 A 和 B 为非空集合，将笛卡儿积 $A \times B$ 的任意一个子集称为集合 A 到集合 B 的二元关系（binary relation），通常用大写字母 R 表示。如果 $A=B$，则称 R 为集合 A 上的关系。

从上述定义可知，关系 R 的本质是 $A \times B$ 的子集，即 $R \subseteq A \times B$。如果序偶 $<x, y> \in R$，称元素 x 和元素 y 具有关系 R，此时又可以表示为 xRy。如果 $<x, y> \notin R$，称二者不具备这种关系。

例 6-2 设集合 $A=\{1,2\}$，计算集合 A 上的小于或等于关系"$\leqslant$"。

解：

根据关系"$\leqslant$"的定义，可以假设"$\leqslant$"是由序偶 $<x, y>$ 构成的集合，其中二者满足 $x \leqslant y$。

首先计算集合 A 与 A 的笛卡儿积，如下：
$$A \times A = \{<1,1>, <1,2>, <2,1>, <2,2>\}$$

接下来在笛卡儿积 $A \times A$ 中判断哪个序偶 $<x, y>$ 满足 $x \leqslant y$，得到关系"$\leqslant$"，如下：
$$\leqslant \, = \{<1,1>, <1,2>, <2,2>\}$$

关系在计算机科学中的应用非常广泛，关系数据库就是关系的典型应用，来看下面的例子。

例 6-3 设集合 A 代表软件工程专业 2011 级的所有学生，集合 B 代表 2012—2013 学年第 1 学期的选修课程，如果用序偶 $<s, c>$ 表示学生的选课情况，则所有学生的选课情况用集合 R 表示。显然有 $R \subseteq A \times B$，即 R 是学生集合 A 到课程集合 B 的关系。

定义 6-2 在关系 $R \subseteq A \times B$ 中，集合 A 称为关系的前域，集合 B 称为关系的后域。关系的定义域（domain）和值域（range）分别用 C 和 D 表示，定义为
$$C = \{x \mid x \in A, \exists y \in B, <x, y> \in R\}$$
$$D = \{y \mid y \in B, \exists x \in A, <x, y> \in R\}$$

关系 R 的定义域和值域有时也用 $\mathrm{dom}\, R$ 和 $\mathrm{ran}\, R$ 表示，称 $\mathrm{fld}\, R = \mathrm{dom}\, R \cup \mathrm{ran}\, R$ 为关系的域（field）。

设 $|A|=m$，$|B|=n$，根据笛卡儿积的定义，可知 $|A \times B|=mn$。因此对 $A \times B$ 的每一个子集来讲，都对应一个关系。由于集合 $A \times B$ 有 2^{mn} 个不同的子集，因此从集合 A 到集合 B 可以定义 2^{mn} 个不同的关系。在这些关系中，有两个特殊关系：空关系 $\varnothing$ 与全关系 $A \times B$。如果 $A=B$，可以定义集合 A 上的恒等关系，如下：
$$I_A = \{<a, a> \mid a \in A\}$$

例 6-4 设集合 $A=\{2,3,4\}$，试计算该集合上的整除关系。

解：

根据整除关系的定义，得知 $<x, y> \in R$，当且仅当 $x \mid y$。因此可得到该集合上的整除关系，如下所示。
$$R = \{<2,2>, <3,3>, <4,4>, <2,4>\}$$

根据二元关系的定义，容易将其推广到 n 元关系。可以想象，n 元关系中的元素是 n

元有序组。

6.2 关系的表示

从本质上讲，关系就是集合。因此集合的传统表示法均可以用来表示关系。如例 6-4 中，整除关系还可以用描述法表示，如下：

$$R = \{<x, y> | x, y \in A, x | y\}$$

除了这两种表示方式外，关系还有两种表示方法：关系矩阵（relation matrix）和关系图（relation graph），定义如下。

定义 6-3 设集合 $A = \{a_1, a_2, \cdots, a_m\}$，集合 $B = \{b_1, b_2, \cdots, b_n\}$，集合 A 到集合 B 的关系 R 可以用矩阵 $M_R = (r_{ij})_{m \times n}$ 来表示，其中

$$r_{ij} = \begin{cases} 1 & <a_i, b_j> \in R \\ 0 & <a_i, b_j> \notin R \end{cases} \quad (i = 1, 2, \cdots, m; j = 1, 2, \cdots, n)$$

例 6-5 设集合 $A = \{1,2,3\}$，集合 $B = \{2,3,4\}$，则集合 A 到集合 B 上的大于或等于关系 R 和小于或等于关系 S 可以表示为

$R = \{<2,2>, <3,2>, <3,3>\}$

$S = \{<1,2>, <1,3>, <1,4>, <2,2>, <2,3>, <2,4>, <3,3>, <3,4>\}$

运用关系矩阵表示，如下所示。

$$M_R = \begin{pmatrix} 0 & 0 & 0 \\ 1 & 0 & 0 \\ 1 & 1 & 0 \end{pmatrix}, \quad M_S = \begin{pmatrix} 1 & 1 & 1 \\ 1 & 1 & 1 \\ 0 & 1 & 1 \end{pmatrix}$$

定义 6-4 设集合 $A = \{a_1, a_2, \cdots, a_m\}$，集合 $B = \{b_1, b_2, \cdots, b_n\}$，集合 A 到集合 B 的关系 R 可以用关系图表示：将集合 A 到集合 B 中的每一个元素 a_i 和 b_j 分别用小圆圈表示，如果 $<a_i, b_j> \in R$，则从表示 a_i 的小圆圈向表示 b_j 的小圆圈画一条有向弧。

当集合 $A = B$ 时，可以只用一组小圆圈表示集合中的元素即可。

例 6-6 试用关系图表示例 6-5 中的关系。

解：

根据关系图的定义，可以构造关系 R 和关系 S 的关系图，如图 6-1 所示。

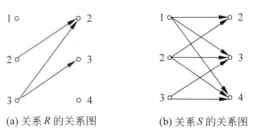

(a) 关系 R 的关系图 (b) 关系 S 的关系图

图 6-1 关系的关系图表示

在用关系图表示关系时，有一点需要特别注意：集合 A 和集合 B 中的所有元素均要用小圆圈表示出来，无论它是否在关系中的序偶中出现。这一点在关系性质的判断上非常重要。

6.3 关系的运算

6.3.1 关系的集合运算

关系的本质是由序偶构成的集合，因此，集合上的交集、并集、差集和补集等运算同样适合关系，定义如下。

定义 6-5 设 R 和 S 是集合 A 到集合 B 的关系，则

$$R \cup S = \{<x,y> | <x,y> \in R \vee <x,y> \in S\}$$
$$R \cap S = \{<x,y> | <x,y> \in R \wedge <x,y> \in S\}$$
$$R - S = \{<x,y> | <x,y> \in R \wedge <x,y> \notin S\}$$
$$\overline{R} = \{<x,y> | <x,y> \in A \times B \wedge <x,y> \notin R\}$$

例 6-7 设集合 $A = \{1,2,3\}$，$B = \{a,b,c\}$，R 和 S 是集合 A 到集合 B 的关系，定义如下：

$$R = \{<1,a>,<2,a>,<3,c>\}$$
$$S = \{<1,b>,<2,a>,<3,b>\}$$

则有

$$R \cap S = \{<2,a>\}$$
$$R \cup S = \{<1,a>,<2,a>,<3,c>,<1,b>,<3,b>\}$$
$$R - S = \{<1,a>,<3,c>\}$$
$$\overline{R} = \{<1,b>,<1,c>,<2,b>,<2,c>,<3,a>,<3,b>\}$$

□

由于关系是一种特殊的集合，因此除了上述的交、并、差、补运算外，关系还有如下几种运算。

6.3.2 关系的复合运算

定义 6-6 设 R 是集合 A 到集合 B 的关系，S 是集合 B 到集合 C 的关系，则 R 和 S 的复合关系 $R \circ S$ 是集合 A 到集合 C 的关系，定义为

$$R \circ S = \{<a,c> | \exists b \in B, <a,b> \in R, <b,c> \in S\}$$

需要注意的是，如果关系 R 和 S 中有一个是空关系，复合的结果仍然是空关系，即

$$R \circ \varnothing = \varnothing \circ R = \varnothing$$

例 6-8 设 R 和 S 均为集合 $A = \{1,2,3\}$ 上的关系，其中，

$$R = \{<1,2>,<1,3>,<2,3>,<3,3>\}$$
$$S = \{<1,3>,<2,1>,<2,2>,<3,3>\}$$

则有
$$R \circ R = \{<1,3>,<2,3>,<3,3>\}$$
$$R \circ S = \{<1,1>,<1,2>,<1,3>,<2,3>,<3,3>\}$$
$$S \circ R = \{<1,3>,<2,2>,<2,3>,<3,3>\}$$
$$S \circ S = \{<1,3>,<2,3>,<2,2>,<3,3>\}$$

□

在日常生活中，关系的复合运算也很常见，例如，父子关系和父子关系复合得到的是爷孙关系，兄妹关系和母子关系进行复合，得到的是舅甥关系……

如果关系 R 是集合 A 到集合 B 的关系，S 是集合 B 到集合 C 的关系，如何计算二者的复合关系 $R \circ S$ 呢？可以根据复合关系的定义计算，也可以从关系的表示方式出发，给出基于关系图和关系矩阵的关系复合运算，具体如下。

（1）**基于关系图的关系复合运算**。元素 $a \in A$ 和元素 $c \in C$ 组成的序偶 $<a,c>$ 在复合关系 $R \circ S$ 中，当且仅当从元素 a 出发，沿着关系图中的有向弧，可以到达元素 c。

（2）**基于关系矩阵的关系复合运算**。元素 $a \in A$ 和元素 $c \in C$ 组成的序偶在复合关系 $R \circ S$ 中，当且仅当至少存在一个元素 $b \in B$，使 $r_{ab}=1$，并且 $r_{bc}=1$。由于元素 b 可以是集合 B 中的任何一个元素，因此上述表述方式可以用布尔运算的方式来刻画，如下所示。

$$r_{ac} = \vee_b (r_{ab} \wedge r_{bc})$$

其中，"∨"和"∧"分别表示布尔或和布尔与运算。而上述运算得到的复合关系的矩阵恰好是两个关系复合矩阵的布尔乘积，即

$$M_{R \circ S} = M_R \odot M_S$$

例 6-9 试用关系图和关系矩阵法计算例 6-8 中两个关系的复合关系 $R \circ S$。

分析：由于两个关系均是集合 A 上的关系，为了利用关系图计算二者的复合关系，可以假设两个关系是集合 A 到集合 A 的关系。

解：
（1）利用关系图计算。首先画出关系 R 和 S 的关系图，如图 6-2 所示。

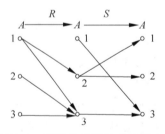

图 6-2 基于关系图的关系复合

从图 6-2 可以看出，1 到 1、1 到 2、1 到 3、2 到 3、3 到 3 均有路径，因此有
$$R \circ S = \{<1,1>,<1,2>,<1,3>,<2,3>,<3,3>\}$$

（2）利用关系矩阵计算。首先计算两个关系的关系矩阵，如下：

$$M_R = \begin{pmatrix} 0 & 1 & 1 \\ 0 & 0 & 1 \\ 0 & 0 & 1 \end{pmatrix}, \quad M_S = \begin{pmatrix} 0 & 0 & 1 \\ 1 & 1 & 0 \\ 0 & 0 & 1 \end{pmatrix}$$

因此有

$$M_{R \circ S} = M_R \cdot M_S$$

$$= \begin{pmatrix} 0 & 1 & 1 \\ 0 & 0 & 1 \\ 0 & 0 & 1 \end{pmatrix} \odot \begin{pmatrix} 0 & 0 & 1 \\ 1 & 1 & 0 \\ 0 & 0 & 1 \end{pmatrix}$$

$$= \begin{pmatrix} 1 & 1 & 1 \\ 0 & 0 & 1 \\ 0 & 0 & 1 \end{pmatrix}$$

从复合关系的关系矩阵可以得到

$$R \circ S = \{<1,1>, <1,2>, <1,3>, <2,3>, <3,3>\}$$

□

由于矩阵在程序设计语言中可以用二维数组表示，因此，可以基于矩阵运算编程实现关系的复合运算如程序 6-1 所示。

程序 6-1　关系的复合运算

```c
#include "stdio.h"
#define M 3        //集合A的势
#define N 3        //集合B的势
#define P 3        //集合C的势

int main()
{
    int i,j,k;
    int R[M][N]={0}, S[N][P]={0}, result[M][P]={0};
    
    printf("请输入第一个关系，第一个数代表A中的某一个元素，第二个数代表B中的某一个元素，输入负数结束\n");
    scanf("%d %d",&i,&j);
    while(i>=0 && j>=0)
    {
        R[i-1][j-1]=1;
        scanf("%d %d",&i,&j);
    }
    
    printf("请输入第二个关系，第一个数代表B中的某一个元素，第二个数代表C中的某一
```

```
个元素，输入负数结束\n");
    scanf("%d %d",&i,&j);
    while(i>=0 && j>=0)
    {
        S[i-1][j-1]=1;
        scanf("%d %d",&i,&j);
    }
    for(i=0;i<M;i++)
    {
        for(j=0;j<P;j++)
        {
            for(k=0;k<N;k++)
                result[i][j]+=R[i][k]*S[k][j];
        }
    }

    for(i=0;i<M;i++)
        for(j=0;j<P;j++)
            result[i][j]=(result[i][j]>0)?1:0;

    printf("复合关系的关系矩阵为\n");

    for(i=0;i<M;i++){
        for(j=0;j<P;j++)
            printf("%2d",result[i][j]);
        printf("\n");
    }
    return 0;
}
```

程序清单 6-1 的运行结果如图 6-3 所示。

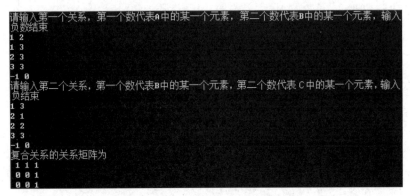

图 6-3　程序清单 6-1 的运行结果

在两个关系复合的基础上，可以定义多个关系的复合，如 $(R \circ S) \circ T$、$R \circ (S \circ T)$ 等，可以证明，关系的复合满足结合律，如下。

定理 6-1 设 R、S、T 是集合 A 上的关系，则有
$$(R \circ S) \circ T = R \circ (S \circ T)$$

分析：关系的复合得到的还是关系，而关系本质上是序偶的集合。因此本定理本质上是要证明两个集合相等，可以利用本章前几部分介绍的内容，证明二者互为子集即可。在本定理中要证明多个关系的复合满足结合律，只需利用复合关系的定义，将关系中的元素重新复合一下即可。

证明：

对任意的序偶 $<a,d> \in (R \circ S) \circ T$，根据复合关系的定义，得知存在元素 $c \in A$，使 $<a,c> \in R \circ S$，$<c,d> \in T$。进一步根据 $R \circ S$ 的定义，得知存在元素 $b \subseteq A$，使 $<a,b> \in R$，$<b,c> \in S$。

因此有 $<b,d> \in S \circ T$，$<a,d> \in R \circ (S \circ T)$，即 $(R \circ S) \circ T \subseteq R \circ (S \circ T)$ 成立。

同理，$R \circ (S \circ T) \subseteq (R \circ S) \circ T$。

因此，$(R \circ S) \circ T = R \circ (S \circ T)$。

$\square$

该定理说明了关系的复合运算满足结合律，由于关系的复合运算可以用矩阵的乘法来实现，因此该定理也从另一个角度说明了矩阵的乘法满足结合律。利用这一点，可以简化多个矩阵的乘法运算，具体请参考本章阅读材料。

进一步考虑，由于关系本质上是集合，将关系的复合运算和集合的交集、并集结合起来，有如下定理。

定理 6-2 设 R、S、T 是集合 A 上的关系，则有

（1）$R \circ (S \cup T) = (R \circ S) \cup (R \circ T)$。
（2）$R \circ (S \cap T) \subseteq (R \circ S) \cap (R \circ T)$。
（3）$(R \cup S) \circ T = (R \circ T) \cup (S \circ T)$。
（4）$(R \cap S) \circ T \subseteq (R \circ T) \cap (S \circ T)$。

以（1）和（2）为例加以证明，（3）和（4）请读者自行证明。

分析：关系从本质上是由序偶构成的集合，而关系复合的结果仍然是一个集合。因此要证明关系的复合运算与关系的交、并运算之间的性质，本质上是证明两个集合相等。而要证明两个集合相等，只需证明二者互为子集。

证明：

（1）对任意序偶 $<a,c> \in R \circ (S \cup T)$，根据复合关系的定义，可知存在元素 $b \in A$，使
$$<a,b> \in R, <b,c> \in S \cup T$$
根据集合并集的定义，知 $<b,c> \in S$ 或者 $<b,c> \in T$。因此有
$$<a,b> \in R, <b,c> \in S \text{ 或 } <a,b> \in R, <b,c> \in T$$
根据复合关系的定义，有
$$<a,c> \in R \circ S \text{ 或 } <a,c> \in R \circ T$$
即 $<a,c> \in (R \circ S) \cup (R \circ T)$，因此有 $R \circ (S \cup T) \subseteq (R \circ S) \cup (R \circ T)$。

反之，对任意序偶 $<a,c>\in(R\circ S)\cup(R\circ T)$，根据并集的定义，有
$$<a,c>\in R\circ S \text{ 或 } <a,c>\in R\circ T$$
根据复合关系的定义，存在元素 $b_1,b_2\in A$，使
$$<a,b_1>\in R, <b_1,c>\in S \text{ 或 } <a,b_2>\in R, <b_2,c>\in T$$
因此有 $<a,b_1>\in R, <b_1,c>\in S\cup T$ 或 $<a,b_2>\in R, <b_2,c>\in S\cup T$。根据复合关系的定义，可得
$$<a,c>\in R\circ(S\cup T)$$
即 $(R\circ S)\cup(R\circ T)\subseteq R\circ(S\cup T)$。

综上可得，$R\circ(S\cup T)=(R\circ S)\cup(R\circ T)$。

（2）对任意序偶 $<a,c>\in R\circ(S\cap T)$，根据复合关系的定义，可知存在元素 $b\in A$，使
$$<a,b>\in R, <b,c>\in S\cap T$$
因此有 $<a,b>\in R, <b,c>\in S, <b,c>\in T$。又根据复合关系的定义，有
$$<a,c>\in R\circ S, \quad <a,c>\in R\circ T$$
即 $<a,c>\in(R\circ S)\cap(R\circ T)$，因此 $R\circ(S\cap T)\subseteq(R\circ S)\cap(R\circ T)$。

例 6-10 设 R、S、T 是集合 $A=\{a,b,c\}$ 上的关系，定义如下：
$$R=\{<a,b>\}$$
$$S=\{<b,b>,<b,c>\}$$
$$T=\{<b,c>\}$$
则有
$$R\circ(S\cup T)=\{<a,b>\}\circ\{<b,b>,<b,c>\}=\{<a,b>,<a,c>\}$$
$$(R\circ S)\cup(R\circ T)=\{<a,b>,<a,c>\}\cup\{<a,c>\}=\{<a,b>,<a,c>\}$$

例 6-11 设 R、S、T 是集合 $A=\{a,b,c,d\}$ 上的关系，定义如下：
$$R=\{<a,b>,<a,d>\}$$
$$S=\{<b,c>\}$$
$$T=\{<d,c>\}$$
则有
$$R\circ(S\cap T)=\{<a,b>,<a,d>\}\circ\varnothing=\varnothing$$
$$(R\circ S)\cap(R\circ T)=\{<a,c>\}\cap\{<a,c>\}=\{<a,c>\}$$

从上述两例中可以看出：
$$R\circ(S\cup T)=(R\circ S)\cup(R\circ T)$$
$$R\circ(S\cap T)\subseteq(R\circ S)\cap(R\circ T)$$
$$R\circ(S\cap T)\neq(R\circ S)\cap(R\circ T)$$

6.3.3 关系的幂运算

定义 6-7 在关系 R 和 S 的复合运算中,如果 $R=S$,将 $R \circ R$ 表示为 R^2,称为 R 的幂(power)。类似,如果 R 是集合 A 上的运算,则可以定义关系 R 的 n 次幂,如下:

(1) $R^0 = I_A = \{<a,a>| a \in A\}$。

(2) $R^n = \overbrace{R \circ R \circ \cdots \circ R}^{n个}$。

(3) $R^{m+n} = R^m \circ R^n$。

例 6-12 设集合 $A = \{a,b,c,d,e\}$,定义该集合上的关系 R 如下:
$$R = \{<a,a>,<a,b>,<b,c>,<b,d>,<c,e>,<d,e>\}$$
则有
$$R^2 = \{<a,a>,<a,b>,<a,c>,<a,d>,<b,e>\}$$
$$R^3 = \{<a,a>,<a,b>,<a,c>,<a,d>,<a,e>\}$$
$$R^4 = \{<a,a>,<a,b>,<a,c>,<a,d>,<a,e>\} = R^3$$
$$R^5 = R^4 \circ R = R^3 \circ R = R^4 = R^3$$
$$\vdots$$

□

从上例中可以看出,幂集 R^n 中序偶的个数并非随着 n 的增加而增加,而是呈递减趋势。对于这一点,有下面的定理。

定理 6-3 设 A 是有限集合,且 $|A| = n$,R 是 A 上的关系,则有
$$\bigcup_{i=1}^{\infty} R^i = \bigcup_{i=1}^{n} R^i$$

分析:关系的复合仍然是关系,而关系本质上是集合,因此上述等式两边均为集合。证明两个集合相等,需要证明二者互为子集。与其他集合不同的是,等式的右边有 n 个集合,而等式的左边有无穷多个集合,并且等式的右边也在左边的等式内。形式类似于要证明 $A \cup B = A$,只需证明 $B \subseteq A$ 即可。

证明:

显然有,$\bigcup_{i=1}^{n} R^i \subseteq \bigcup_{i=1}^{\infty} R^i$。

下面证明 $\bigcup_{i=1}^{\infty} R^i \subseteq \bigcup_{i=1}^{n} R^i$。考虑到 $\bigcup_{i=1}^{\infty} R^i = \bigcup_{i=1}^{n} R^i \cup \bigcup_{i=n+1}^{\infty} R^i$,因此只需证明 $\bigcup_{i=n+1}^{\infty} R^i \subseteq \bigcup_{i=1}^{n} R^i$ 即可,即对任意的 $k \geq n+1$,有 $R^k \subseteq \bigcup_{i=1}^{n} R^i$。

对任意的序偶 $<a,b> \in R^k$,存在 $a_1, a_2, \cdots, a_{k-1} \in A$,使
$$<a,a_1> \in R, <a_1,a_2> \in R, \cdots, <a_{k-1},b> \in R$$
在上述序偶中,有 $a, a_1, a_2, \cdots, a_{k-1}, b$ 共 $k+1$ 个元素(如果 $a = b$,则有 k 个元素)。

由于 $k \geq n+1$，而集合中共有 n 个元素，因此根据鸽笼原理，其中必然存在重复的元素。不失一般性，假设 $a_i = a_j$，则可以在

$$<a,a_1>,<a_1,a_2>,\cdots,<a_{i-1},a_i>,<a_i,a_{i+1}>,\cdots,<a_j,a_{j+1}>,\cdots,<a_{k-1},b>$$

中删除 $<a_i,a_{i+1}>,\cdots,<a_{j-1},a_j>$ 共 $j-i$ 个序偶，即 $<a,b>$ 可以通过 $k-(j-i)$ 次复合得到。此时，如果 $k-(j-i) \geq n+1$，则可以继续上述的过程，使 $<a,b> \in R^{k'}$（$k' \leq n$）。因此对任意的 $k \geq n+1$，有 $R^k \subseteq \bigcup_{i=1}^{n} R^i$。考虑到 k 的一般性，有

$$\bigcup_{i=n+1}^{\infty} R^i \subseteq \bigcup_{i=1}^{n} R^i$$

即 $\bigcup_{i=1}^{\infty} R^i \subseteq \bigcup_{i=1}^{n} R^i$。

综上所述，$\bigcup_{i=1}^{\infty} R^i = \bigcup_{i=1}^{n} R^i$。

根据复合关系的定义以及定理 6-1，还可以得到如下定理。

定理 6-4 设 R 是集合 A 上的关系，$m,n \in N$。则有

（1） $R^m \circ R^n = R^{m+n}$。

（2） $(R^m)^n = R^{mn}$。

证明：

略。

6.3.4 关系的逆运算

定义 6-8 设 R 是集合 A 到集合 B 的关系，则 R 的逆关系（inverse relation）表示为 R^{-1}，定义为

$$R^{-1} = \{<b,a>|<a,b> \in R\}$$

从上述定义可以看出，关系的逆关系就是把关系中序偶的第一元素和第二元素互换一下。

例 6-13 设 R 是集合 $A=\{1,2,3\}$ 上的关系，定义如下：

$$R = \{<1,2>,<2,3>,<3,3>\}$$

试计算 R^{-1}。

解：

根据逆关系的定义，可知

$$R^{-1} = \{<2,1>,<3,2>,<3,3>\}$$

从关系图的角度上看，关系的逆关系只是将有向弧的方向修改一下。从关系矩阵的角度看，逆关系的关系矩阵是原关系的关系矩阵转置。

定理 6-5 设 R 和 S 是集合 A 上的关系，试证明：
$$(R \circ S)^{-1} = S^{-1} \circ R^{-1}$$

分析：这种形式的结论是数学中常见的。由于关系的逆运算、复合运算得到的结果仍然是关系，关系本质上是集合，因此该定理是证明两个集合相等，可以通过证明二者互为子集即可。

证明：

（1）对任意序偶 $<a,b> \in (R \circ S)^{-1}$，根据逆关系的性质，知 $<b,a> \in R \circ S$。根据复合关系的定义，得知存在元素 $c \in A$，满足 $<b,c> \in R, <c,a> \in S$，即 $<a,c> \in S^{-1}, <c,b> \in R^{-1}$。根据复合关系的定义，有 $<a,b> \in S^{-1} \circ R^{-1}$。因此有
$$(R \circ S)^{-1} \subseteq S^{-1} \circ R^{-1}$$

（2）对任意序偶 $<a,b> \in S^{-1} \circ R^{-1}$，根据复合关系的定义，得知存在元素 $c \in A$，满足 $<a,c> \in S^{-1}$，$<c,b> \in R^{-1}$，即 $<b,c> \in R, <c,a> \in S$。进一步根据复合关系的定义，知 $<b,a> \in R \circ S$。根据逆运算的定义，知 $<a,b> \in (R \circ S)^{-1}$。因此有
$$S^{-1} \circ R^{-1} \subseteq (R \circ S)^{-1}$$

综合上述两点，有 $(R \circ S)^{-1} = S^{-1} \circ R^{-1}$ 成立。

□

例 6-14 设有集合 $A = \{1,2\}$，集合 $B = \{1,2,3,4\}$，集合 $C = \{2,3,4\}$，R 是集合 A 到集合 B 的关系，定义为 $R = \{<1,2>,<1,4>,<2,2>,<2,3>\}$，$S$ 是集合 B 到集合 C 的关系，定义为 $S = \{<1,1>,<1,3>,<2,3>,<3,2>,<3,3>\}$。根据复合关系的定义，可知
$$R \circ S = \{<1,3>,<2,3>,<2,2>\}$$

根据关系逆运算的定义，可知
$$(R \circ S)^{-1} = \{<3,1>,<3,2>,<2,2>\}$$

又根据
$$R^{-1} = \{<2,1>,<4,1>,<2,2>,<3,2>\}$$
$$S^{-1} = \{<1,1>,<3,1>,<3,2>,<2,3>,<3,3>\}$$

可得
$$S^{-1} \circ R^{-1} = \{<3,1>,<3,2>,<2,2>\}$$

因此有
$$(R \circ S)^{-1} = S^{-1} \circ R^{-1}$$

□

6.4 关系的性质

根据关系的定义，可以进一步定义一些特殊的关系，例如，等价关系、相容关系、偏序关系等。这些关系的区别在于它们有着不同的性质。为此，本节对关系的性质进行详细介绍，主要包括 5 个性质，分别是自反性、反自反性、对称性、反对称性和传递性。

6.4.1 自反性与反自反性

定义 6-9 设关系 R 是集合 A 上的关系,如果对集合 A 中的任意元素 $a \in A$,都有 $<a,a> \in R$,称关系 R 满足自反性(reflexive);如果对集合 A 中的任意元素 $a \in A$,都有 $<a,a> \notin R$,称关系 R 满足反自反性(anti-reflexive)。

考虑到关系的表示有集合表示法、关系矩阵表示法及关系图表示法,下面从关系 3 种不同的表示分析一下如何判断关系的自反性和反自反性。

(1)从关系的集合表示看,要判断一个关系 R 是否具备自反性,需要判断集合 A 中的每一个元素与其自身构造的序偶是否在该关系中,即判断 $I_A \subseteq R$ 是否成立;要判断该关系是否具备反自反性,需要判断集合 A 中的每一个元素与其自身组成的序偶是否在该关系中出现,即判断 $I_A \cap R = \varnothing$ 是否成立。从这一点考虑,存在既不满足自反性也不满足反自反性的关系,但不存在既满足自反性又满足反自反性的关系。

(2)从关系矩阵表示看,判断一个关系是否具备自反性,要看关系矩阵的主对角线上的元素是否全部为 1,如果全部为 1,则该关系满足自反性,反之则不满足;判断其是否具备反自反性,则要判断关系矩阵的主对角线上的元素是否全部为 0,如果全部为 0,则该关系满足反自反性,反之则不满足。

(3)从关系图上看,如果一个关系满足自反性,则在表示集合元素的每一个圆圈上都有一个指向自身的有向弧;如果一个关系满足反自反性,则每一个圆圈上都不具有指向自身的有向弧。

例 6-15 设集合 $A = \{1,2,3,4\}$,在该集合上定义如下关系:
$$R = \{<1,1>,<1,3>,<2,2>,<3,3>,<3,2>,<4,1>,<4,4>\}$$
$$S = \{<1,2>,<1,3>,<2,1>,<2,3>,<3,4>\}$$
$$T = \{<1,1>,<2,3>,<3,3>,<4,3>\}$$

从关系的不同表示方式判断上述关系是否具备自反性和反自反性。

解:

(1)根据关系自反性与反自反性的定义,要判断一个关系是否具备自反性或者反自反性,主要是判断 $<1,1>,<2,2>,<3,3>,<4,4>$ 这几个序偶是否全部出现或全部不出现在关系中。

从给出的上述关系看,上述 4 个序偶都出现在关系 R 中,因此关系 R 具备自反性。上述 4 个序偶都没有出现在关系 S 中,因此关系 S 具备反自反性。

而在关系 T 中,由于序偶 $<1,1>$ 和 $<3,3>$ 的存在,使上述 4 个序偶并不是同时出现或者同时不出现在该关系中,因此关系 T 既不具备自反性,也不具备反自反性。

(2)从关系矩阵看,首先将上述 3 个关系用关系矩阵表示如下。

$$M_R = \begin{pmatrix} 1 & 0 & 1 & 0 \\ 0 & 1 & 0 & 0 \\ 0 & 1 & 1 & 0 \\ 1 & 0 & 0 & 1 \end{pmatrix} \quad M_S = \begin{pmatrix} 0 & 1 & 1 & 0 \\ 1 & 0 & 1 & 0 \\ 0 & 0 & 0 & 1 \\ 0 & 0 & 0 & 0 \end{pmatrix} \quad M_T = \begin{pmatrix} 1 & 0 & 0 & 0 \\ 0 & 0 & 1 & 0 \\ 0 & 0 & 1 & 0 \\ 0 & 0 & 1 & 0 \end{pmatrix}$$

从上述关系矩阵可以看出，关系 R 的关系矩阵中，主对角线上的元素全部为 1，因此该关系满足自反性；关系 S 的主对角线上的元素全部为 0，因此该关系具备反自反性；而关系 T 的主对角线上的元素既有 1 又有 0，因此，该关系既不具备自反性，也不具备反自反性。

（3）从关系图上看，首先画出上述 3 个关系的关系图，如图 6-4 所示。

从关系 R 的关系图上可以看出，每个元素都有指向自身的回路，因此关系 R 满足自反性；从关系 S 的关系图上可以看出，每个元素都没有指向自身的回路，因此关系 S 满足反自反性；从关系 T 的关系图上可以看出，并不是所有的元素都有指向自身的回路，也并不是所有的元素都没有指向自身的回路，因此关系 T 既不满足自反性，也不满足反自反性。

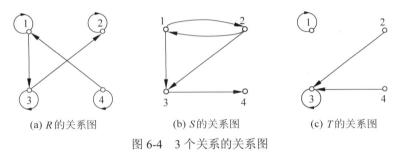

(a) R 的关系图　　(b) S 的关系图　　(c) T 的关系图

图 6-4　3 个关系的关系图

□

例 6-16　给定集合 A，如果 $|A|=n$，在该集合上可以构造多少个满足自反性的二元关系？可以构造多少个满足反自反性的二元关系？可以构造多少个既满足自反性又满足反自反性的二元关系？可以构造多少个既不满足自反性又不满足反自反性的二元关系？

解：

在集合 A 上可以构造的关系是笛卡儿积 $A \times A$ 的子集，其数量为 2^{n^2}。

如果关系满足自反性，则要求关系中必须包含 I_A 中的所有序偶，因此，从剩下的序偶集合中取序偶，有多少种取法，即可以构造相等数量的满足自反性的关系。具体地，当 $|A|=n$ 时，$|A \times A|=n^2$，$|I_A|=n$，因而剩下的序偶数量为 n^2-n。从包含 n^2-n 个序偶的集合中取序偶，即该集合的幂集中的元素数量，因此可以构造满足自反性的关系数量为 2^{n^2-n}。

同理，构造满足反自反性的关系，即要求关系中不能包含 I_A 中的所有序偶，因此满足反自反性的关系数量与满足自反性的关系数量相同，为 2^{n^2-n}。

由于自反性要求包含 I_A 中的所有序偶，反自反性要求不能包含 I_A 中的任何序偶，因而同时满足自反性和反自反性的关系数量为 0。

进一步，设满足自反性的关系集合为 M，满足反自反性的关系集合为 N，则既不满足自反性又不满足反自反性的关系数量为

$$|\overline{M} \cap \overline{N}| = |\overline{M \cup N}| = 2^{n^2} - |M \cup N|$$

根据容斥原理，有 $|M \cup N| = |M| + |N| - |M \cap N|$，而 $|M \cap N| = 0$，因此有 $|M \cup N| = 2^{n^2-n} +$

$2^{n^2-n} = 2^{n^2-n+1}$。因此
$$|\overline{M} \cap \overline{N}| = 2^{n^2} - |M \cup N| = 2^{n^2} - 2^{n^2-n+1}$$
即既不满足自反性又不满足反自反性的关系数量为 $2^{n^2} - 2^{n^2-n+1}$。

□

6.4.2 对称性与反对称性

定义 6-10 设关系 R 是集合 A 上的关系，如果对关系 R 中的任意序偶 $<a,b> \in R$，都有 $<b,a> \in R$，称关系 R 满足对称性（symmetric）；如果对任意的 $<a,b>, <b,a> \in R$，有 $a=b$，称关系 R 满足反对称性（anti-symmetric）。

从定义 6-10 可以看出，对称性、反对称性的判断与自反性、反自反性的判断有着本质的区别：自反性、反自反性是从集合的角度出发进行判断，而对称性、反对称性是从关系的角度出发进行判断。具体地讲，判断自反性和反自反性是看集合中元素构造的序偶是否在关系中全部出现或全部不出现，判断对称性和反对称性是看从关系中的序偶构造的新序偶是否在关系中出现。

从关系矩阵的构造上看，如果一个关系满足对称性，当且仅当关系矩阵关于主对角线是对称的，即 $M_R = M_R^T$ 是否成立；如果一个关系满足反对称性，当且仅当两个关于主对角线对称的元素不可能同时为 1，主对角线上的元素除外。

从关系图的构造上看，如果一个关系满足对称性，当且仅当在关系图中任何一对结点之间没有有向弧或者有两条有向弧；如果一个关系满足反对称性，当且仅当在关系图中任何一对结点之间最多有一条有向弧。

例 6-17 设集合 $A = \{1,2,3,4\}$，在该集合上定义如下关系：
$$R = \{<1,2>, <2,1>, <2,4>, <4,2>, <4,4>\}$$
$$S = \{<1,2>, <2,3>, <3,3>\}$$
$$T = \{<1,2>, <2,1>, <3,3>, <3,4>\}$$
$$P = \{<1,1>, <3,3>\}$$
从关系的不同表示方式判断上述关系是否具备对称性和反对称性。

解：

（1）从关系的集合表示上可以看出，从关系 R 中任意取一序偶，将其第 1 个元素和第 2 个元素交换一下，得到的新序偶仍然在关系 R 中，因此关系 R 满足对称性；在该关系中，序偶 $<1,2>$ 和 $<2,1>$ 都在其中，但 $1 \neq 2$，因此该关系不满足反对称性。

在关系 S 中，由于 $<1,2>$ 在关系 S 中，但将其第 1 个元素和第 2 个元素互换后得到的新序偶 $<2,1>$ 并不在其中，因此关系 S 不满足对称性；在关系 S 中，除了序偶 $<3,3>$ 外，没有类似于 $<a,b>$ 和 $<b,a>$ 的两个序偶在其中，而 $3=3$，因此该关系 S 满足反对称性。

在关系 T 中，由于序偶 $<3,4>$ 在其中，而序偶 $<4,3>$ 不在其中，因此该关系不满足对称性；同样，由于 $<1,2>$ 和 $<2,1>$ 都在其中，但 $1 \neq 2$，因此该关系不满足反对称性。

在关系 P 中，从中取任意一序偶，将其第 1 个元素和第 2 个元素互换后得到的新序

偶仍然在关系中，因此该关系满足对称性；同样，序偶 <1,1> 和 <3,3> 在该关系中，都满足 $<a,b>, <b,a> \in R$ 且 $a=b$ 的情况，因此该关系满足反对称性。

（2）从关系矩阵上看，先计算出上述 4 个关系的关系矩阵，如下：

$$M_R = \begin{pmatrix} 0 & 1 & 0 & 0 \\ 1 & 0 & 0 & 1 \\ 0 & 0 & 0 & 0 \\ 0 & 1 & 0 & 1 \end{pmatrix} \qquad M_S = \begin{pmatrix} 0 & 1 & 0 & 0 \\ 0 & 0 & 1 & 0 \\ 0 & 0 & 1 & 0 \\ 0 & 0 & 0 & 0 \end{pmatrix}$$

$$M_T = \begin{pmatrix} 0 & 1 & 0 & 0 \\ 1 & 0 & 0 & 0 \\ 0 & 0 & 1 & 1 \\ 0 & 0 & 0 & 0 \end{pmatrix} \qquad M_P = \begin{pmatrix} 1 & 0 & 0 & 0 \\ 0 & 0 & 0 & 0 \\ 0 & 0 & 1 & 0 \\ 0 & 0 & 0 & 0 \end{pmatrix}$$

从 4 个关系的关系矩阵上看，关系 R、关系 P 的关系矩阵是关于主对角线对称的，因此这两个关系满足对称性；关系 S 和关系 P 的关系矩阵在关于主对角线对称的两个位置，不存在两个 1，因此这两个关系满足反对称性。

（3）从关系图上看，首先画出 4 个关系的关系图，如图 6-5 所示。

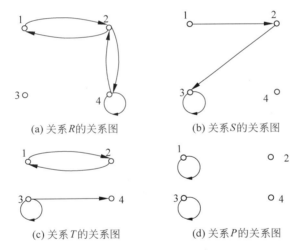

(a) 关系 R 的关系图　　　　(b) 关系 S 的关系图

(c) 关系 T 的关系图　　　　(d) 关系 P 的关系图

图 6-5　4 个关系的关系图

在关系 R 的关系图中，任何一对结点之间没有有向弧或者有两条有向弧，因此关系 R 满足对称性；同时，由于存在两个不同的结点之间有两条有向弧，因此关系 R 不满足反对称性。

在关系 S 的关系图中，任何一对结点之间没有有向弧或者有一条有向弧，因此关系 S 满足反对称性；同时，由于存在两个不同的结点之间只有一条有向弧，因此关系不满足对称性。

在关系 T 的关系图中，由于存在两个不同的结点之间有两条有向弧，因此关系 T 不满足反对称性；同时，由于存在两个不同的结点之间只有一条有向弧，因而关系 T 不满足对称性。

在关系 P 的关系图中，由于不存在两个不同的结点之间只有一条有向弧，因此关系

P 满足对称性；同时，由于不存在两个不同的结点之间有两条有向弧，因此关系 P 满足反对称性。

□

从该例子中可以看出，存在既满足对称性又满足反对称性的关系，也存在既不满足对称性也不满足反对称性的关系。

这里有一点需要强调，在判断关系的对称性和反对称性时，要在满足前提的情况下再判断结论是否成立，如果前提不成立，结果是否成立并不影响对于相关性质的判断（这与命题逻辑部分蕴涵联结词是一致的）。例如，判断关系 $S=\{<1,2>,<2,3>,<3,3>\}$ 是否满足反对称性的问题，在该关系中，只有序偶 $<1,2>$ 在其中，序偶 $<2,1>$ 不在其中，因此没必要判断反对称性结论中 1 是否与 2 相等，即序偶 $<1,2>$ 的存在并不影响该关系反对称性的判断。换句话说，如果要判断一个关系不满足反对称性，需要找到两个序偶 $<a,b>$ 和 $<b,a>$，而 $a \neq b$。在判断关系的对称性时同样如此，只判断从关系中存在的序偶 $<a,b>$ 构造的 $<b,a>$ 是否在该关系中，对于不在关系中的序偶没必要分析判断。

例 6-18 给定集合 A，如果 $|A|=n$，在该集合上可以构造多少个满足对称性的二元关系？可以构造多少个满足反对称性的二元关系？可以构造多少个既满足对称性又满足反对称性的二元关系？可以构造多少个既不满足对称性又不满足反对称性的二元关系？

解：

根据前面的分析，在集合 A 上可以构造的关系数量为 2^{n^2}，构造满足对称性的关系时，分两种情况：I_A 中的序偶可以单独出现，其他序偶需要成对出现，否则将影响对称性的判断。$|I_A|=n$，其他的序偶可以构成 $(n^2-n)/2$ 对。因此，可以认为从包含 $n+(n^2-n)/2 = (n^2+n)/2$ 个元素的集合中取其子集，其取法共有 $2^{(n^2+n)/2}$ 种。即满足对称性的关系数量为 $2^{(n^2+n)/2}$。

构造满足反对称性的关系时，I_A 中的元素是否出现不影响对反对称性的判断，其他的 $(n^2-n)/2$ 对序偶中，两个成对的序偶不能同时出现，因此 $(n^2-n)/2$ 对序偶中，有 3 种出现方式：两个序偶都不出现，两个序偶只出现一个（2 种情况）。根据乘法原则，满足反对称性的关系数量为 $2^n \times 3^{(n^2-n)/2}$。

当构造的关系既满足对称性又满足反对称性时，只能从 I_A 中取，因此既满足对称性又满足反对称性的关系数量为 2^n。

设满足对称性的关系集合为 M，满足反对称性的关系集合为 N，因此，既不满足对称性，又不满足反对称性的关系集合可以表示为 $\overline{M} \cap \overline{N}$，其数量为

$$|\overline{M} \cap \overline{N}| = |\overline{M \cup N}| = 2^{n^2} - |M \cup N|$$

根据容斥原理，有

$$|M \cup N| = |M|+|N|-|M \cap N|$$
$$= 2^{(n^2+n)/2} + 2^n 3^{(n^2-n)/2} - 2^n$$

因此，既不满足对称性，又不满足反对称性的关系数量为 $2^{n^2} - 2^{(n^2+n)/2} - 2^n 3^{(n^2-n)/2} + 2^n$。

□

6.4.3 传递性

定义 6-11 设关系 R 是集合 A 上的关系,如果对任意的 $<a,b>,<b,c>\in R$,有 $<a,c>\in R$,称关系 R 满足传递性(transitive)。

从传递性的定义看,关系传递性的判断类似关系的反对称性,需要在满足两个条件的前提下,判断结论是否成立。如果两个前提条件有一个不成立,没有必要判断结论是否成立。换个角度,如果一个关系不满足传递性,则一定可以从关系中找到形如 $<a,b>,<b,c>$ 的序偶,而找不到序偶 $<a,c>$。

例 6-19 设集合 $A=\{1,2,3,4\}$,在该集合上定义如下关系:
$$R=\{<1,1>,<1,2>,<2,3>,<1,3>\}$$
$$S=\{<1,2>,<2,3>,<1,4>\}$$
$$T=\{<1,2>\}$$

判断上述关系是否满足传递性。

解:

从关系 R 中的序偶看,从中寻找形如 $<a,b>,<b,c>$ 的两个序偶,可以找到两对序偶:$<1,1>,<1,2>$ 和 $<1,2>,<2,3>$,而这两对序偶复合产生的序偶 $<1,2>$ 和 $<1,3>$ 仍然在关系 R 中,因此关系 R 满足传递性。

从关系 S 中的序偶看,从中寻找形如 $<a,b>,<b,c>$ 的两个序偶,可以找到一对序偶:$<1,2>,<2,3>$,而这一对序偶的复合产生的序偶 $<1,3>$ 并不在关系 S 中,因此关系 S 不满足传递性。

从关系 T 中的序偶看,从中寻找形如 $<a,b>,<b,c>$ 的两个序偶,结果发现关系 T 中不存在这样形式的序偶,没必要判断二者复合产生的新序偶是否在关系中,因此关系 T 不满足传递性。

下面举几个综合判断上述 5 个性质的例子。

例 6-20 (1)在集合幂集上定义的"包含"关系满足自反性、反对称性、传递性。
(2)实数上的"相等"关系满足自反性、对称性、反对称性、传递性。
(3)正整数上的"整除"关系满足自反性、反对称性、传递性。
(4)实数上的"小于"关系满足反自反性、反对称性、传递性。

例 6-21 设集合 $A=\{a,b,c\}$,该集合上关系的关系图如图 6-6 所示,判断这些关系具备哪些性质。

解:
在图 6-6(a)中,关系满足反自反性、对称性、反对称性和传递性。
在图 6-6(b)中,关系满足对称性、反对称性和传递性。
在图 6-6(c)中,关系满足反对称性和传递性。
在图 6-6(d)中,关系满足自反性、对称性和传递性。

在图 6-6（e）中，关系满足反自反性和反对称性。

在图 6-6（f）中，关系满足反自反性、反对称性和传递性。

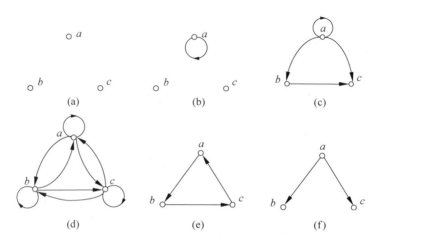

图 6-6　集合 $A=\{a,b,c\}$ 上相关关系的关系图

对于一个给定的关系，除了判断它具有哪些性质外，更多的是针对由给定关系构造的抽象关系，证明抽象关系具有哪些性质。在证明关系的性质时，可以利用的只有关系性质的定义。在关系所有性质的定义中，都是按照"如果……那么……"的方式定义，用命题逻辑进行表示时，可以将其表示为蕴涵式。根据命题逻辑的证明规则，如果要证明一个蕴涵式成立，可以根据 CP 规则，将蕴涵式的前件作为新的前提。在关系性质的证明过程中，着重强调这种方法。

例 6-22　设 R 是集合 A 上的关系，证明：R 是传递的，当且仅当 $R \circ R \subseteq R$。

分析：这是一个充要条件的证明，需要分两种情况证明。证明 $R \circ R \subseteq R$ 需要利用集合包含的定义进行证明；而在证明关系的传递性时，需要将传递性的两个前提都引入给定的前提中。

证明：

必要性。对任意的序偶 $<a,b> \in R \circ R$，根据复合关系的定义，得知存在元素 $c \in A$，使 $<a,c>,<c,b> \in R$。由于关系是传递的，根据传递性的定义，可知 $<a,b> \in R$。因而有 $R \circ R \subseteq R$。

充分性。对任意的 $<a,c>,<c,b> \in R$，得知 $<a,b> \in R \circ R$，又由于 $R \circ R \subseteq R$，因而有 $<a,b> \in R$，因此，关系 R 满足传递性。

结合关系的性质，可以得到下面的结论。

定理 6-6　设 R 是集合 A 上的关系，则有：

（1）R 是自反的，当且仅当 $I_A \subseteq R \cap R^{-1}$。

（2）R 是反自反的，当且仅当 $I_A \cap R = \varnothing$。

（3）R 是对称的，当且仅当 $R = R^{-1}$。

（4）R 是反对称的，当且仅当 $R \cap R^{-1} \subseteq I_A$。

6.5 关系的闭包

给定一个关系，如果它不满足自反性，从自反性的定义可以分析出，其原因在于缺少了某些序偶。例如，集合 $A = \{1,2,3\}$ 上的关系 $R = \{<1,1>,<1,2>,<2,3>\}$，它不满足自反性是因为该关系中缺少序偶 $<2,2>$ 和 $<3,3>$。

对称性和传递性同样如此，例如，关系 $S = \{<1,1>,<1,2>,<2,2>\}$ 不满足对称性是由于其中缺少序偶 $<2,1>$；关系 $S = \{<1,2>,<2,3>,<2,2>\}$ 不满足传递性是由于其中缺少序偶 $<1,3>$。

根据上述结论，可以设计一种关系的运算，通过在关系上增加某些序偶，使关系满足某些性质，这种运算称为关系的闭包运算，形式化定义如下。

定义 6-12 设 R 是集合 A 上的关系，若有关系 R'，满足：

（1）$R \subseteq R'$；

（2）R' 满足自反性（对称性、传递性）；

（3）对任意 R''，如果 $R \subseteq R''$，且 R'' 满足自反性（对称性、传递性），均有 $R' \subseteq R''$。

则称 R' 为 R 的自反闭包（reflexive closure）（对称闭包（symmetric closure）、传递闭包（transitive closure）），记为 $r(R)$（$s(R)$、$t(R)$）。

从上述定义看，关系的闭包是关系的超集，是满足自反性（对称性、传递性）的最小超集。如果某一个关系满足自反性（对称性、传递性），则这个关系的自反闭包（对称闭包、传递闭包）就是它自身。

例 6-23 关系 $R = \{<1,1>,<1,2>,<2,3>\}$ 是定义在集合 $A = \{1,2,3\}$ 上的关系，求该关系的自反闭包、对称闭包和传递闭包。

分析：由于关系的闭包是关系的所有超集中满足相关性质的最小集合，因此可以向关系 R 中添加满足某些性质的必要序偶，使其满足相关的性质。

解：
$$r(R) = \{<1,1>,<1,2>,<2,2>,<2,3>,<3,3>\}$$
$$s(R) = \{<1,1>,<1,2>,<2,1>,<2,3>,<3,2>\}$$
$$t(R) = \{<1,1>,<1,2>,<2,3>,<1,3>\}$$

□

根据关系自反性、对称性和传递性的定义，可以进一步得到有关关系闭包计算的定理，如下所示。

定理 6-7 设 R 是集合 A 上的关系，则有：

（1）$r(R) = R \cup I_A$；

（2）$s(R) = R \cup R^{-1}$；

（3）$t(R) = \bigcup_{i=1}^{\infty} R^i$，如果 $|A| = n$，则有 $t(R) = \bigcup_{i=1}^{n} R^i$。

分析：要说明关系的自反闭包、对称闭包和传递闭包是上述形式，要说明以下两点。

（1）上述结论中的关系是自反的（对称的、传递的）。

（2）对 R 的任何超集 R'，如果 R' 同样满足自反性（对称性、传递性），则 R' 必是上述结论中关系的超集，即说明上述关系是满足自反性（对称性、传递性）的最小超集。

证明：

（1）证明 $r(R) = R \cup I_A$ 满足自反性。

对任意的元素 $a \in A$，都有 $<a,a> \in I_A$，而 $I_A \subseteq R \cup I_A$，因而有 $<a,a> \in R \cup I_A$，因此 $r(R) = R \cup I_A$ 满足自反性。

设 R' 是 R 的一个超集，即 $R \subseteq R'$，满足自反性，下面证明 $r(R) = R \cup I_A$ 是 R' 的子集。

对任意序偶 $<a,b> \in R \cup I_A$，有 $<a,b> \in R$ 或 $<a,b> \in I_A$。由于 $R \subseteq R'$ 且 R' 满足自反性，因而有 $<a,b> \in R'$ 成立。因此 $R \cup I_A \subseteq R'$ 成立。

综合考虑上述两点，$r(R) = R \cup I_A$ 是关系 R 的自反闭包。

（2）证明 $s(R) = R \cup R^{-1}$ 满足对称性。

对任意的序偶 $<a,b> \in R \cup R^{-1}$，根据并集的性质，有 $<a,b> \in R$ 或 $<a,b> \in R^{-1}$ 成立。因此有 $<b,a> \in R^{-1}$ 或 $<b,a> \in R$ 成立，即 $<b,a> \in R \cup R^{-1}$，因此 $s(R) = R \cup R^{-1}$ 满足对称性。

设 R' 是 R 的一个超集，即 $R \subseteq R'$，满足对称性，下面证明 $s(R) = R \cup R^{-1}$ 是 R' 的子集。

对任意序偶 $<a,b> \in R \cup R^{-1}$，有 $<a,b> \in R$ 或 $<a,b> \in R^{-1}$ 成立，分情况讨论。

① 根据 $<a,b> \in R$，而 $R \subseteq R'$，可得 $<a,b> \in R'$。

② 根据 $<a,b> \in R^{-1}$，可得 $<b,a> \in R$，而 $R \subseteq R'$，因此有 $<b,a> \in R'$。由于 R' 满足对称性，因此有 $<a,b> \in R'$。

根据上述两点，可以推知 $<a,b> \in R'$，因此有 $R \cup R^{-1} \subseteq R'$ 成立。

综合考虑，可以推断出 $s(R) = R \cup R^{-1}$ 是 R 的对称闭包。

（3）证明 $t(R) = \bigcup_{i=1}^{\infty} R^i = R \cup R^2 \cup \cdots$ 是传递的。

对任意的序偶 $<a,b>, <b,c> \in R \cup R^2 \cup \cdots$，必存在正整数 $i, j > 0$，使
$$<a,b> \in R^i, <b,c> \in R^j$$

根据复合关系的定义，可知 $<a,c> \in R^{i+j}$，有 $<a,c> \in R \cup R^2 \cup \cdots$，因此可推知，$t(R) = \bigcup_{i=1}^{\infty} R^i = R \cup R^2 \cup \cdots$ 是传递的。

设 R' 是 R 的一个超集，即 $R \subseteq R'$，满足传递性，下面证明 $t(R) = R \cup R^2 \cup \cdots$ 是 R' 的子集。

对任意的序偶 $<a,b> \in R \cup R^2 \cup \cdots$，必存在正整数 i，使 $<a,b> \in R^i$。根据复合关系的定义，可知存在元素 $a_1, a_2, \cdots, a_{i-1}$，使
$$<a,a_1>, <a_1,a_2>, \cdots, <a_{i-1},b> \in R$$

由于 $R \subseteq R'$，因此 $<a,a_1>, <a_1,a_2>, \cdots, <a_{i-1},b> \in R'$ 成立。又由于 R' 满足传递性，因此有 $<a,b> \in R'$。

因此有 $R \cup R^2 \cup \cdots \subseteq R'$。

综合考虑，可以推断 $\bigcup_{i=1}^{\infty} R^i$ 是关系 R 的传递闭包。

根据关系幂运算的性质，可以得知 $\bigcup_{i=1}^{\infty} R^i = \bigcup_{i=1}^{n} R^i$，其中 $n = |A|$，因此，关系的传递闭包还可以写成 $t(R) = \bigcup_{i=1}^{n} R^i$。

例 6-24 设 R 是集合 $A = \{a,b,c,d\}$ 上的关系，定义如下：
$$R = \{<a,b>,<b,c>,<c,d>,<d,d>\}$$
求该关系的自反闭包、对称闭包和传递闭包。

解：
$$r(R) = R \cup I_A$$
$$= \{<a,b>,<b,c>,<c,d>,<d,d>,<a,a>,<b,b>,<c,c>\}$$
$$s(R) = R \cup R^{-1}$$
$$= \{<a,b>,<b,c>,<c,d>,<d,d>,<b,a>,<c,b>,<d,c>\}$$

对于关系的传递闭包计算，首先计算出关系的幂，如下：
$$R^2 = \{<a,c>,<b,d>,<c,d>,<d,d>\}$$
$$R^3 = \{<a,d>,<b,d>,<c,d>,<d,d>\}$$
$$R^4 = \{<a,d>,<b,d>,<c,d>,<d,d>\}$$

因此有
$$t(R) = R \cup R^2 \cup R^3 \cup R^4$$
$$= \{<a,b>,<b,c>,<c,d>,<d,d>,<a,c>,<b,d>,<a,d>,<b,d>\}$$

关系的闭包运算在计算机科学中的应用也是非常广泛的，利用关系的闭包运算，可以得出许多有趣的结论，看下面的例子。

例 6-25 设 $P = \{P_1, P_2, P_3, P_4\}$ 是 4 个程序，R、S 是定义在其上的调用关系，如下：
$$R = \{<P_1,P_2>,<P_1,P_3>,<P_2,P_4>,<P_3,P_4>\}$$
$$S = \{<P_1,P_2>,<P_2,P_1>,<P_2,P_3>,<P_3,P_4>\}$$
判断在上述两个调用关系中，哪个程序是递归程序？

分析： 在程序设计语言中，递归程序指的是那些直接或间接调用自身的程序。如果用关系来表示程序间的调用关系，只需要计算一下关系的传递闭包，那些间接调用自身的程序即为递归程序。

解：
计算上述两个关系的传递闭包，如下。
$$t(R) = \{<P_1,P_2>,<P_1,P_3>,<P_2,P_4>,<P_3,P_4>,<P_1,P_4>\}$$
$$t(S) = \{<P_1,P_2>,<P_2,P_1>,<P_2,P_3>,<P_3,P_4>,<P_1,P_1>,$$
$$<P_1,P_3>,<P_1,P_4>,<P_2,P_2>,<P_2,P_4>\}$$

从上述关系的传递闭包中，在第一个调用关系中，不存在递归程序；在第二个调用关系中，程序 P_1、P_2 都是递归程序。

在操作系统中，如果将进程之间的相互依赖关系表示为关系，那么关系的传递闭包可以完整地表示出所有进程之间的相互依赖关系。如果在关系的传递闭包中有类似 $<P_i,P_i>$ 形式的存在，则这些进程在调用过程中可能会产生死锁。

阅读材料

矩阵连乘问题

例 6-26 设有 3 个矩阵 ***A***、***B***、***C***，其维数分别是 100×10、10×50 和 50×20。考虑这 3 个矩阵乘法的运算次数，如下：

$(AB)C$：$100\times10\times50+100\times50\times20=150000$

$A(BC)$：$10\times50\times20+100\times10\times20=30000$

可以发现，利用不同的结合次序，需要的计算次数相差还是比较大的。那么，如何找到最优的计算次序呢？这里提供两种思路。

（1）递归算法：可以预选假设某种矩阵连乘的次序为当前最优次序，通过遍历其他次序，如果优于当前的计算次序，则进行替代。参考代码如程序 6-2 所示。

程序 6-2 基于递归算法的矩阵连乘问题

```c
#include<stdio.h>

int **s,*p;
int recurMatrix(int i, int j)
{
    int u,k;
    if (i==j)
        u=0;
    else
    {
        u=recurMatrix(i,i)+recurMatrix(i+1,j)+p[i-1]*p[i]*p[j];
        s[i][j]=i;
        for(k=i+1;k<j;k++)
        {
            int temp=recurMatrix(i,k)+recurMatrix(k+1,j)+ p[i-1]*p[k]*p[j];
            if(temp<u)
            {
                s[i][j]=k;
                u=temp;
            }
        }
    }
    return u;
```

```
}

void traceback(int i, int j, int **s)
{
   if (i==j) return;
   traceback(i,s[i][j], s);
   traceback(s[i][j]+1,j,s);
   printf("A[%d][%d] and A[%d][%d]\n",i,s[i][j],s[i][j]+1,j);
}

int main()
{
   int n,i,j,k,r;
   int **m;

   printf("please input the number of matrix:");
   scanf("%d",&n);

   p=new int[n+1];
   m=new int *[n+1];
   s=new int *[n+1];

   for(i=0;i<n+1;i++)
   {
      m[i]=new int[n+1];
      s[i]=new int[n+1];
   }

   printf("input the dimensions of all matrix:");
   for(i=0;i<n+1;i++)
      scanf("%d", p+i);

   printf("the total number is %d.\n",recurMatrix(1,n));
   traceback(1,n,s);

   return 0;
}
```

（2）动态规划[①]：首先计算出两个矩阵的计算次序，在此基础上计算出 3 个矩阵的最优计算次序，…，n 个矩阵的最优计算次序。参考代码如程序 6-3 所示。

程序 6-3　基于动态规划算法的矩阵连乘问题

```
#include<stdio.h>

void traceback(int i, int j, int **s)
{
```

[①] 关于动态规划算法，读者可查阅有关计算机算法分析与设计的相关内容。

```
        if (i==j) return;
        traceback(i,s[i][j], s);
        traceback(s[i][j]+1,j,s);
        printf("A[%d][%d] and A[%d][%d]\n",i,s[i][j],s[i][j]+1,j);
}

int main()
{
    int n,i,j,k,r;
    int *p;
    int **m, **s;

    printf("please input the number of matrix:");
    scanf("%d",&n);

    p=new int[n+1];
    m=new int *[n+1];
    s=new int *[n+1];

    for(i=0;i<n+1;i++)
    {
        m[i]=new int[n+1];
        s[i]=new int[n+1];
    }

    printf("input the dimensions of all matrix:");
    for(i=0;i<n+1;i++)
        scanf("%d", p+i);

    for(i=1;i<n+1;i++)
        m[i][i]=0;

    for(r=2;r<=n;r++)
    {
        for(i=1;i<=n+1-r;i++)  //运算的开始位置
        {
            j=i+r-1;
            m[i][j]=m[i+1][j]+p[i-1]*p[i]*p[j];
            s[i][j]=i;
            for(k=i+1;k<j;k++){
                int temp=m[i][k]+m[k+1][j]+p[i-1]*p[k]*p[j];
                if(temp<m[i][j]){
                    m[i][j]=temp;
                    s[i][j]=k;
                }
            }
        }
    }
```

```
    traceback(1,n,s);

    return 0;
}
```

程序 6-3 的运行结果如图 6-7 所示。

```
please input the number of matrix:3
input the dimensions of all matrix:100 10 50 20
A[2][2] and A[3][3]
A[1][1] and A[2][3]
请按任意键继续. . .
```

图 6-7　程序 6-3 的运行结果

习题 6

1. 设集合 $A = \{1,2,3,4\}$，集合 A 上的两个关系 R 和 S 分别定义如下：
$$R = \{<1,1>,<1,2>,<1,3>,<2,2>,<2,3>,<3,4>,<4,4>\}$$
$$S = \{<2,1>,<1,3>,<3,2>,<2,3>,<2,4>,<4,4>\}$$
计算：$R \cap S, R \cup S, \overline{R}, R - S$。

2. 设 R 是集合 $A = \{1,2,3,4,6,8,12,18,36\}$ 上的整除关系，用集合表示、关系图、关系矩阵 3 种方式对关系 R 进行表示。

3. 设集合 $A = \{1,2,3\}$，集合 A 上的两个关系 R 和 S 分别定义如下：
$$R = \{<1,2>,<2,3>,<1,3>,<3,1>\}$$
$$S = \{<1,1>,<3,2>,<1,2>\}$$
计算 $R^{-1}, R \circ R, R \circ S, S \circ R, S^{-1} \circ R, R^{-1} \circ S^{-1}$。

4. 设集合 $A = \{1,2,3\}$，集合 A 上定义如下的关系：
$$R_1 = \{<1,1>,<1,2>,<2,1>,<2,2>,<3,3>,<3,1>\}$$
$$R_2 = \{<1,2>,<1,3>,<2,1>,<2,3>,<3,2>,<3,1>\}$$
$$R_3 = \{<1,2>,<2,1>,<3,3>\}$$
$$R_4 = \{<1,1>,<2,1>,<2,3>,<3,3>\}$$
$$R_5 = \{<1,1>,<1,2>,<2,1>,<2,3>,<3,3>\}$$
判断上述关系具有哪些性质。

5. 判断下列结论是否成立，如果成立，给出适当的例子；如果不成立，给出理由。
（1）存在既满足自反性，又满足反自反性的关系。
（2）存在既不满足自反性，又不满足反自反性的关系。
（3）存在既满足对称性，又满足反对称性的关系。
（4）存在既不满足对称性，又不满足反对称性的关系。

6. 设 R 是集合 $A = \{1,2,3\}$ 上的二元关系，定义如下：
$$R = \{<1,2>,<2,3>,<1,3>,<3,1>\}$$
判断 R 的性质，并计算 R 的自反闭包、对称闭包和传递闭包。

7. 设 R_1 和 R_2 是集合 A 上的关系，说明下列结论是否正确。如果正确给出证明，不正确给出反例。

（1）若 R_1 和 R_2 是自反的，则 $R_1 \circ R_2$ 也是自反的。

（2）若 R_1 和 R_2 是反自反的，则 $R_1 \circ R_2$ 也是反自反的。

（3）若 R_1 和 R_2 是对称的，则 $R_1 \circ R_2$ 也是对称的。

（4）若 R_1 和 R_2 是反对称的，则 $R_1 \circ R_2$ 也是反对称的。

（5）若 R_1 和 R_2 是传递的，则 $R_1 \circ R_2$ 也是传递的。

8. 设 R 是集合 A 上的关系，证明，如果 R 是自反的和传递的，则 $R \circ R = R$。

9. 通过关系的性质，指出满足自反性、反自反性、对称性、反对称性和传递性的最小关系，即满足上述性质的关系中包含最少数量的序偶。

第 7 章 特殊关系

本章导引

第 6 章介绍了关系的基本定义和相关性质，在计算机科学中，关系有着各种各样的应用，例如，计算机存储空间的划分、两个个体之间的相似关系、集合中元素的大小关系、分类问题、优化问题等。这些问题需要在一些特殊关系的基础上进行求解，划分这些关系的依据是这些关系满足的性质。本章将介绍了 4 类特殊的关系：等价关系、偏序关系、相容关系和函数。

7.1 等价关系

定义 7-1 设 R 是集合 A 上的关系，如果 R 满足自反性、对称性和传递性，则 R 是集合 A 上的等价关系（equivalent relation）。

例 7-1 设 $A = \{1,2,3,4,5,6,7,8,9,10\}$，集合 A 上的关系 R 定义为
$$R = \{<a,b> | a,b \in A, a \bmod 3 = b \bmod 3\}$$

可以验证，关系 R 是等价关系。这是因为 R 满足如下性质。

自反性：$\forall a \in A$，$a \bmod 3 = a \bmod 3$，因此有 $<a,a> \in R$。

对称性：$\forall <a,b> \in R$，根据 R 的定义，有 $a \bmod 3 = b \bmod 3$，因此有 $b \bmod 3 = a \bmod 3$，即 $<b,a> \in R$。

传递性：$\forall <a,b>,<b,c> \in R$，根据 R 的定义，有
$$a \bmod 3 = b \bmod 3$$
$$b \bmod 3 = c \bmod 3$$

因此有 $a \bmod 3 = c \bmod 3$，因此有 $<a,c> \in R$。

该关系的关系图如图 7-1 所示。

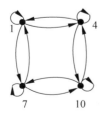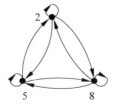

图 7-1 等价关系的关系图

从该例子可以看出，该等价关系中包含的序偶中，第一元素和第二元素对 3 取余的结果相等，因此，该关系又称为模 3 同余关系。类似可以证明，模 m 同余关系也是等价

关系，其中 m 是正整数。

定义 7-2 设 R 是集合 A 上的等价关系，元素 $a \in A$，令
$$[a]_R = \{b \mid b \in A, <a,b> \in R\}$$
称 $[a]_R$ 为由元素 a 生成的等价类（equivalent class），其中元素 a 称为该等价类的生成元（generator）。

例 7-2 在例 7-1 的等价关系中，集合中所有元素生成的等价类分别如下：
$$[1]_R = [4]_R = [7]_R = [10]_R = \{1,4,7,10\}$$
$$[2]_R = [5]_R = [8]_R = \{2,5,8\}$$
$$[3]_R = [6]_R = [9]_R = \{3,6,9\}$$

从例 7-2 可以看出，等价类具有如下的性质。

定理 7-1 设 R 是集合 A 上的等价关系，元素 $a,b \in A$，则

（1）$[a]_R \neq \varnothing$。

（2）如果 $a \in [b]_R$，则 $[a]_R = [b]_R$。

（3）如果 $a \notin [b]_R$，则 $[a]_R \cap [b]_R = \varnothing$。

（4）$\bigcup\limits_{a \in A}[a]_R = A$。

分析：等价类从本质上讲是集合，因此定理 7-1 中的（2）、（4）本质上是证明两个集合相等，可以采取互为子集的办法。证明（1）只需要找到等价类中的一个元素，证明（3）中两个集合的交集为空，通常采用反证法。

证明：

（1）由于关系 R 是集合 A 上的等价关系，因此 R 满足自反性。对元素 $a \in A$ 而言，有 $a \in [a]_R$，因此 $[a]_R \neq \varnothing$。

（2）$\forall c \in [a]_R$，根据等价类的定义，有 $<a,c> \in R$。由于 $a \in [b]_R$，因此有 $<b,a> \in R$。由于 R 是等价关系，因此 R 满足传递性，因此有 $<b,c> \in R$。根据等价类的定义，有 $c \in [b]_R$，因此有 $[a]_R \subseteq [b]_R$。

$\forall c \in [b]_R$，根据等价类的定义，有 $<b,c> \in R$。由于 $a \in [b]_R$，因此有 $<b,a> \in R$。由于 R 是等价关系，因此 R 满足对称性，因而有 $<a,b> \in R$。根据 R 的传递性，有 $<a,c> \in R$，即 $c \in [a]_R$。因此，$[b]_R \subseteq [a]_R$。

综合上述两点，有 $[a]_R = [b]_R$。

（3）设 $[a]_R \cap [b]_R \neq \varnothing$，则存在元素 c，使 $c \in [a]_R \cap [b]_R$，即 $c \in [a]_R$ 且 $c \in [b]_R$。根据等价类的定义，有 $<a,c> \in R$，$<b,c> \in R$。由于 R 是等价关系，因此 R 满足对称性，因此有 $<c,a> \in R$。根据 R 的传递性，有 $<b,a> \in R$，即 $a \in [b]_R$，这与 $a \notin [b]_R$ 相矛盾。因此有 $[a]_R \cap [b]_R = \varnothing$。

（4）$\forall a \in A$，必然有 $a \in [a]_R$，因而有 $a \in \bigcup\limits_{a \in A}[a]_R$，因此 $A \subseteq \bigcup\limits_{a \in A}[a]_R$。而根据等价类的定义，有 $[a]_R \subseteq A$，即 $\bigcup\limits_{a \in A}[a]_R \subseteq A$。因此有 $\bigcup\limits_{a \in A}[a]_R = A$。

定义 7-3 设 R 是集合 A 上的等价关系，所有不同等价类的集合，称为集合 A 关于 R 的商集（quotient set），记为 A/R，即
$$A/R = \{[a]_R \mid a \in A\}$$

例 7-3 设集合 $A = \{1,2,3,4,5,6,7,8,9,10\}$，$R$ 是集合 A 上的模 3 同余关系，求 A/R。

分析：根据例 7-1，得知关系 R 是集合 A 上的等价关系。根据定理 7-1 得知，一些元素生成的等价类是相同的，例如 $[1]_R = [4]_R$。在计算商集时，相同的元素合并成一个即可。

解：
根据定义 7-3，得知
$$A/R = \{\{1,4,7,10\}, \{2,5,8\}, \{3,6,9\}\}$$

□

定义 7-4 给定集合 A，集合 $A_1, A_2, \cdots, A_n$ 是集合 A 的子集，如果 $A_1, A_2, \cdots, A_n$ 满足：
（1）$A_1 \cup A_2 \cup \cdots \cup A_n = A$；
（2）$\forall i,j$，如果 $i \neq j$，有 $A_i \cap A_j = \emptyset$。
则称 $A_1, A_2, \cdots, A_n$ 为集合 A 的一个划分（partition）。

如果 $A_1, A_2, \cdots, A_n$ 只满足条件（1），则称 $A_1, A_2, \cdots, A_n$ 为集合 A 的一个**覆盖**（cover）。

例 7-4 设集合 $A = \{1,2,3,4,5\}$，则以下集合都是集合 A 的划分：
$$\{\{1,2\},\{3,4\},\{5\}\}$$
$$\{\{1\},\{2\},\{3,4,5\}\}$$
$$\vdots$$

根据定理 7-1，可以得知，集合 A 关于等价关系 R 的所有等价类，组成了集合 A 的一个划分，称为由 R 导出的 A 的划分。关于划分与等价关系之间的关系，还有如下定理。

定理 7-2 给定集合 A 的一个划分 $A_1, A_2, \cdots, A_n$，集合 A 上的关系 R 定义为
$$R = (A_1 \times A_1) \cup (A_2 \times A_2) \cup \cdots \cup (A_n \times A_n)$$
证明 R 是集合 A 上的等价关系。

分析：证明 R 是集合 A 上的等价关系，其本质是证明关系 R 具有自反性、对称性及传递性，这需要从关系的定义来证明。

证明：
（1）自反性。$\forall a \in A$，由于 $A_1, A_2, \cdots, A_n$ 是集合 A 的一个划分，因此必然存在 A_i，使 $a \in A_i$。因而有 $<a,a> \in A_i \times A_i$，即
$$<a,a> \in (A_1 \times A_1) \cup (A_2 \times A_2) \cup \cdots \cup (A_n \times A_n)$$
所以关系 R 满足自反性。

（2）对称性。$\forall <a,b> \in R$，则必然有 $<a,b> \in A_j \times A_j$。根据 $A_j \times A_j$ 的性质，必然有 $<b,a> \in A_j \times A_j$，即 $<b,a> \in R$。所以关系 R 满足对称性。

（3）传递性。$\forall <a,b>,<b,c> \in R$，必然有 $a,b,c \in A_j$ 成立。由于 $A_j \times A_j$ 包含了 A_j 中所有元素构成的序偶，因此有 $<a,c> \in A_j \times A_j$，即 $<a,c> \in R$。所以关系 R 满足传递性。

综上所述，R 满足自反性、对称性和传递性，因此 R 是等价关系。

□

从定理 7-2 可以得知，给定集合的一个划分，可以构造对应的等价关系。由于等价

关系可以构造出集合的一个划分，因此，等价关系与集合的划分是等价的。基于该结论，可以从另外一个角度去度量给定集合上可以构造的等价关系数目。

例 7-5　在集合 $A = \{1,2,3\}$ 上可以构造多少个不同的等价关系？

分析：集合 A 上可以构造 $2^{3\times3} = 512$ 个不同的关系，其中有多少个等价关系，从关系的角度没有很好的方法。但利用等价关系与划分的等价性，可以从构造划分的角度计算等价关系的数目。

解：

在集合 $A = \{1,2,3\}$ 上可以构造的划分如图 7-2 所示。

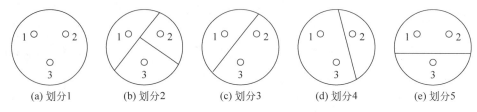

(a) 划分1　　(b) 划分2　　(c) 划分3　　(d) 划分4　　(e) 划分5

图 7-2　集合 $A = \{1,2,3\}$ 上构造的划分

从图 7-2 可以看出，在集合 $A = \{1,2,3\}$ 上可以构造 5 个不同的划分，因而在该集合上可以构造 5 个不同的等价关系。根据定理 7-2，这 5 个等价关系分别如下：

$\{<1,1>,<1,2>,<1,3>,<2,1>,<2,2>,<2,3>,<3,1>,<3,2>,<3,3>\}$
$\{<1,1>,<2,2>,<3,3>\}$
$\{<1,1>,<2,2>,<2,3>,<3,2>,<3,3>\}$
$\{<1,1>,<2,2>,<1,3>,<3,1>,<3,3>\}$
$\{<1,1>,<2,2>,<1,2>,<2,1>,<3,3>\}$

□

进一步，从程序设计的角度考虑集合的划分问题，如下。

例 7-6　已知集合 $A = \{1,2,3,\cdots,n\}$，考虑一下，在这个集合上可以构造多少个不同的划分。

解：

求含有 n 个元素的集合的划分，子集的个数可以从 1 到 n。考虑到这个情况，用 $f(n,m)$ 表示将含有 n 个元素的集合划分为 m 个子集的个数。例如，$\{\{1\},\{2\},\{3\},\{4\}\}$ 就是将集合 $\{1,2,3,4\}$ 划分为 4 个子集。由于 $m \leq n$，且存在以下两种特殊情况。

当 $m=1$ 时，$f(n,1)=1$，即将集合划分为一个大的子集。

当 $m=n$ 时，$f(n,n)=1$，此时将集合划分为由单个子集构成的划分。

对于其他情况，可以分为两种子情形。

（1）将 $n-1$ 个元素分为 m 个子集，多余的一个元素加到其他集合中，共有 $mf(n-1,m)$ 种情况。

（2）将 n 个元素分为 $m-1$ 个集合，多余的一个元素单独成一个集合，有 $f(n-1,m-1)$ 种情况。

综合上述考虑，$f(n,m)$ 可以采用如下的方式迭代进行：

$$f(n,m) = \begin{cases} 1, & m=1 \\ 1, & m=n \\ mf(n-1,m)+f(n-1,m-1), & \text{其他} \end{cases}$$

基于该公式，在含有 n 个元素的集合上构造不同的划分数量为 $\sum_{i=1}^{n} f(n,i)$，如程序 7-1 所示。

程序 7-1 求包含 n 个元素的划分数量

```c
#include<stdio.h>
int f(int n,int m)
{
    if(m==1||n==m)
        return 1;
    else
        return f(n-1,m-1)+f(n-1,m)*m;
}

int main()
{
    int n,i, sum=0;
    printf("请输入集合中元素的个数: ");
    scanf("%d",&n);
    for(i=1;i<=n;i++)
    {
        sum+=f(n,i);
    }
    printf("集合具有的不同的划分共有%d个\n",sum);
    return 0;
}
```

程序清单 7-1 的运行结果如图 7-3 所示。

图 7-3 程序清单 7-1 的运行结果

例 7-7 设 R、S 是集合 A 上的等价关系，证明：$R \circ S$ 是集合 A 上的等价关系，当且仅当 $R \circ S = S \circ R$。

分析：这是一个充要条件的证明。一是要证明 $R \circ S$ 是等价关系，二是要证明 $R \circ S = S \circ R$。证明 $R \circ S$ 是等价关系，即证明 $R \circ S$ 满足自反性、对称性和传递性；证明 $R \circ S = S \circ R$，即证明两个集合相等，只需证明二者互为子集即可。

证明：

（1）由 $R \circ S = S \circ R$ 证明 $R \circ S$ 是集合 A 上的等价关系。

自反性。$\forall a \in A$，由于 R、S 是集合 A 上的等价关系，因此有 $<a,a> \in R$，$<a,a> \in S$。根据复合关系的定义，有 $<a,a> \in R \circ S$。

所以 $R \circ S$ 满足自反性。

对称性。$\forall <a,b> \in R \circ S$，根据复合关系的定义，存在元素 $c \in A$，使 $<a,c> \in R$，$<c,b> \in S$。由于 R,S 是集合 A 上的等价关系，因此关系 R,S 满足对称性，即 $<c,a> \in R$，$<b,c> \in S$。根据复合关系的定义，有 $<b,a> \in S \circ R$。由于 $R \circ S = S \circ R$，所以有 $<b,a> \in R \circ S$。

所以 $R \circ S$ 满足对称性。

传递性。$\forall <a,b>,<b,c> \in R \circ S$，根据关系的复合，有

存在元素 $m \in A$，使 $<a,m> \in R$，$<m,b> \in S$；

存在元素 $n \in A$，使 $<b,n> \in R$，$<n,c> \in S$。

根据复合关系的定义，有 $<m,n> \in S \circ R$。由于 $R \circ S = S \circ R$，因此 $<m,n> \in R \circ S$。根据复合关系的性质，存在元素 $p \in A$，有 $<m,p> \in R$，$<p,n> \in S$。

由于 $<a,m> \in R$，$<m,p> \in R$，由于 R 是等价关系，满足传递性，因此有 $<a,p> \in R$；

由于 $<p,n> \in S$，$<n,c> \in S$，由于 S 是等价关系，满足传递性，因此有 $<p,c> \in S$。

根据复合关系的性质，有 $<a,c> \in R \circ S$。

因此 $R \circ S$ 满足传递性。

综合上述三点，可以得知 $R \circ S$ 是集合 A 上的等价关系。

（2）由 $R \circ S$ 是集合 A 上的等价关系，证明 $R \circ S = S \circ R$。

$\forall <a,b> \in R \circ S$，由于 $R \circ S$ 是等价关系，因此有 $<b,a> \in R \circ S$。根据复合关系的性质，存在元素 $c \in A$，有 $<b,c> \in R$，$<c,a> \in S$。

由于 R、S 是集合 A 上的等价关系，满足对称性，因此有 $<c,b> \in R$，$<a,c> \in S$。根据复合关系的定义，有 $<a,b> \in S \circ R$。

因此有 $R \circ S \subseteq S \circ R$。

$\forall <a,b> \in S \circ R$，根据复合关系的定义，存在元素 $c \in A$，使 $<a,c> \in S$，$<c,b> \in R$。由于 R,S 是集合 A 上的等价关系，因此 R,S 满足对称性。因此有 $<c,a> \in S$，$<b,c> \in R$。根据复合关系的定义，有 $<b,a> \in R \circ S$。由于 $R \circ S$ 是等价关系，满足对称性，有 $<a,b> \in R \circ S$。

因此有 $S \circ R \subseteq R \circ S$。

综合上述两点，有 $R \circ S = S \circ R$。

□

在例 7-7 中，证明 $R \circ S$ 满足传递性时要注意，利用关系的复合对 $<a,b>$ 和 $<b,c>$ 进行分解时，需要两个不同的中间元素，这和逻辑推理中的证明思路是一致的。

7.2 偏序关系

定义 7-5 设 R 是集合 A 上的关系，如果 R 满足自反性、反对称性和传递性，则称 R 是集合 A 上的偏序关系（partial order relation），称 $<A, R>$ 为偏序集（partial order set）。

例 7-8 实数集上的小于或等于（≤）关系满足自反性、反对称性和传递性，因而 "≤"

是偏序关系。同样，集合上的包含关系（⊆）也是偏序关系。

例 7-9 证明正整数上的整除关系是偏序关系。

分析：要证明整除关系是偏序关系，只需证明整除关系满足自反性、反对称性和传递性即可。

证明：

设整除关系表示为 R，即 $a|b$ 当且仅当 $<a,b>\in R$。

（1）自反性。$\forall a \in \mathbf{Z}^+$，有 $a|a$，即 $<a,a>\in R$。因此整除关系满足自反性；

（2）反对称性。$\forall <a,b>\in R$，$<b,a>\in R$，根据整除关系的定义有 $a|b$ 且 $b|a$。因此有 $b=ma$（$m\in \mathbf{Z}^+$），$a=nb$（$n\in \mathbf{Z}^+$）。即
$$a=mna$$
因此有 $m=n=1$，即 $a=b$。因此整除关系满足反对称性。

（3）传递性。$\forall <a,b>\in R$，$<b,c>\in R$，根据整除关系的定义，有 $a|b$ 且 $b|c$。即 $b=ma$ 且 $c=nb$。因此 $c=mna$，即 $a|c$，所以 $<a,c>\in R$ 成立。因此整除关系满足传递性。

□

与一般关系相比，偏序关系满足自反性、反对称性和传递性。利用这 3 个性质，可以对偏序关系的关系图进行简化。

定义 7-6 设 R 是集合 A 上的偏序关系，简化后的关系图可以按照如下步骤构造。

（1）在偏序关系的关系图表示中，由于偏序关系满足自反性，因此表示每一个元素的结点都有指向自身的环（回路）。在简化后的偏序关系表示中，不再考虑指向自身的环。

（2）由于偏序关系满足反对称性，当 $<a,b>\in R$ 且 $a\neq b$ 时，必然有 $<b,a>\notin R$，在简化后的关系图中，将表示元素 a 的结点放置在表示元素 b 的结点下方；

（3）当 $<a,b>\in R$，且 $\not\exists c\in A$，使 $<a,c>\in R$ 且 $<c,b>\in R$ 时，则在表示元素 a 的结点和表示元素 b 的结点之间画一条线。

经过上述步骤表示的简化关系图，称为哈斯图[①]（Hasse diagram）。

例 7-10 给定集合 $A=\{a,b,c\}$，"⊆" 是 $P(A)$ 上的偏序关系，画出该偏序关系的关系图和哈斯图。

分析：集合之间的包含关系（⊆）是一个典型的偏序关系。可以画出该关系的关系图和哈斯图，供读者比较。

解：

集合 $A=\{a,b,c\}$ 的幂集为
$$P(A)=\{\varnothing,\{a\},\{b\},\{c\},\{a,b\},\{a,c\},\{b,c\},\{a,b,c\}\}$$

首先按照关系图的定义，画出该关系的关系图，如图 7-4 所示。基于定义 7-6，画出该关系的哈斯图，如图 7-5 所示。

从图 7-4 和图 7-5 可以看出，对偏序关系而言，哈斯图表示要优于关系图表示。

□

[①] 哈斯（Helmut Hasse，1898—1979），德国数学家，在数论、域理论中做了许多卓越的工作。需要说明的是，哈斯图并不是哈斯提出的，而是哈斯有效利用了哈斯图。

需要注意的是，偏序关系的关系图表示中，连线是有方向的，而在其哈斯图表示中，由于偏序关系满足反对称性，因此连线是没有方向的。

例 7-11 设"|"是集合 $A = \{2,3,6,8,12,24,36\}$ 上的整除关系，画出该关系的哈斯图。

解：

根据定义 7-6，集合 A 上的整除关系的哈斯图如图 7-6 所示。

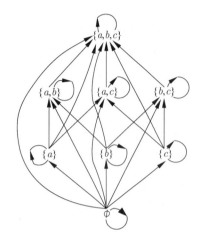
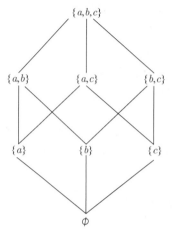
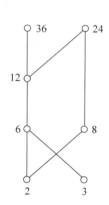

图 7-4 包含关系的关系图　　图 7-5 包含关系的哈斯图　　图 7-6 例 7-11 的哈斯图

定义 7-7 设 $<A, \leqslant>$ 是偏序集，"$\leqslant$"是集合 A 上的偏序关系，$B \subseteq A$，则：

（1）$b \in B$ 是集合 B 的最大元素（greatest element），当且仅当 $\forall c \in B$，有 $c \leqslant b$ 成立；

（2）$b \in B$ 是集合 B 的极大元素（maximal element），当且仅当 $\nexists c \in B$，使 $b \leqslant c$ 成立；

（3）$b \in B$ 是集合 B 的最小元素（smallest element），当且仅当 $\forall c \in B$，有 $b \leqslant c$ 成立；

（4）$b \in B$ 是集合 B 的极小元素（minimal element），当且仅当 $\nexists c \in B$，使 $c \leqslant b$ 成立；

（5）元素 $a \in A$ 称为集合 B 的上界（upper bound），如果 $\forall c \in B$，有 $c \leqslant a$ 成立；

（6）元素 $a \in A$ 称为集合 B 的下界（lower bound），如果 $\forall c \in B$，有 $a \leqslant c$ 成立；

（7）设元素 $a \in A$ 是集合 B 的上界，如果对集合 B 的任意一个上界 c 而言，都有 $a \leqslant c$ 成立，称 a 是集合 B 的最小上界（least upper bound）或上确界；

（8）设元素 $a \in A$ 是集合 B 的下界，如果对集合 B 的任意一个下界 c 而言，都有 $c \leqslant a$ 成立，称 a 是集合 B 的最大下界（greatest lower bound）或下确界。

例 7-12 在例 7-11 中，设 $B_1 = \{2,6,8,12,24\}$，$B_2 = \{2,3,6,8\}$，求 B_1 和 B_2 的最大元素、最小元素、极大元素、极小元素、上界、下界、上确界、下确界。

分析： 由于这里的偏序关系是整除关系，因此最大元素是集合中所有元素的倍数，最小元素是集合中所有元素的因子。极大元素是集合中没有元素是它的倍数；极小元素是集合没有元素是它的因子。上界是集合 A 中的元素，它是集合 B 中所有元素的倍数；下界是集合 A 中的元素，它是集合 B 中所有元素的因子。上确界是上界中的元素，它是所有上界的因子；下确界是下界中的元素，它是所有下界元素的倍数。

解:

集合 B_1 和 B_2 的各种特殊元素如表 7-1 所示。

表 7-1 集合 B_1 和 B_2 的各种特殊元素

特殊元素	$B_1=\{2,6,8,12,24\}$	$B_2=\{2,3,6,8\}$
最大元素	24	—
最小元素	2	—
极大元素	24	6, 8
极小元素	2	2, 3
上界	24	24
下界	2	—
上确界	24	24
下确界	2	—

关于特殊元素,需要注意以下三点。

(1) 集合 B 的最大元素、最小元素、极大元素和极小元素一定是集合 B 中的元素。

(2) 集合 B 的上界、下界、上确界和下确界是集合 A 中的元素,可能是集合 B 中的元素。

(3) 有上界不一定有上确界,有下界不一定有下确界。

关于第(1)点和第(2)点,可以从特殊元素的定义得出,关于第(3)点,见下面的例题。

例 7-13 给定偏序关系的哈斯图,如图 7-7 所示,求集合 $\{a,b\}$ 的上界、上确界,以及集合 $\{c,d\}$ 的下界、下确界。

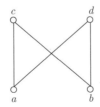

图 7-7 例 7-13 中偏序关系的哈斯图

解:

根据上界、下界的定义,可知集合 $\{a,b\}$ 的上界为 $\{c,d\}$,集合 $\{c,d\}$ 的下界为 $\{a,b\}$。但由于 a 和 b 是不可比较的,因此 $\{c,d\}$ 没有下确界;同样,由于 c 和 d 是不可比较的,因此 $\{a,b\}$ 没有上确界。

定义 7-8 给定偏序集 $<A, \leqslant>$,如果对任意的 $x, y \in A$,都有 x 和 y 是可比的($x \leqslant y$ 或者 $y \leqslant x$),称关系"$\leqslant$"为全序关系(total order relation),又称链(chain)。

例 7-14 (1) 给定集合 $A=\{1,2,3,4\}$,则该集合上的小于或等于关系($\leqslant$)是该集合上的全序关系。

（2） $A = \{\{b\}, \{b,c\}, \{b,c,d\}\}$，该集合上的包含关系（⊆）是该集合上的全序关系。

全序关系在优化问题上有着重要的应用。如果某一个问题的所有解满足全序关系，则该问题一定存在最优解。

例 7-15 给定字典中的两个单词 $a_1a_2\cdots a_m$ 和 $b_1b_2\cdots b_n$，取 $j = \min\{m,n\}$，字典序"≤"关系可以定义为 $a_1a_2\cdots a_m \leqslant b_1b_2\cdots b_n$ 成立，当且仅当 $a_1a_2\cdots a_j \leqslant b_1b_2\cdots b_j$ 或 $a_1a_2\cdots a_j = b_1b_2\cdots b_j$ 且 $n \leqslant m$。

可以看出，字典序关系是单词集合上的偏序关系，而且也是一个全序关系。

7.3 相容关系

定义 7-9 设 R 是集合 A 上的关系，如果 R 满足自反性和对称性，称 R 是集合 A 上的**相容关系**（consistent relation）。如果 $<x,y> \in R$，称元素 x 和元素 y **相容**，记为 $x \approx y$，否则称元素 x 和元素 y **不相容**。

根据相容关系的定义，可以看出，由于所有的等价关系都满足自反性和对称性，因而等价关系都是相容关系。从这个角度讲，等价关系是一种特殊的相容关系，即满足传递性的相容关系。但反过来，相容关系不一定是等价关系。

例 7-16 （1）给定集合 $A = \{\text{hello}, \text{ludong}, \text{git}, \text{pig}, \text{book}\}$ 为五个单词的集合，令关系 $R = \{<w_1, w_2> | w_1 \text{和} w_2 \text{具有相同的字母}\}$。则显然关系 R 满足自反性、对称性，但并不满足传递性。例如 hello 和 ludong 具有相同的字母，ludong 和 git 具有相同的字母，但 hello 和 git 没有相同的字母，因而关系 R 不满足传递性。

人和人之间的"朋友关系"，如果假设人和自己是朋友，则朋友关系满足自反性、对称性，但朋友关系不一定满足传递性。

□

基于相容关系满足的自反性、对称性，参照偏序关系中关系图的简化方式，可以把相容关系的关系图进行简化，具体做法如下。

（1）表示集合中元素的点不画指向自身的自回路。

（2）如果两个元素构成的序偶出现在相容关系中，则在表示两个元素的结点间只画一条边，不再用成对的有向弧线表示。

例 7-17 设集合 $A = \{3,4,5,6,10\}$，在该集合上定义如下的关系：
$$R = \{<a,b> | a,b \in A \text{ 且 } a \text{ 和 } b \text{ 有公因子}\}$$

判断 R 是否是相容关系或等价关系，如果是相容关系，计算其关系矩阵、关系图和简化后的关系图。

解：

显然，集合 A 中的每一个元素都与其自身有相同的因子，因而关系 R 满足自反性。

此外，如果 $<a,b> \in R$，即元素 a 和 b 有公因子，因此 b 和 a 有公因子，即 $<b,a> \in R$。因而关系 R 满足对称性。

在关系 R 中，并不满足传递性。例如，$<3,6>\in R$，$<6,10>\in R$，但 $<3,10>\notin R$。因而关系 R 是相容关系，不是等价关系。该关系的关系矩阵为

$$M_R = \begin{pmatrix} 1 & 0 & 0 & 1 & 0 \\ 0 & 1 & 0 & 1 & 1 \\ 0 & 0 & 1 & 0 & 1 \\ 1 & 1 & 0 & 1 & 1 \\ 0 & 1 & 1 & 1 & 1 \end{pmatrix}$$

该关系的关系图和简化后的关系图如图 7-8 所示。

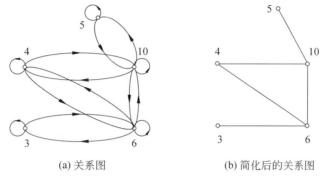

(a) 关系图　　　　　　(b) 简化后的关系图

图 7-8　相容关系 R 的关系图和简化关系图

□

定义 7-10　设 R 是 A 上的相容关系，$C\subseteq A$ 称为相容关系 R 产生的**相容类**，如果对任意的 $x,y\in C$，均有 $<x,y>\in R$ 成立。

例如，在例 7-17 中，$\{3,6\}$、$\{4,6\}$、$\{5,10\}$ 均为相容类。在这些相容类中，$\{3,6\}$ 中无法再加入其他元素组成新的相容类，而 $\{4,6\}$ 中可以再加入元素 10 组成相容类 $\{4,6,10\}$，称类似 $\{3,6\}$ 这样的相容类为**最大相容类**，定义如下。

定义 7-11　设 R 是 A 上的相容关系，$C\subseteq A$ 是相容关系 R 产生的相容类，如果该相容类不是其他任何相容类的真子集，称该相容类为**最大相容类**。

例如，例 7-17 中的 $\{3,6\}$、$\{4,6,10\}$、$\{5,10\}$ 等均为最大相容类。

从最大相容类的定义可以看出，如果 $C\subseteq A$ 是相容关系 R 的最大相容类，则对于 $A-C$ 中的任何元素 b，存在 $c\in C$，使 $<b,c>\notin R$。从简化后的关系图来看，如果 $C\subseteq A$ 是最大相容类，则在简化后的关系图中，C 中的所有元素之间均有连线。

定理 7-3　设 R 是非空集合 A 上的一个相容关系，由 R 的最大相容类为元素构成的集合构成了集合 A 的一个覆盖，称其为 A 的一个**完全覆盖**，记为 $C_R(A)$。

分析：设 R 所有最大相容类组成的集合为 $\{C_1,C_2,\cdots,C_n\}$，显然，$C_i\subseteq A$。因此证明 $\{C_1,C_2,\cdots,C_n\}$ 是集合 A 的一个覆盖，只需要证明 $C_1\cup C_2\cup\cdots\cup C_n = A$，这又归结为证明集合相等。

证明：
由于 $C_i\subseteq A$，因此有 $C_1\cup C_2\cup\cdots\cup C_n\subseteq A$。

对任意 $a \in A$，必然有 $\{a\}$ 是由相容关系 R 产生的一个相容类。对相容类 $\{a\}$ 而言，必存在 C_i，使 $\{a\} \subseteq C_i$，因此有 $a \in C_1 \cup C_2 \cup \cdots \cup C_n$。

综上，有 $C_1 \cup C_2 \cup \cdots \cup C_n = A$。

例如，例 7-17 中，最大相容类分别为 $\{3,6\},\{4,6,10\},\{5,10\}$，这 3 个集合显然构成了集合 $A = \{3,4,5,6,10\}$ 的一个覆盖。

上述定理表明，给定集合的一个相容关系，可以构造集合的一个覆盖。那么反过来，给定集合的一个覆盖，能否产生一个与之对应的相容关系呢？下面的定理给出了肯定的回答。

定理 7-4 设 $\{A_1, A_2, \cdots, A_n\}$ 是集合 A 的一个覆盖，则由该覆盖产生如下的关系
$$R = (A_1 \times A_1) \cup (A_2 \times A_2) \cup \cdots \cup (A_n \times A_n)$$
是集合 A 上的相容关系，称其为由该覆盖引导出的相容关系。

分析：在等价关系中，定理 7-2 给出了证明上述关系满足自反性、对称性的方式，读者可参照定理 7-2 对上述定理进行证明，这里不再赘述。

定理 7-3 和定理 7-4 说明了相容关系和覆盖之间的对应性。基于相容关系，通过构造最大相容类，得到了集合的一个覆盖。同时，基于集合的覆盖，可以构造集合上的相容关系。这里需要说明的是，不同的覆盖可能产生相同的相容关系，通过下面的例题说明。

例 7-18 设计集合 $A = \{1,2,3\}$ 上的一个相容关系。

解：
首先构造该集合的一个覆盖，$\{1,2\},\{2,3\}$，基于该覆盖和定理 7-4，可以构造如下的相容关系：
$$R = \{<1,1>,<1,2>,<2,1>,<2,2>,<2,3>,<3,2>,<3,3>\}$$
同样，构造集合的另一个覆盖 $\{1\},\{1,2\},\{2,3\}$，也可以产生上述相容关系。

7.4 函数

7.4.1 函数的定义

在高等数学中，函数的概念是从变量的角度提出的，应变量随着自变量的改变而发生改变。本节将从关系的角度对函数进行介绍，将函数看成一种特殊的二元关系。

定义 7-12 设 f 是 A 到 B 的关系，如果对任意的 $a \in A$，存在唯一的 $b \in B$，使 $<a,b> \in f$，称 f 是 A 到 B 的函数（function）或映射（mapping）。如果 $<a,b> \in f$，通常记为 $f(a) = b$，称 a 为函数的自变量。

从函数的定义可以得知：
（1） $\text{dom} f = A$，称为函数的定义域；

（2）$\text{ran} f \subseteq B$，称为函数的值域，有时也将 $\text{ran} f$ 记为 $f(A)$。

例 7-19 设 $A = \{1,2,3\}$，$B = \{a,b\}$，判断下列关系是否为函数。
（1）$f_1 = \{<1,a>,<2,b>\}$。
（2）$f_2 = \{<1,a>,<1,b>,<2,a>,<3,b>\}$。
（3）$f_3 = \{<1,a>,<2,a>,<3,b>\}$。

分析：判断一个关系是否是函数，主要把握两点。
（1）集合 A 中的每一个元素是否作为序偶的第一元素出现在给定关系中。
（2）集合 A 中的每一个元素是否作为序偶的第一元素在给定关系中仅出现一次。

解：
（1）不是函数，因为集合 A 中的元素 3 没有作为序偶的第一元素出现在关系中。
（2）不是函数，因为 1 作为序偶的第一元素在关系中出现两次。
（3）是函数。

例 7-20 设 $A = \{1,2,3\}$，$B = \{a,b\}$，判断从 A 到 B 有多少个不同的关系和函数。

分析：从集合 A 到集合 B 的关系是 $A \times B$ 的子集，因此 $A \times B$ 有多少个不同的子集，从 A 到 B 就有多少个不同的关系。函数的本质是为集合 A 中的每一个元素在集合 B 中找一个元素相对应，因而构造的函数个数小于关系的数目。

解：
由于 $|A \times B| = |A| \times |B| = 2 \times 3 = 6$，因此从 A 到 B 的关系有 $2^6 = 64$ 个。
从 A 到 B 的函数有 $2 \times 2 \times 2 = 2^3 = 8$ 个。

从例 7-20 可以看出，给定集合 A 和 B，从集合 A 到 B 的关系个数为 $2^{|A \times B|}$，而从 A 到 B 的函数个数为 $|B|^{|A|}$，有时将从 A 到 B 的所有函数构成的集合表示为 B^A，即
$$B^A = \{f \mid f : A \to B\}$$

7.4.2 函数的性质

定义 7-13 设 f 是从集合 A 到集合 B 的函数，则：
（1）如果对任意的 $a,b \in A$，且满足 $a \neq b$ 时，有 $f(a) \neq f(b)$，称 f 是从 A 到 B 的单射（injection）。
（2）如果对任意的 $b \in B$，都存在 $a \in A$，使 $f(a) = b$，称 f 是从 A 到 B 的满射（surjection）。
（3）如果 f 既是从 A 到 B 的单射，又是从 A 到 B 的满射，则称 f 是从 A 到 B 的双射（bijection），又称一一映射（one to one mapping）。

例 7-21 判断下列函数的性质。
（1）$A = \{1,2,3\}$，$B = \{a,b\}$，$f_1 = \{<1,a>,<2,a>,<3,a>\}$。
（2）$A = \{1,2\}$，$B = \{a,b,c\}$，$f_2 = \{<1,a>,<2,b>\}$。

（3）$A = \{1,2,3\}$，$B = \{a,b\}$，$f_2 = \{<1,a>,<2,b>,<3,a>\}$。
（4）$A = \{1,2,3\}$，$B = \{a,b,c\}$，$f_2 = \{<1,a>,<2,b>,<3,c>\}$。

分析：判断函数是否是单射，只需要判断函数中的序偶是否有第二元素相同而第一元素不同。如果存在这样的序偶，则不是单射。判断函数是否是满射，只需要判断集合 B 中的每一个元素是否都出现在序偶的第二元素中。如果都出现，则是满射，否则不是。

解：
（1）由于 $<1,a>$ 和 $<2,a>$ 的存在，因此函数不是单射；由于 b 没有作为第二元素出现在相应的序偶中，因此函数不是满射。
（2）可以看出，如果序偶的第一元素不同，则第二元素也不同，因此该函数是单射；由于 $c \in B$ 没有出现在相应的序偶中，因此函数不是满射。
（3）由于 $<1,a>$ 和 $<3,a>$ 的存在，因此函数不是单射；集合 B 中的每一个元素都作为第二元素出现在相应的序偶中，因此函数是满射。
（4）可以看出，如果序偶的第一元素不同，则第二元素也不同，因此该函数是单射；集合 B 中的每一个元素都作为第二元素出现在相应的序偶中，因此函数是满射。因此，该函数是双射。

□

从上面的例题可以看出，如果 f 是从集合 A 到集合 B 的函数，则：
（1）如果 f 是单射，则 $|A| \leqslant |B|$；
（2）如果 f 是满射，则 $|A| \geqslant |B|$；
（3）如果 f 是双射，则 $|A| = |B|$。

7.4.3 函数的运算

1. 函数的复合运算

由于函数本质上是关系，而关系可以进行复合运算，因此函数也可以进行复合运算，但函数复合运算的结果是不是函数呢？有下面的定理。

定理 7-5 设 f 是从集合 A 到集合 B 的函数，g 是从集合 B 到集合 C 的函数，则 $f \circ g$ 是从集合 A 到集合 C 的函数。

分析：证明 $f \circ g$ 是函数，需要证明两点。
（1）$\forall a \in A$，存在 $c \in C$，满足 $f \circ g(a) = c$。
（2）c 是唯一的。

证明：
$\forall a \in A$，由于 f 是从集合 A 到集合 B 的函数，因此，存在唯一的 $b \in B$，使 $f(a) = b$；又由于 g 是从集合 B 到集合 C 的函数，因此存在唯一的 $c \in C$，使 $g(b) = c$，即对任意的 $a \in A$，存在唯一的 $c \in C$，使 $g(f(a)) = c$，即 $f \circ g(a) = c$。

□

显然，$f \circ g(x) = g(f(x))$。

例 7-22 设 f、g、h 是 R 到 R 的函数，$f(x) = x^2$，$g(x) = x - 5$，$h(x) = (x+1)/3$。求 $f \circ g$，$g \circ f$，$g \circ h$，$f \circ (g \circ h)$。

解：

$$f \circ g(x) = g(f(x)) = x^2 - 5$$

$$g \circ f(x) = f(g(x)) = (x - 5)^2$$

$$g \circ h(x) = h(g(x)) = \frac{x - 5 + 1}{3} = \frac{x - 4}{3}$$

$$f \circ (g \circ h)(x) = g \circ h(f(x)) = \frac{x^2 - 4}{3}$$

□

例 7-23 设 f 是从集合 A 到集合 B 的函数，g 是从集合 B 到集合 C 的函数，则：

（1）如果 $f \circ g$ 是集合 A 到集合 C 的满射，则 g 是从集合 B 到集合 C 的满射；

（2）如果 $f \circ g$ 是集合 A 到集合 C 的单射，则 f 是从集合 A 到集合 B 的单射。

分析： 要证明 g 是从集合 B 到集合 C 的满射，即要证明 $\forall c \in C$，存在元素 $b \in B$，使 $g(b) = c$。要找到这样的元素，可以根据 $f \circ g$ 是满射查找。而要证明 f 是从集合 A 到集合 B 的单射，即 $\forall a_1, a_2 \in A$，由 $a_1 \neq a_2$ 推导出 $f(a_1) \neq f(a_2)$，可以借助 $f \circ g$ 证明。

证明：

（1）$\forall c \in C$，由于 $f \circ g$ 是集合 A 到集合 C 的满射，因此存在 $a \in A$，使 $f \circ g(a) = c$，即 $g(f(a)) = c$。由于 f 是从集合 A 到集合 B 的函数，因此 $f(a) \in B$，令 $b = f(a)$，有 $\forall c \in C$，存在 $b \in B$，使 $g(b) = c$。因此，g 是从集合 B 到集合 C 满射。

（2）对任意的 $a_1, a_2 \in A$，$a_1 \neq a_2$，由于 $f \circ g$ 是集合 A 到集合 C 的单射，因此有 $f \circ g(a_1) \neq f \circ g(a_2)$，即 $g(f(a_1)) \neq g(f(a_2))$。由于 g 是从集合 B 到集合 C 的函数，因此有 $f(a_1) \neq f(a_2)$[①]，并且 f 是从集合 A 到集合 B 的单射。

□

2. 函数的逆运算

函数的逆运算，本质上与关系的逆运算是一致的，但关系的逆运算一定是关系，而函数的逆运算却不一定是函数。为了保证函数的逆运算仍然是函数，要求函数必须是双射。首先必须保证函数必须是满射，这样能保证逆运算后每个元素都有对应的元素；其次要保证函数必须是单射，这样能保证每个元素对应唯一的元素。

在关系中，$(R \circ S)^{-1} = S^{-1} \circ R^{-1}$。将该结论移植至函数中，可以得到：$(f \circ g)^{-1} = g^{-1} \circ f^{-1}$。进一步，通过函数的逆运算可以得到如下结论。

定理 7-6 设 f 是从集合 A 到集合 B 的双射函数，则：

（1）$f \circ f^{-1} = I_A = \{<a, a> | a \in A\}$；

[①] 由于 g 是函数，因此当 $f(a_1) = f(a_2)$ 时有 $g(f(a_1)) = g(f(a_2))$。取逆否命题：当 $g(f(a_1)) \neq g(f(a_2))$ 时有 $f(a_1) \neq f(a_2)$。

(2) $f^{-1} \circ f = I_B = \{<b,b>| b \in B\}$。

证明:

略。

阅读材料

粗 糙 集

现实世界中的许多对象群体的边界都是很模糊或不确定的,通常把现实世界中的对象及其特征描述组成的序偶称为信息系统,表示为 $<A, R>$,其中 $A = \{a_1, a_2, \cdots, a_n\}$ 是对象的集合,$R = \{r_1, r_2, \cdots, r_m\}$ 是特征的集合。例如,表 7-2 用来描述由若干西瓜及其属性组成的信息系统。

表 7-2 由西瓜及其属性组成的信息系统

编 号	色 泽	根 蒂	敲 声
w_1	青绿	蜷缩	浊响
w_2	乌黑	蜷缩	沉闷
w_3	乌黑	蜷缩	浊响
w_4	青绿	蜷缩	沉闷
w_5	浅白	蜷缩	浊响
w_6	青绿	稍蜷	浊响
w_7	乌黑	稍蜷	浊响
w_8	乌黑	稍蜷	浊响

在表 7-1 中,$A = \{w_1, w_2, w_3, w_4, w_5, w_6, w_7, w_8\}$,$R = \{色泽,根蒂,敲声\}$,基于这 4 个基本特征,可以分别形成对对象集合 A 的划分,分别如下:

$$IND(色泽) = \{\{w_1, w_4, w_6\}, \{w_2, w_3, w_7, w_8\}, \{w_5\}\}$$
$$IND(根蒂) = \{\{w_1, w_2, w_3, w_4, w_5\}, \{w_6, w_7, w_8\}\}$$
$$IND(敲声) = \{\{w_1, w_3, w_5, w_6, w_7, w_8\}, \{w_2, w_4\}\}$$

同样,可以对现有的属性进行组合,形成对集合 A 的划分,例如:

$$IND(\{色泽,根蒂\}) = \{\{w_1, w_4\}, \{w_6\}, \{w_2, w_3\}, \{w_7, w_8\}, \{w_5\}\}$$
$$IND(\{色泽,敲声\}) = \{\{w_1, w_6\}, \{w_4\}, \{w_2\}, \{w_3\}, \{w_7, w_8\}, \{w_5\}\}$$
$$IND(\{根蒂,敲声\}) = \{\{w_1, w_3, w_5\}, \{w_2, w_4\}, \{w_6, w_7, w_8\}\}$$
$$IND(\{色泽,根蒂,敲声\}) = \{\{w_1\}, \{w_4\}, \{w_6\}, \{w_2\}, \{w_3\}, \{w_7, w_8\}, \{w_5\}\}$$

可以发现,随着考虑的属性越多,构造的划分越"细";考虑的属性越少,构造的划分越"粗"。在这种观点下,所有属性构成的划分是最细的,由其形成的划分称为**基本块**。上述每一个基本块,都可以用相应的属性——属性值来准确描述,例如 w_1 可以表示为"色泽=青绿,根蒂=蜷缩,敲声=浊响"来描述,基于目前提供的属性描述,可以将该个体进行准确的定义。而对于 w_7 和 w_8 而言,目前提供的所有属性是无法将它们区分开的,称二者是不可分辨的（indiscernible）。

对个体集合 A 的某一子集 $B \subseteq A$ 而言，如果它可以表示为某些基本块的并集，则它是**精确的**（accurate），否则称其为**粗糙的**（rough）。波兰学者 Z. Pawlak 围绕集合的精确描述以及属性约简，开展深入的研究并形成了系统化的理论体系，称为**粗糙集理论**。

设由属性集 R 对个体集合 A 形成的划分表示为 $A = \{A_1, A_2, \cdots, A_m\}$，则对于粗糙的集合 X 而言，它可以由两个精确的集合近似描述，称为**该集合的上近似**（upper approximation）和**下近似**（lower approximation），表示为 $\overline{R}(X)$ 和 $\underline{R}(X)$，形式化定义如下：

$$\overline{R}(X) = \bigcup \{A_i \mid A_i \cap X \neq \varnothing\}$$
$$\underline{R}(X) = \bigcup \{A_i \mid A_i \subseteq X\}$$

关于 X、$\overline{R}(X)$ 和 $\underline{R}(X)$ 的关系，可以用图 7-9 来表示。

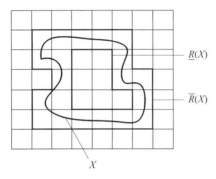

图 7-9　粗糙的集合与其上近似、下近似的关系

粗糙集理论对描述含义模糊且不太明确的概念给出了解决方案，有力拓宽了经典集合的概念和应用范围。更为重要的是，粗糙集可由经典集合借助等价关系、等价类进行定义，具有坚实的理论基础。目前，粗糙集理论在模式识别、数据挖掘等领域得到了广泛的应用。

习题 7

1. 如果 $|A| = m$，$|B| = n$，从集合 A 到集合 B 可以构造多少个不同的单射、满射和双射？

2. 给定集合 $A = \{1,2,3,4,5\}$，在该集合上构造等价关系，该等价关系能够产生划分 $\{\{1,2\}, \{3,4\}, \{5\}\}$。

3. 在正整数集合 $\mathbf{Z} \times \mathbf{Z} \times \mathbf{Z}$ 上定义关系 R，$<x,y,z> R <u,v,w>$ 当且仅当 $xyz = uvw$。证明 R 是等价关系。

4. 给定集合 $A = \{2,4,6\}$，$B = \{1,2,4,6,12\}$，$C = \{1,2,4,8\}$，画出这些集合上整除关系的哈斯图。

5. 在集合 $S = \{A, B, C, D, E\}$ 上定义偏序关系 R 的哈斯图如图 7-10 所示，求出如下集合的最大元素、最小元素、极大元素、极小元素、上界、下界、上确界、下确界。

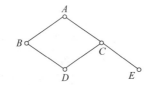

图 7-10 偏序关系 R 的哈斯图

(1) $S = \{A,B,C,D,E\}$。
(2) $\{B,C,D\}$。
(3) $\{A,C,D,E\}$。
(4) $\{C,D,E\}$。
(5) $\{A,C,E\}$。

6. 设 R 是定义在集合 A 上的一个二元关系，在集合 A 上定义关系 S 如下：
$$S = \{<a,b> | a,b \in A \wedge (\exists c \in A, <a,c> \in R, <c,b> \in R)\}$$
证明：如果 R 是集合 A 上的等价关系，则 S 也是集合 A 上的等价关系。

7. 设 A 是非空集合，B 是 A 上所有二元关系的集合。任取 $R_1, R_2 \in B$，如果对 $x,y \in A$，有 $xR_1y \Rightarrow xR_2y$，则 $R_1 \leqslant R_2$。证明 $<B,\leqslant>$ 是一个偏序集。

8. 设 $<A,\leqslant>$ 是偏序集，对任意 $a \in A$，定义 $f(a) = \{x | x \in A \wedge x \leqslant a\}$。证明 f 是从 A 到 $\rho(A)$ 的单射函数，并且 f 保持 $<A,\leqslant>$ 与 $<\rho(A),\subseteq>$ 的偏序关系，即若 $a \leqslant b$，有 $f(a) \subseteq f(b)$。

9. 判断下列函数是否是单射、满射、双射，如果是双射，给出它们的逆函数。
(1) $f: \mathbf{R} \to \mathbf{R}$，$f(x) = 2x+3$。
(2) $f: \mathbf{N} \to \mathbf{N} \times \mathbf{N}$，$f(n) = <n, n+1>$。
(3) $f: \mathbf{Z} \to \mathbf{Z}^+ \cup \{0\}$，$f(a) = a^2$。
(4) $f: \mathbf{N} \to \mathbf{N}$，$f(a) = a \bmod 5$。

10. 设 f、g、h 是定义在集合 R 上的函数，$f(x) = 2x+1$，$g(x) = x/3$，$h(x) = x^2$。计算 $f \circ g$，$g \circ h$，$h \circ f$，$(f \circ g) \circ h$。

11. 设 $f: A \to B$，$g: B \to C$ 是函数，证明：
(1) 若 $f \circ g$ 是满射且 g 是单射，则 f 是满射。
(2) 若 $f \circ g$ 是单射且 f 是满射，则 g 是单射。

12. 设 $f: A \to B$，$g: B \to C$ 是两个函数，证明：若 $f \circ g$ 是双射，则 f 是单射，g 是满射。

13. 设 $f: A \to B$ 是从 A 到 B 的函数，定义函数 $g: B \to \rho(A)$。对任意 $b \in B$，有
$$g(b) = \{a \in A, f(a) = b\}$$
证明：若 f 是从 A 到 B 的满射，则 g 是从 B 到 $\rho(A)$ 的单射。

14. 设 R 是集合 A 上的一个关系，R 称为 A 上的循环关系，如果对 $a,b,c \in A$，若 $<a,b> \in R, <a,c> \in R$ 则有 $<b,c> \in R$。证明：R 是集合 A 上的等价关系，当且仅当它是满足自反性的循环关系。

15. 集合 A = {hello, world, computer, lamp, matrix, book, screen}，在该集合上定义的关系 R 为 $R = \{<a,b> | a,b \in A, a 和 b$ 至少有一个字母相同$\}$。

（1）证明：R 是相容关系。

（2）如果该关系是相容关系，画出关系图以及简化后的关系图。

（3）如果是相容关系，计算最大相容类。

第8章 图论基础

本章导引

现实世界中的许多问题都可以抽象为某种图形，利用图形可以使问题更直观。

例 8-1 哥尼斯堡（Koenigsberg）七桥问题。在哥尼斯堡的一个公园里，有七座桥将普雷格尔河中两个岛及岛与河岸连接起来，如图 8-1 所示。能否从这四块陆地中任一地出发，恰好通过每座桥一次，再回到起点？数学家欧拉[①]将陆地和小岛用点表示，而将七座桥用线表示，得到了一个用七条线组成的图形，如图 8-2 所示。于是，七桥问题就变成了能否一笔画出这个图形的问题。

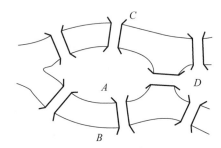 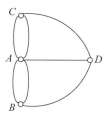

图 8-1 哥尼斯堡七桥问题　　　图 8-2 七桥问题的图表示

可以发现，将图 8-1 抽象成图 8-2 后，问题变得非常简单。现实世界中存在许多这样的问题，计算机科学中同样存在类似的问题，像旅行售货员问题等。基于图论可以使这些问题变得非常直观，本章将对图论中的基本概念进行介绍。

8.1 图的基本概念

8.1.1 图

定义 8-1 图（graph）定义为 $G=<V,E>$，其中 $V=\{v_1,v_2,\cdots,v_n\}$ 是结点（vertex）的集合，$E=\{e_1,e_2,\cdots,e_m\}$，是边（edge）的集合。

定义 8-2 在图 $G=<V,E>$ 中，如果边 e 表示为结点的有序对，即 $e=<v_i,v_j>$，称

[①] 莱昂哈德·欧拉（Leonhard Euler，1707—1783），瑞士数学家、自然科学家。欧拉是 18 世纪数学界最杰出的人物之一，他不但为数学界做出贡献，更把整个数学推至物理的领域。他是数学史上最多产的数学家，平均每年写出八百多页的论文，还写了大量的力学、分析学、几何学、变分法等的课本，《无穷小分析引论》《微分学原理》《积分学原理》等都成为数学界中的经典著作。欧拉对数学的研究如此广泛，因此在许多数学分支中也可经常见到以他的名字命名的重要常数、公式和定理。此外欧拉还涉及建筑学、弹道学、航海学等领域。

其为有向边（directed edge），其中 v_i 称为弧头或起点（initial point），v_j 称为弧尾或终点（terminal point）；如果边 e 表示为结点的无序对，即 $e=(v_i,v_j)$，称其为无向边（undirected edge），v_i 和 v_j 称为无向边的两个端点（end point）。如果图中的所有边都是有向边，称图为有向图（directed graph）；如果图中的所有边都是无向边，称其为无向图（undirected graph）；如果图中既包含有向边，又包含无向边，称其为混合图（mixed graph）。

定义 8-3 在图中，图中顶点的个数称为图的阶（order），如果图中有 n 个结点、m 条边，称图为(n,m)图。

定义 8-4 如果一条边 e 的两个端点是 v_i 和 v_j，称 v_i 和 v_j 与边 e 相关联（association），结点 v_i 和 v_j 互为邻接点（adjacent point）；如果两条边与一个端点相邻接，称这两条边互为邻接边（adjacent edge）；如果与一条边相邻接的两个端点是同一个端点，称这条边为自回路（self-loop）或环（ring）；不与任何边相关联的结点，称为孤立结点（isolated point）；由孤立结点构成的图称为零图（null graph），如果零图的阶为 1，称其为平凡图（trivial graph）。

定义 8-5 如果两条无向边 e_i 和 e_j 的两个端点都相同，称这两条无向边是平行边（parallel edge）；如果有向边 e_i 和 e_j 的起点和终点分别相同，称这两条有向边是平行边。如果一个图中不含平行边和环，称其为简单图（simple graph）。

例 8-2 给定如图 8-3 所示的图。

(a) (4,4)图　　(b) 含有自回路的有向图　　(c) 零图

图 8-3　不同类型的图

在图 8-3（a）中，由于有 4 个结点、4 条边，因此该图是（4,4）图。在该图中，A 和 C 两个结点与边 e_1 相关联，A 和 C 互为邻接点；由于边 e_2 和 e_3 的两个结点相同，因此这两条边是平行边；在图 8-3（b）中，由于与边 e_5 关联的结点是同一个结点 D，因此 e_5 是自回路（或环），虽然和边 e_2 和 e_3 关联的结点都是 A 和 B，但 A 是边 e_2 的起点，是边 e_3 的终点，因此 e_2 和 e_3 不是平行边；在图 8-3（c）中，由于每个结点都是孤立结点，因此该图是零图。

□

定义 8-6 给定图 $G=<V,E>$，如果存在映射 $f:V \to R$ 或 $g:E \to R$，称该图为赋权图（weighted graph）。

赋权图在实际生活中有着广泛的应用。通过下面的例子来说明。

例 8-3 某物流公司的送货员要去 4 个地方送货：A、B、C 和 D。已知 A 和 B 之间相距 12km，B 和 C 之间相距 8km，A 和 C 之间相距 14km，A 和 D 之间相距 18km，B 和 D 之间相距 10km，C 和 D 之间相距 15km。这 4 个结点之间可以用赋权图表示，如图 8-4

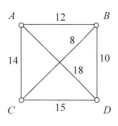

图 8-4 赋权图

所示。

在该赋权图中，运用图论的相关算法，可以为送货员设计一条总路程最短的路，相关知识将在 9.6.2 节的最小生成树中介绍。

□

定义 8-7 给定图 $G=<V,E>$，与结点 $v \in V$ 相关联的边的数目，称为结点 v 的度（degree），记为 $\deg(v)$。如果图是有向图，则以结点 v 为起点的边的数目，称为该结点的出度（out-degree），记为 $\deg^+(v)$；以结点 v 为终点的边的数目，称为该结点的入度（in-degree），记为 $\deg^-(v)$。

显然，对有向图而言，$\deg(v) = \deg^+(v)+\deg^-(v)$。

需要说明的是，环对结点的度贡献 2，出度和入度各增加 1。

关于结点的度，有下面的定理。

定理 8-1（握手定理，欧拉定理） 图 $G=<V,E>$，所有结点的度的和等于边数目的 2 倍，即

$$\sum_{v \in V} \deg(v) = 2|E|$$

在有向图中，结点出度的和与结点入度的和相等，等于边的数目，即

$$\sum_{v \in V} \deg^+(v) = \sum_{v \in V} \deg^-(v) = |E|$$

分析：由于每条边有两个端点，分别为这两个端点的度贡献 1。而对有向图而言，每条有向边为起点的出度贡献 1，为终点的入度贡献 1。

证明：

略。

根据握手定理，可以得到如下的推论。

推论 8-1 在无向图 $G=<V,E>$ 中，度为奇数的结点的个数是偶数。

证明：

设图中度为奇数的结点组成的集合为 V_1，度为偶数的结点组成的集合为 V_2，则图中所有结点的度为

$$\sum_{v \in V} \deg(v) = \sum_{v \in V_1} \deg(v) + \sum_{v \in V_2} \deg(v)$$

由于所有结点的度的和是边数目的 2 倍，因此所有结点的度的和一定是偶数。考虑到度为偶数的结点的度的和一定是偶数，因此度为奇数的结点的数目一定是偶数。

□

例 8-4 有一个警察追小偷进了一个有两个出入口的空宅。已知该宅中有奇数个相互连通的房间，每个房间有奇数个通往不同房间的门。若把住出入口，小偷能否逃出空宅？

分析：可以将出入口看成房间，构造相应的空宅通道图。图中的房间看成图中的结点，不同房间之间的通道看成边。

解：

由题设可以将空宅构造图，将出入口和房间看成图中的结点，房间之间的通道看成边。从题目中可知，图中结点的数量是奇数，每个结点的度也是奇数，可以得到，从题设得到的所有结点的度是奇数，而这与握手定理相违背，因此必然有通往外面的密门，在出入口被封的情况下，小偷有可能通过密门逃出空宅。

□

定义 8-8 给定图 $G=<V,E>$，图中所有结点的度组成的序列，称为图 G 的**度序列**。即如果 $V=\{v_1,v_2,\cdots,v_n\}$，则图 G 的度序列为 $(\deg(v_1),\deg(v_2),\cdots,\deg(v_n))$。

例 8-5 判断下列正整数序列是不是某个图的度序列。

（1）(1,2,3,4,5,6)。
（2）(5,5,3,4,6,7)。

分析： 判断是不是图中结点构成的序列，只需判断其中的奇数个数是不是偶数即可。

解：
（1）不是。这是由于度为奇数的结点个数是 3 个。
（2）是。这是由于度为奇数的结点个数是 4 个。

□

8.1.2 图的表示

图的表示主要有 3 种形式：集合表示、图表示以及矩阵表示，在前面已经介绍了图的图表示，下面介绍图的集合表示以及矩阵表示。

1. 图的集合表示

给定图 $G=<V,E>$，图的集合表示即将图的结点集和边集分别表示出来即可。

例 8-6 将图 8-3（a）和图 8-3（b）中的图用集合表示。

解：

对图 8-3（a）而言，$G=<V,E>$，其中 $V=\{A,B,C,D\}$；$E=\{e_1,e_2,e_3,e_4\}$，其中 $e_1=(A,C),e_2=(A,B),e_3=(A,B),e_4=(B,D)$。

对图 8-3（b）而言，$G=<V,E>$，其中 $V=\{A,B,C,D\}$；$E=\{e_1,e_2,e_3,e_4,e_5\}$，其中 $e_1=<C,A>,e_2=<A,B>,e_3=<B,A>,e_4=<B,D>,e_5=<D,D>$。

□

2. 图的矩阵表示

不论是图表示法还是集合表示法，都不适合计算机存储，因而无法进一步利用计算机实现图的相关算法，进而解决实际生活问题。为了方便计算机存储，引入图的邻接矩阵表示，如下。

定义 8-9 给定图 $G=<V,E>$，其中 $V=\{v_1,v_2,\cdots,v_n\}$，图的邻接矩阵（adjacent matrix）定义为

$$M = \begin{pmatrix} m_{11} & m_{12} & \cdots & m_{1n} \\ m_{21} & m_{22} & \cdots & m_{2n} \\ \vdots & \vdots & & \vdots \\ m_{n1} & m_{n2} & \cdots & m_{nn} \end{pmatrix}$$

其中

$$m_{ij} = \begin{cases} 1 & <v_i, v_j> \in E \text{ 或 } (v_i, v_j) \in E \\ 0 & \text{其他} \end{cases}$$

由于矩阵可以方便地在计算机内存储，因此基于图的矩阵表示，可以应用图的相关算法，得到许多有用的结论。

例 8-7 给出图 8-3（a）和图 8-3（b）的矩阵表示。

解：两个图的邻接矩阵分别表示为

$$M_1 = \begin{pmatrix} 0 & 1 & 1 & 0 \\ 1 & 0 & 0 & 1 \\ 1 & 0 & 0 & 0 \\ 0 & 1 & 0 & 0 \end{pmatrix}, \quad M_2 = \begin{pmatrix} 0 & 1 & 0 & 0 \\ 1 & 0 & 0 & 1 \\ 1 & 0 & 0 & 0 \\ 0 & 0 & 0 & 1 \end{pmatrix}$$

□

从图的邻接矩阵表示可以看出，无向图的邻接矩阵关于矩阵的主对角线对称。

8.1.3 图的同构

图的核心是点与点之间的相邻关系，因此对同一个问题，不同的人可能会有不同的表示，但本质是相同的。从这个角度，引入图的同构的概念。

定义 8-10 给定图 $G_1 = <V_1, E_1>$ 和图 $G_2 = <V_2, E_2>$，如果存在双射函数 $f: V_1 \to V_2$，对任意的 $v_i, v_j \in V_1$，当 $(v_i, v_j) \in E_1$（或 $<v_i, v_j> \in E_1$）时，有 $(f(v_i), f(v_j)) \in E_2$（或 $<f(v_i), f(v_j)> \in E_2$），称 G_1 和 G_2 是同构（isomorphism）。

判断两个图是否同构，其本质是在两个图的顶点集之间找到能否一一对应的关系。由于对应的结点的出度和入度分别相等，因此可以借助这一点快速判断两个图是否同构。

例 8-8 判断图 8-5 中的图是否同构。

分析：判断两个图是否同构，关键要在图的结点集之间找到一一对应的关系，使对应的结点不仅度相同，之间的邻接关系同样相同。

解：

（1）在图 8-5（a）中，两个图的所有结点的度都为 3，构造如下的映射关系：

$$1 \to A, \quad 2 \to C, \quad 3 \to B, \quad 4 \to D$$

满足同构的条件。

（2）在图 8-5（b）中，两个图的所有结点的度都为 3，构造如下的映射关系：

$$1 \to A, \quad 4 \to E, \quad 8 \to F, \quad 5 \to B, \quad 3 \to C, \quad 6 \to H, \quad 2 \to G, \quad 7 \to D$$

满足同构的条件。

（3）在图 8-5（c）中，两个图的结点序列为 4，4，3，3，2，2。然而，图 8-5（c）左图中，两个度为 4 的结点共同的邻接结点是两个度为 3 的结点；而在图 8-5（c）右图中，两个度为 4 的结点共同的邻接结点，除了两个度为 3 的结点外，还有一个度为 2 的结点。因此两个图不是同构的。

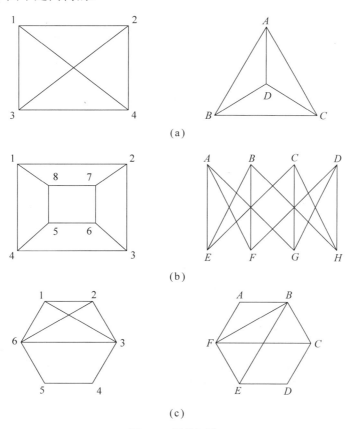

图 8-5 图的同构

8.1.4 图的操作

图从本质上讲是由结点集和边集构成的序偶，由于集合可以进行交、并、差、补运算，因此在图上也可以进行结点的删除、边的删除等相关操作，具体如下。

定义 8-11 给定图 $G=<V,E>$，$v \in V$，$e \in E$，$V' \subseteq V$，$E' \subseteq E$。

（1）从图中删除边 e，记为 $G-e$，指从图中的边集合中删除边 e；从图中删除边集 E'，记为 $G-E'$，指从图中删除边集 E' 中的每一条边。

（2）从图中删除结点 v，记为 $G-v$，指从图中的结点集中删除结点 v，同时从边集中删除与该结点相关联的边；从图中删除结点集 V'，记为 $G-V'$，指从图中删除结点集 V' 中的每一个结点。

（3）设 (u,v) 是图 $G=<V,E>$ 中的边，将 u 和 v 合并为 u'，并将图中所有与 u 和 v 关联的边均关联到新的结点 u'，称为边的收缩。

例 8-9 给定图 $G=<V,E>$，如图 8-6（a）所示。

从图 8-6（a）中删除边 e_2，仅从图中删除该边即可，结果如图 8-6（b）所示。

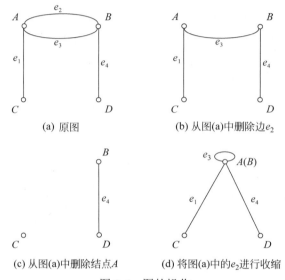

图 8-6 图的操作

从图 8-6（a）中删除结点 A，不仅要删除该结点，而且要删除与该结点关联的 3 条边：e_1、e_2、e_3，如图 8-6（c）所示。

将图 8-6（a）中的边 e_2 进行收缩，将与 A 和 B 关联的边 e_1 和 e_4 关联到新的结点，边 e_3 因为两个端点均为 A 和 B，因此收缩成回路，如图 8-6（d）所示。

□

定义 8-12 设 $G=<V,E>$ 为无向简单图，如果 G 中的每一对结点之间都有边相连，称 G 为无向完全图（undirected complete graph），记为 K_n；当 $G=<V,E>$ 为有向简单图时，如果 G 中的每一个结点都有指向其他结点的有向边，称 G 为有向完全图（directed complete graph），记为 K_n。

例 8-10 当 $|V|=2,3,4$ 时，无向完全图和有向完全图分别如图 8-7（a）和图 8-7（b）所示。

解：

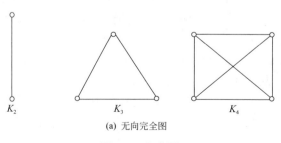

(a) 无向完全图

图 8-7 完全图

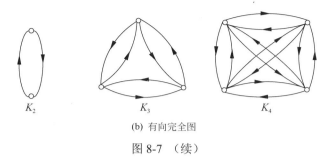

(b) 有向完全图

图 8-7 （续）

容易看出，当 K_n 是无向完全图时，$|E|=n(n-1)/2$，而当 K_n 是有向完全图时，$|E|=n(n-1)$。当 K_n 是无向完全图时，每一个结点 v 的度是 $\deg(v)=n-1$；而在有向完全图 K_n 中，每一个结点 v 的出度和入度均为 $n-1$。

定义 8-13 给定图 $G=<V,E>$，其中 $|V|=n$。由顶点集 V 以及 $E'=K_n-E$ 包含的边组成的图 $\overline{G}=<V,E'>$ 称为图相对完全图的补图，简称补图（complement graph），记为 $\overline{G}$。

例 8-11 在图 8-8 中，图 8-8（a）和图 8-8（b）互为补图，图 8-8（c）和图 8-8（d）互为补图。

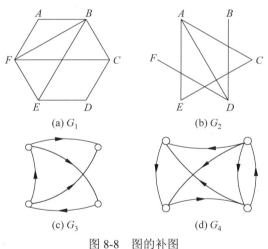

图 8-8 图的补图

定义 8-14 给定图 $G_1=<V_1,E_1>$ 和 $G_2=<V_2,E_2>$，如果 $V_1\subseteq V_2$ 且 $E_1\subseteq E_2$，称 G_1 是 G_2 的子图（subgraph），记为 $G_1\subseteq G_2$；如果 $G_1\subseteq G_2$ 且 $G_1\neq G_2$，称 G_1 是 G_2 的真子图（true subgraph）；如果 $V_1=V_2$ 且 $E_1\subseteq E_2$，称 G_1 是 G_2 的生成子图（spanning subgraph）。

定义 8-15 给定图 $G=<V,E>$，$V'\subseteq V$，以 V' 为结点集，以两个端点均在 V' 中的边组成的集合为边集，构成的 G 的子图，称为 G 的诱导子图（induced subgraph）。

例 8-12 给定图 $G=<V,E>$，如图 8-9（a）所示，判断其他图与图 G 的关系。

在图 8-9 中，图 G_1 是图 G 的真子图，图 G_2 是图 G 的生成子图，而图 G_3 则是图 G 的诱导子图。

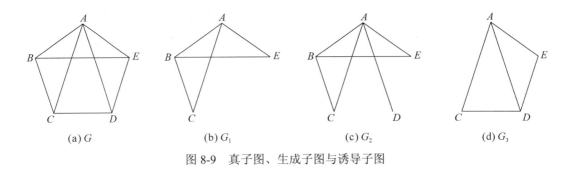

(a) G (b) G_1 (c) G_2 (d) G_3

图 8-9 真子图、生成子图与诱导子图

8.2 通路与回路

通路和回路是图中非常重要的两个概念，在实际生活中也有着广泛的应用。如例 8-3 中的物流公司送货员，其本质是从图中的一个顶点出发，走完需要送货的 4 个顶点，使总路程最短，而这正是图中通路的概念。

定义 8-16 设图 $G=<V,E>$，$v_0,v_1,v_2,\cdots,v_n \in V$，$e_1,e_2,\cdots,e_n \in E$，在交替序列 $v_0e_1v_1e_2\cdots e_nv_n$ 中，如果 v_{i-1} 和 v_i 是边 e_i 的两个端点（有向图中，v_{i-1} 和 v_i 分别是边 e_i 的起点和终点），称该序列为从结点 v_0 到结点 v_n 的通路（entry）。在该通路中，边的数目称为通路的长度（length）。如果 $v_0 = v_n$，称该通路为回路（circuit）。

如果通路或回路中的所有边均不相同，称通路或回路为**简单通路**（simple entry）或**简单回路**（simple circuit）。如果通路中的所有结点均不相同，称通路为**基本通路**（basic entry）。如果回路中除起点和终点外，其余结点均不相同,称回路为**基本回路**（basic circuit）。

例 8-13 在图 8-10 中找出通路、回路、简单通路、基本通路各一条。

解：

通路：$Ce_1Ae_2Be_3Ae_2Be_4D$ 是从 C 到 D 的通路。

回路：Ae_2Be_3A 是经过 A 点的回路。

简单通路：$Ce_1Ae_2Be_3Ae_6D$ 是从 C 到 D 的简单通路。

基本通路：Ce_1Ae_6D 是从 C 到 D 的基本通路。

图 8-10 通路与回路

为了简化通路的表示，在不引起混淆的前提下，可以采用点的序列或边的序列来表示。例如，通路 $Ce_1Ae_2Be_3Ae_2Be_4D$ 可以简化表示为 $e_1e_2e_3e_2e_4$，$Ce_1Ae_2Be_3Ae_6D$ 可以简化表示为 $CABAD$。

显然，如果两个点之间存在一条通路，则一定存在一条简单通路，也一定存在一条基本通路。

当两个结点之间存在通路时，人们关心这两个结点之间存在的通路长度是多少，是否存在给定长度的通路？通过下面的定理来说明。

定理 8-2 给定图 $G=<V,E>$，$V=\{v_1, v_2, \cdots, v_n\}$，$\boldsymbol{M}=(m_{ij})_{n\times n}$ 是图 G 的邻接矩阵，$\boldsymbol{M}^k=(m_{ij}^{(k)})_{n\times n}$，则 $m_{ij}^{(k)}$ 表示从结点 v_i 到结点 v_j 长度为 k 的通路数目，$m_{ii}^{(k)}$ 表示经过结点 v_i 的长度为 k 的回路数目，$\sum_{i=1}^{n}\sum_{j=1}^{n} m_{ij}^{(k)}$ 表示图中长度为 k 的通路数目。

分析：从需要证明的 3 个结论看，第一个结论是基础，后面两个都是在第一个结论的基础上得到的，因而只需证明第一个结论即可。首先分析一下邻接矩阵的基本情况，在邻接矩阵 $\boldsymbol{M}$ 中，如果两结点之间有边，则邻接矩阵相应的位置为 1，否则为 0。从这个角度讲，邻接矩阵中 1 的数目就是图中长度为 1 的通路数目。

进一步分析，要找从结点 v_i 到结点 v_j 长度为 k 的通路，可以先找从 v_i 到某个结点 v_s 的长度为 $k-1$ 的通路数目，同时找 v_s 到 v_j 长度为 1 的通路数目，二者相乘即可。而 v_i 到某个结点 v_s 的长度为 $k-1$ 的通路数目，即 $m_{is}^{(k-1)}$；v_s 到 v_j 长度为 1 的通路数目，即 $m_{sj}^{(1)}$。结点集 V 中的每一个结点都可以作为过渡结点 v_s，因而有以下结论。

以 v_1 作为过渡结点，从 v_i 到 v_j 的长度为 k 的通路数目为 $m_{i1}^{(k-1)}\times m_{1j}$。

以 v_2 作为过渡结点，从 v_i 到 v_j 的长度为 k 的通路数目为 $m_{i2}^{(k-1)}\times m_{2j}$。

$\vdots$

以 v_n 作为过渡结点，从 v_i 到 v_j 的长度为 k 的通路数目为 $m_{in}^{(k-1)}\times m_{nj}$。

因此从 v_i 到 v_j 的长度为 k 的通路数目为：

$$\sum_{s=1}^{n} m_{is}^{(k-1)} \times m_{sj}$$

而这恰是 $\boldsymbol{M}^k=\boldsymbol{M}^{k-1}\times \boldsymbol{M}$ 中 $m_{ij}^{(k)}$ 的值。

证明：
用数学归纳法证明，证明过程略。

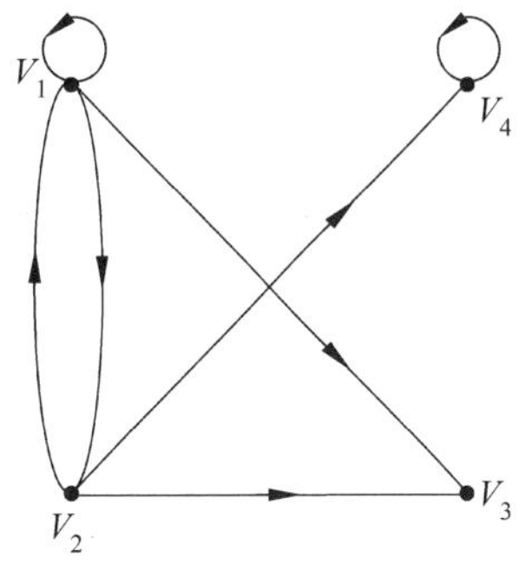

例 8-14 找出图 8-11 中长度为 4 的通路数目。
解：首先给出图的邻接矩阵，如下：

$$\boldsymbol{M}=\begin{pmatrix} 1 & 1 & 1 & 0 \\ 1 & 0 & 1 & 1 \\ 0 & 0 & 0 & 0 \\ 0 & 0 & 0 & 1 \end{pmatrix}$$

图 8-11 例 8-14 的图

进一步计算 $\boldsymbol{M}^2$、$\boldsymbol{M}^4$，如下：

$$\boldsymbol{M}^2=\begin{pmatrix} 2 & 1 & 2 & 1 \\ 1 & 1 & 1 & 1 \\ 0 & 0 & 0 & 0 \\ 0 & 0 & 0 & 1 \end{pmatrix}, \quad \boldsymbol{M}^4=\begin{pmatrix} 5 & 3 & 5 & 4 \\ 3 & 2 & 3 & 3 \\ 0 & 0 & 0 & 0 \\ 0 & 0 & 0 & 1 \end{pmatrix}$$

因此，该图中长度为 4 的通路数目为

$$\sum_{i=1}^{4}\sum_{j=1}^{4} m_{ij}^{(4)} = 29$$

其中回路数目为 5+2+1＝8。

□

进一步考虑，在图中两个结点之间是否存在通路呢？如果存在通路，长度最短的通路是多少？

定义 8-17 在图 $G=<V,E>$ 中，$v_i, v_j \in V$，如果 v_i 到 v_j 之间有通路，称 v_i 到 v_j 是可达的，否则称 v_i 到 v_j 不可达。如果 v_i 到 v_j 可达，则称长度最短的通路为 v_i 到 v_j 的短程线（geodesic），从 v_i 到 v_j 的短程线的长度称为 v_i 到 v_j 的距离（distance），记为 $d(v_i, v_j)$，如果 v_i 到 v_j 不可达，记 $d(v_i, v_j) = \infty$。

规定：任何结点到其自身都是可达的（accessible）。

如何判断 v_i 到 v_j 是否可达？有下面的定理。

定理 8-3 在图 $G=<V,E>$ 中，$|V|=n$，$v_i, v_j \in V$，如果 v_i 到 v_j 之间有通路，则一定有一条长度不超过 $n-1$ 的通路。

分析：如果该结论成立，则在判断两个结点之间是否有通路，或者计算两个结点之间的距离时，只需要判断两个结点之间是否存在长度不超过 $n-1$ 的通路。如果不存在，则两结点之间是不可达的。因此，该定理在判断结点的可达性方面是非常重要的。

在证明时，可以先构造一条通路，假设长度超过 $n-1$，推导出与题设相矛盾的结论。

证明：

设从 v_i 到 v_j 之间存在一条长度为 k 的通路：$v_i e_1 v_{i+1} e_2 \cdots e_k v_j$，假设该通路的长度大于 $n-1$，即 $k > n-1$。在该通路中，顶点的数量为 $k+1$。由于 $k > n-1$，因此有 $k+1 > n$。而图 $G=<V,E>$ 中只有 n 个结点，因此在该通路中肯定存在重复的结点，将重复的结点之间的边删除，所得到的仍然是一条通路。如果通路的长度大于 $n-1$，仍然可以找到重复的结点，直至通路的长度小于或等于 $n-1$ 为止。

因而，如果 v_i 到 v_j 之间有通路，则一定有一条长度不超过 $n-1$ 的通路。

□

推论 8-2 在图 $G=<V,E>$ 中，$|V|=n$，$v_i \in V$，如果经过 v_i 有一条回路，则一定有一条长度不超过 n 的回路。

基于定理 8-3 和推论 8-2，在计算图中两个结点之间是否存在通路时，只需判断两个结点之间是否存在长度不超过 $n-1$ 的通路即可；在判断是否存在经过某结点的回路时，只需判断是否存在长度不超过 n 的通路。在此基础上，给出计算两个结点之间距离的定理，如下。

定理 8-4 设图 $G=<V,E>$，$|V|=n$，$v_i, v_j \in V$，$\boldsymbol{M}=(m_{ij})_{n \times n}$ 是图 G 的邻接矩阵，则任意两个结点之间的距离为

$$d_{ij} = \begin{cases} \infty & \forall k \in \{1,2,\cdots,n\}, a_{ij}^{(k)} = 0 \\ k & k = \min\{m \mid a_{ij}^{(m)} \neq 0, m=1,2,\cdots,n\} \end{cases}$$

例 8-15 找出图 8-11 中各结点之间的距离。

解：

首先给出图的邻接矩阵，如下：

$$M = \begin{pmatrix} 1 & 1 & 1 & 0 \\ 1 & 0 & 1 & 1 \\ 0 & 0 & 0 & 0 \\ 0 & 0 & 0 & 1 \end{pmatrix}$$

进一步计算 M^2、M^3、M^4，如下：

$$M^2 = \begin{pmatrix} 2 & 1 & 2 & 1 \\ 1 & 1 & 1 & 1 \\ 0 & 0 & 0 & 0 \\ 0 & 0 & 0 & 1 \end{pmatrix}, \quad M^3 = \begin{pmatrix} 3 & 2 & 3 & 2 \\ 2 & 1 & 2 & 2 \\ 0 & 0 & 0 & 0 \\ 0 & 0 & 0 & 1 \end{pmatrix}, \quad M^4 = \begin{pmatrix} 5 & 3 & 5 & 4 \\ 3 & 2 & 3 & 3 \\ 0 & 0 & 0 & 0 \\ 0 & 0 & 0 & 1 \end{pmatrix}$$

因此，有

$$d(v_1, v_2) = d(v_1, v_3) = 1, \quad d(v_1, v_4) = 2$$
$$d(v_2, v_1) = d(v_2, v_3) = d(v_2, v_4) = 1$$
$$d(v_3, v_1) = d(v_3, v_2) = d(v_3, v_4) = \infty$$
$$d(v_4, v_1) = d(v_4, v_2) = d(v_4, v_3) = \infty$$

□

定义 8-18 设图 $G = <V, E>$ 中，$|V| = n$，图的可达矩阵（accessibility matrix） $P = (p_{ij})_{n \times n}$ 定义为

$$p_{ij} = \begin{cases} 1 & d(v_i, v_j) \neq \infty \\ 0 & d(v_i, v_j) = \infty \end{cases}$$

由于可达矩阵实质上是一个布尔矩阵，因此可达矩阵可以通过邻接矩阵的布尔运算来得出，通过下面的例子来说明。

例 8-16 计算图 8-11 中图的可达矩阵。

解：

图的邻接矩阵，如下：

$$M = \begin{pmatrix} 1 & 1 & 1 & 0 \\ 1 & 0 & 1 & 1 \\ 0 & 0 & 0 & 0 \\ 0 & 0 & 0 & 1 \end{pmatrix}$$

对该矩阵进行布尔乘法运算，依次计算 M_P^2, M_P^3, M_P^4，如下：

$$M_P^2 = M \otimes M = \begin{pmatrix} 1 & 1 & 1 & 1 \\ 1 & 1 & 1 & 1 \\ 0 & 0 & 0 & 0 \\ 0 & 0 & 0 & 1 \end{pmatrix}$$

$$M_P^3 = M_P^2 \otimes M = \begin{pmatrix} 1 & 1 & 1 & 1 \\ 1 & 1 & 1 & 1 \\ 0 & 0 & 0 & 0 \\ 0 & 0 & 0 & 1 \end{pmatrix}$$

$$M_P^4 = M_P^2 \otimes M_P^2 = \begin{pmatrix} 1 & 1 & 1 & 1 \\ 1 & 1 & 1 & 1 \\ 0 & 0 & 0 & 0 \\ 0 & 0 & 0 & 1 \end{pmatrix}$$

因此，矩阵的可达矩阵为

$$P = M \oplus M_P^2 \oplus M_P^3 \oplus M_P^4 = \begin{pmatrix} 1 & 1 & 1 & 1 \\ 1 & 1 & 1 & 1 \\ 0 & 0 & 0 & 0 \\ 0 & 0 & 0 & 1 \end{pmatrix}$$

□

8.3 图的连通性

8.3.1 无向图的连通性

定义 8-19 设无向图 $G = <V, E>$，如果对任意的 $v_i, v_j \in V$，v_i 到 v_j 是可达的，称图 $G = <V, E>$ 是连通的（connected），否则称 $G = <V, E>$ 是分离的（separated）。

例 8-17 在图 8-12 中，图 8-12（a）是连通的，而图 8-12（b）是分离的。

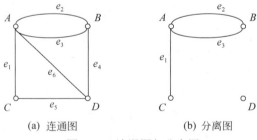

(a) 连通图　　　　　(b) 分离图

图 8-12　连通图与分离图

显然，如果无向图是连通的，则图的可达矩阵中除主对角线外的所有元素都是 1。如果无向图中存在孤立结点，则该图一定是分离的。

例 8-18 从计算的角度判断图 8-12（a）和图 8-12（b）的连通性。

解：

（1）首先列出图 8-12（a）的邻接矩阵，如下：

$$M = \begin{pmatrix} 0 & 2 & 1 & 1 \\ 2 & 0 & 0 & 1 \\ 1 & 0 & 0 & 1 \\ 1 & 1 & 1 & 0 \end{pmatrix}$$

由于图中只有 4 个顶点，基于定理 8-3 和推论 8-2，在计算图的可达矩阵时，只需要计算图中长度不超过 4 的通路数目即可，具体如下。

$$M^2 = \begin{pmatrix} 0 & 2 & 1 & 1 \\ 2 & 0 & 0 & 1 \\ 1 & 0 & 0 & 1 \\ 1 & 1 & 1 & 0 \end{pmatrix} \begin{pmatrix} 0 & 2 & 1 & 1 \\ 2 & 0 & 0 & 1 \\ 1 & 0 & 0 & 1 \\ 1 & 1 & 1 & 0 \end{pmatrix} = \begin{pmatrix} 6 & 1 & 1 & 3 \\ 1 & 5 & 3 & 2 \\ 1 & 3 & 2 & 1 \\ 3 & 2 & 1 & 3 \end{pmatrix}$$

$$M^3 = \begin{pmatrix} 0 & 2 & 1 & 1 \\ 2 & 0 & 0 & 1 \\ 1 & 0 & 0 & 1 \\ 1 & 1 & 1 & 0 \end{pmatrix} \begin{pmatrix} 6 & 1 & 1 & 3 \\ 1 & 5 & 3 & 2 \\ 1 & 3 & 2 & 1 \\ 3 & 2 & 1 & 3 \end{pmatrix} = \begin{pmatrix} 6 & 15 & 9 & 8 \\ 15 & 4 & 3 & 9 \\ 9 & 3 & 2 & 6 \\ 8 & 9 & 6 & 6 \end{pmatrix}$$

$$M^4 = \begin{pmatrix} 6 & 1 & 1 & 3 \\ 1 & 5 & 3 & 2 \\ 1 & 3 & 2 & 1 \\ 3 & 2 & 1 & 3 \end{pmatrix} \begin{pmatrix} 6 & 1 & 1 & 3 \\ 1 & 5 & 3 & 2 \\ 1 & 3 & 2 & 1 \\ 3 & 2 & 1 & 3 \end{pmatrix} = \begin{pmatrix} 47 & 20 & 14 & 30 \\ 20 & 39 & 24 & 22 \\ 14 & 24 & 15 & 14 \\ 30 & 22 & 14 & 23 \end{pmatrix}$$

因此有

$$M + M^2 + M^3 + M^4 = \begin{pmatrix} 59 & 38 & 25 & 42 \\ 38 & 48 & 30 & 34 \\ 25 & 30 & 19 & 22 \\ 42 & 34 & 22 & 32 \end{pmatrix}$$

将上述结果进行二值化处理后，得到图的可达矩阵为

$$P = \begin{pmatrix} 1 & 1 & 1 & 1 \\ 1 & 1 & 1 & 1 \\ 1 & 1 & 1 & 1 \\ 1 & 1 & 1 & 1 \end{pmatrix}$$

因此，图 8-12（a）是连通图。

（2）列出图 8-12（b）的邻接矩阵，如下：

$$M = \begin{pmatrix} 0 & 1 & 1 & 0 \\ 1 & 0 & 0 & 0 \\ 1 & 0 & 0 & 0 \\ 0 & 0 & 0 & 0 \end{pmatrix}$$

由于图中只有 4 个顶点，因此在计算图的可达矩阵时，只需要计算图中长度不超过 4 的通路数目即可。计算过程如下：

$$M^2 = \begin{pmatrix} 0 & 1 & 1 & 0 \\ 1 & 0 & 0 & 0 \\ 1 & 0 & 0 & 0 \\ 0 & 0 & 0 & 0 \end{pmatrix} \begin{pmatrix} 0 & 1 & 1 & 0 \\ 1 & 0 & 0 & 0 \\ 1 & 0 & 0 & 0 \\ 0 & 0 & 0 & 0 \end{pmatrix} = \begin{pmatrix} 2 & 0 & 0 & 0 \\ 0 & 1 & 1 & 0 \\ 0 & 1 & 1 & 0 \\ 0 & 0 & 0 & 0 \end{pmatrix}$$

$$M^3 = \begin{pmatrix} 0 & 1 & 1 & 0 \\ 1 & 0 & 0 & 0 \\ 1 & 0 & 0 & 0 \\ 0 & 0 & 0 & 0 \end{pmatrix} \begin{pmatrix} 2 & 0 & 0 & 0 \\ 0 & 1 & 1 & 0 \\ 0 & 1 & 1 & 0 \\ 0 & 0 & 0 & 0 \end{pmatrix} = \begin{pmatrix} 0 & 2 & 2 & 0 \\ 2 & 0 & 0 & 0 \\ 2 & 0 & 0 & 0 \\ 0 & 0 & 0 & 0 \end{pmatrix}$$

$$M^4 = \begin{pmatrix} 2 & 0 & 0 & 0 \\ 0 & 1 & 1 & 0 \\ 0 & 1 & 1 & 0 \\ 0 & 0 & 0 & 0 \end{pmatrix} \begin{pmatrix} 2 & 0 & 0 & 0 \\ 0 & 1 & 1 & 0 \\ 0 & 1 & 1 & 0 \\ 0 & 0 & 0 & 0 \end{pmatrix} = \begin{pmatrix} 4 & 0 & 0 & 0 \\ 0 & 2 & 2 & 0 \\ 0 & 2 & 2 & 0 \\ 0 & 0 & 0 & 0 \end{pmatrix}$$

因此有

$$M + M^2 + M^3 + M^4 = \begin{pmatrix} 6 & 3 & 3 & 0 \\ 3 & 3 & 3 & 0 \\ 3 & 3 & 3 & 0 \\ 0 & 0 & 0 & 0 \end{pmatrix}$$

将上述结果进行二值化处理，得到图的可达矩阵为

$$P = \begin{pmatrix} 1 & 1 & 1 & 0 \\ 1 & 1 & 1 & 0 \\ 1 & 1 & 1 & 0 \\ 0 & 0 & 0 & 0 \end{pmatrix}$$

因此，图 8-12（b）不是连通的。

□

关于无向图的连通性，有如下定理。

定理 8-5 设 $G=<V,E>$ 是无向图，$R \in V \times V$，定义为
$$R = \{<u,v> | u,v \in V, \text{且} u \text{和} v \text{是可达的}\}$$
证明 R 是集合 V 上的等价关系。

分析：要证明 R 是集合 V 上的等价关系，根据等价关系的定义，只需证明 R 满足自反性、对称性和传递性即可。

证明：

（1）**自反性**。根据可达性的定义，任何结点到其自身都是可达的，因此 R 满足自反性。

（2）**对称性**。$\forall <u,v> \in R$，根据 R 的定义，知 u 到 v 是可达的，在无向图中，显然

有 v 到 u 也是可达的，因此有 $<v,u>\in R$。因此 R 满足对称性。

(3) **传递性**。$\forall <u,v>\in R$，$<v,w>\in R$，根据 R 的定义，知 u 到 v 是可达的，v 到 w 是可达的。以 v 作为中间结点，u 到 w 也是可达的。因此 R 满足传递性。

综上所述，R 满足自反性、对称性和传递性，因此 R 是集合 V 上的等价关系。
□

基于图的连通性，可以在集合 A 上构造关于该等价关系的等价类。例如，在图 8-13（a）中，等价类可以表示为
$$\{\{A,B,C,D,E,F\}\}$$
而在图 8-13（b）中，由连通性构造的等价类可以表示为
$$\{\{A,B,C,D,E\},\{F,G\}\}$$

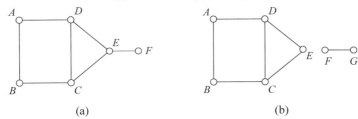

图 8-13 图的连通性与等价关系

定义 8-20 在无向图 $G=<V,E>$ 中，由结点之间的连通性构造集合 V 上的等价关系 R，由 R 导出的不同等价类的数目，称为图的连通分支数，记为 $p(G)$。

显然，如果无向图 $G=<V,E>$ 是连通图，则 $p(G)=1$。例如，图 8-13（a）中，$p(G)=1$，图 8-13（b）中，$p(G)=2$。

基于图的连通分支数，可以衡量结点和边的重要性，引出点割集和边割集的概念。

定义 8-21 在无向图 $G=<V,E>$ 中，$V'\subseteq V$，$E'\subseteq E$，则

(1) 如果 $p(G-V')>p(G)$，而对任意的 $V''\subset V'$，有 $p(G-V'')=p(G)$，称 V' 是图 G 的点割集（point cutset）；进一步，如果 $|V'|=1$，称 V' 中的结点为割点（cut point）。

(2) 如果 $p(G-E')>p(G)$，而对任意的 $E''\subset E'$，有 $p(G-E'')=p(G)$，称 E' 是图 G 的边割集（edge cutset）；进一步，如果 $|E'|=1$，称 E' 中的边为割边（cut edge）或桥（bridge）。

例 8-19 求出图 8-14 中的点割集、边割集、割点、割边。

解：

由于图 G 是连通图，因此有 $p(G)=1$。

(1) 获取点割集。当删除结点 A 时，得到的图如图 8-15 所示。

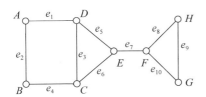

图 8-14 点割集与边割集

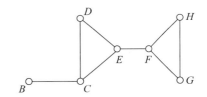

图 8-15 删除结点 A 后的图

从图 8-15 可以发现，删除结点 A 后，图仍然是连通的，因此 $\{A\}$ 不是点割集。如果进一步删除结点 C，得到的图如图 8-16 所示。

可以发现，同时删除结点 A 和 C 后，导致图的连通分支数变为 2，而只删除结点 A 或结点 C 则无法改变图的连通分支数。因此 $\{A,C\}$ 是点割集。

类似地，$\{B,D\}$、$\{E\}$、$\{F\}$ 均是点割集。由于 $|\{E\}|=|\{F\}|=1$，因此 E 和 F 均为割点。

（2）获取边割集。首先删除边 e_1，得到的图如图 8-17 所示。

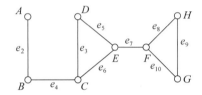

图 8-16　删除结点 A 和 C 后的图

从图 8-17 可以发现，删除边 e_1 后，图的连通分支数仍然是 1。进一步删除边 e_2，得到的图如图 8-18 所示。

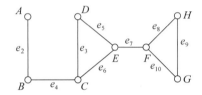
图 8-17　删除边 e_1 后的图

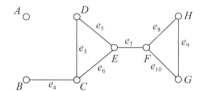
图 8-18　删除边 e_1 和 e_2 后的图

此时图的连通分支数为 2，若单独删除边 e_1 或 e_2，连通分支数均不变，因此 $\{e_1,e_2\}$ 是边割集。

类似地，$\{e_2,e_4\}$、$\{e_7\}$ 都是边割集。同时，由于 $\{e_7\}$ 中只含有一条边，因此边 e_7 是割边或桥。

□

8.3.2　有向图的连通性

在有向图中，由于结点之间的可达性不是对称的，因此有向图的连通性比无向图的连通性要复杂很多。

定义 8-22　设 $G=<V,E>$ 是有向图。

（1）如果对任意的 $v_i,v_j \in V$，v_i 到 v_j 是可达的，且 v_j 到 v_i 是可达的，称该有向图为强连通图（strongly connected graph）。

（2）如果对任意的 $v_i,v_j \in V$，v_i 到 v_j 是可达的，或 v_j 到 v_i 是可达的，称该有向图为单向连通图（unilaterally connected graph）。

（3）去掉有向图中边的方向，将有向图变成无向图，如果无向图是连通的，称原有向图是弱连通图（weakly connected graph）。

例 8-20　判断图 8-19 中各有向图的连通性。

解：

从图 8-19（a）可以看出，从 A 点可以到达 B 和 D 两点；从 B 点可以到达 A 和 D 两点；从 C 点可以到达 A、B 和 D 三点，从 D 点无法到达任何结点。可以发现，任何两个结点之间，至少存在一条路径，因此，该图是单向连通的。该图不是强连通图的原因在于：从 A 无法到达 C 点，从 B 无法到达 C 点，从 D 也无法到达 C 点。

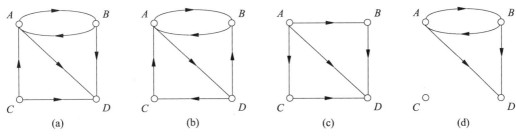

图 8-19　有向图的连通性

从图 8-19（b）可以看出，从 A 点可以到达 B、C 和 D 三点，从 B 点可以到达 A、C 和 D 三点，从 C 点可以到达 A、B 和 D 三点，从 D 点可以到达 A、B 和 C 三点，即任何两个结点之间都是可以互相到达的。因此，该图是强连通的。

从图 8-19（c）可以看出，从 A 点可以到达 B、C 和 D 三点，从 B 点可以到达 D 点，从 C 点可以到达 D 点。可以发现，从 C 点无法到达 B 点，而从 B 点也无法到达 C 点。同时，将该图变成一个无向图时，图是连通的。因此，该图是弱连通的。

从图 8-19（d）可以看出，任何结点都无法到达 C 点，C 点也无法到达其他结点。同时，将该图变成一个无向图时，图也不是连通的。因此，该图是非连通的。

□

显然，如果一个有向图是强连通的，那么它一定是单向连通的、弱连通的；如果一个有向图是单向连通的，则它一定是弱连通的。上述结论反过来不一定成立。

从计算的角度来分析，如果一个有向图是强连通图，则它的可达矩阵中，除了主对角线外的所有元素都是 1；如果一个有向图是单向连通图，则该有向图的可达矩阵中，关于主对角线对称的两个元素，至少有一个 1；如果一个有向图是弱连通图，则与有向图对应的无向图的可达矩阵中，除了主对角线外的所有元素都是1。

例 8-21　判断图 8-19（a）～图 8-19（c）中各有向图的连通性。

解：

（1）判断图 8-19（a）的连通性。首先给出该有向图的邻接矩阵：

$$M = \begin{pmatrix} 0 & 1 & 0 & 1 \\ 1 & 0 & 0 & 1 \\ 1 & 0 & 0 & 1 \\ 0 & 0 & 0 & 0 \end{pmatrix}$$

通过计算该有向图中长度不超过 4 的通路和回路数目，可以得到该有向图的可达矩阵：

$$P = \begin{pmatrix} 1 & 1 & 0 & 1 \\ 1 & 1 & 0 & 1 \\ 1 & 1 & 0 & 1 \\ 0 & 0 & 0 & 0 \end{pmatrix}$$

由于该可达矩阵中,除了主对角线外的所有元素不全为 1,因此该有向图不是强连通图。进一步判断该有向图是否是单向连通图,通过计算 $P \vee P^T$,可以计算出关于对角线对称的两个结点之间是否至少有一条通路:

$$P \vee P^T = \begin{pmatrix} 1 & 1 & 0 & 1 \\ 1 & 1 & 0 & 1 \\ 1 & 1 & 0 & 1 \\ 0 & 0 & 0 & 0 \end{pmatrix} \vee \begin{pmatrix} 1 & 1 & 1 & 0 \\ 1 & 1 & 1 & 0 \\ 0 & 0 & 0 & 0 \\ 1 & 1 & 1 & 0 \end{pmatrix} = \begin{pmatrix} 1 & 1 & 1 & 1 \\ 1 & 1 & 1 & 1 \\ 1 & 1 & 0 & 1 \\ 1 & 1 & 1 & 0 \end{pmatrix}$$

可以发现,$P \vee P^T$ 中除了主对角线上的所有元素均为 1,因此,该有向图是单向连通图。

(2)判断图 8-19(b)的连通性。首先给出该有向图的邻接矩阵:

$$M = \begin{pmatrix} 0 & 1 & 0 & 1 \\ 1 & 0 & 0 & 0 \\ 1 & 0 & 0 & 0 \\ 0 & 1 & 1 & 0 \end{pmatrix}$$

通过计算该有向图中长度不超过 4 的通路和回路数目,得到该有向图的可达矩阵:

$$P = \begin{pmatrix} 1 & 1 & 1 & 1 \\ 1 & 1 & 1 & 1 \\ 1 & 1 & 1 & 1 \\ 1 & 1 & 1 & 1 \end{pmatrix}$$

在该可达矩阵中,由于所有元素都是 1,因此该有向图是强连通图。

(3)判断图 8-19(c)的连通性。首先给出该有向图的邻接矩阵:

$$M = \begin{pmatrix} 0 & 1 & 1 & 1 \\ 0 & 0 & 0 & 1 \\ 0 & 0 & 0 & 1 \\ 0 & 0 & 0 & 0 \end{pmatrix}$$

通过计算该有向图中长度不超过 4 的通路和回路数目,得到该有向图的可达矩阵:

$$P = \begin{pmatrix} 0 & 1 & 1 & 1 \\ 0 & 0 & 0 & 1 \\ 0 & 0 & 0 & 1 \\ 0 & 0 & 0 & 0 \end{pmatrix}$$

由于该可达矩阵中,除了主对角线外的所有元素不全是 1,因此该有向图不是强连通图。进一步判断该有向图是否为单向连通图,即判断关于对角线对称的两个结点之间是否至少有一条通路，通过计算 $P \vee P^T$，如下：

$$P \vee P^T = \begin{pmatrix} 0 & 1 & 1 & 1 \\ 0 & 0 & 0 & 1 \\ 0 & 0 & 0 & 1 \\ 0 & 0 & 0 & 0 \end{pmatrix} \vee \begin{pmatrix} 0 & 0 & 0 & 0 \\ 1 & 0 & 0 & 0 \\ 1 & 0 & 0 & 0 \\ 1 & 1 & 1 & 0 \end{pmatrix} = \begin{pmatrix} 0 & 1 & 1 & 1 \\ 1 & 0 & 0 & 1 \\ 1 & 0 & 0 & 1 \\ 1 & 1 & 1 & 0 \end{pmatrix}$$

在 $P \vee P^T$ 中，除了主对角线外的元素不全是 1，因此，该有向图不是单向连通图。进一步判断该有向图是否是弱连通图，首先基于有向图的邻接矩阵，计算得到无向图的邻接矩阵：

$$M' = M \vee M^T = \begin{pmatrix} 0 & 1 & 1 & 1 \\ 1 & 0 & 0 & 1 \\ 1 & 0 & 0 & 1 \\ 1 & 1 & 1 & 0 \end{pmatrix}$$

通过计算该无向图中长度不超过 4 的通路与回路数目，得到无向图的可达矩阵，如下：

$$P' = \begin{pmatrix} 1 & 1 & 1 & 1 \\ 1 & 1 & 1 & 1 \\ 1 & 1 & 1 & 1 \\ 1 & 1 & 1 & 1 \end{pmatrix}$$

由于无向图的可达矩阵中所有元素都为 1，因此原有向图是弱连通图。

□

进一步，如果有向图不满足强连通、单向连通和弱连通，能否找到该有向图的子图，使其满足强连通、单向连通和弱连通，得到有向图的强连通子图、单向连通子图和弱连通子图。

定义 8-23 设 $G = <V, E>$ 是有向图，$G_1 \subseteq G$，如果 G_1 是强连通的（单向连通的、弱连通的），且不存在 G_2，满足 $G_1 \subseteq G_2$ 且 G_2 是强连通的（单向连通的、弱连通的），称 G_1 是 G 的强连通分图（单向连通分图、弱连通分图）。

从定义 8-23 可以看出，图的强连通分图（单向连通分图、弱连通分图）是图的子图中满足强连通性（单向连通性、弱连通性）的最大子图。这和最大公约数、偏序集中的下确界的原理是相同的。

例 8-22 求图 8-20 的强连通分图、单向连通分图和弱连通分图。

解：

由于每个结点到其自身都是可达的，因此求图的强连通分图、单向连通分图和弱连通分图时，需要在单个结点的基础上，逐渐增加结点，直至不满足相关的强连通性、单向连通性、弱连通性为止。

在图 8-20 中，由于图本身是弱连通图，因此，该图的弱连通分图就是其自身。

同时，由于 A、B 和 C 这 3 个结点之间存在一条回路，因此，3 个结点之间是强连通的，而增加任何一个结点后都不是强连通的，因此由这 3 个结点构成了图的一个强连通分支。对结点 D、E 和 F 而言，它们无法构成相互连通的分支，因此这 3 个结点各自构成了图的强连通分支。因此该有向图有 4 个强连通分支，如图 8-21 所示。

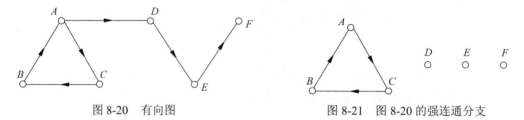

图 8-20　有向图　　　　　　　图 8-21　图 8-20 的强连通分支

由于强连通图一定是单向连通图，因此在计算图的单向连通分支时，可以在图的强连通分支基础上计算图的单向连通分支。可以发现，从结点 C 可以到达 D、E 和 F 这 3 个结点，因此该图的单向连通分支就是该图自身。

□

将图 8-20 中边 $\overrightarrow{EF}$ 的方向改变，如图 8-22 所示，在计算图的单向连通分支时，从结点 C 可以到达 D 点和 E 点，但无法到达 F 点。因此图 8-22 的单向连通分支如图 8-23 所示。

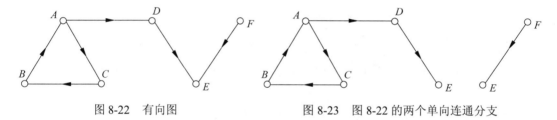

图 8-22　有向图　　　　　　　图 8-23　图 8-22 的两个单向连通分支

从图 8-21 和图 8-23 可以看出，图中的结点只能而且只能位于一个强连通分支，但至少位于一个单向连通分支。

利用图论的知识，可以设计更为精妙的程序，看下面的例子。

例 8-23　在图 8-24 所示的六角形中，填入数字 1~12，使得每条直线上的数字之和都相同。图中已经填好了 3 个数字，计算星号位置所代表的数字是多少？

分析：1~12 所有数的和为 (1+12)×12/2=78，在图 8-24 中，由于所有边上的数的和相同，而对所有 6 条边上的数求和时，由于每个结点的度都是 2，1~12 中每个数都被计算了两次，因此 6 条边上的数的和是 78×2=156，因此，每条边上的数字和为 156/6=26。在此基础上，问题变成了如何求取 9 个变量，使图 8-24 中每条边上的数的和均为 26。

解：

可以简单使用暴力搜索法，对图 8-24 中的每个变量进行标注，如图 8-25 所示。

参考代码如程序 8-1 所示。

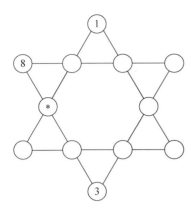
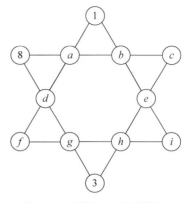

图 8-24 例 8-23 的题图　　　　　图 8-25 对图 8-24 进行标注

程序 8-1　例 8-23 的实现程序

```c
#include<stdio.h>

int flag(int a, int b, int c, int d, int e, int f, int g, int h, int i)
{
    int aa[11];
    aa[0]=a; aa[1]=b; aa[2]=c; aa[3]=d; aa[4]=e; aa[5]=f; aa[6]=g; aa[7]=h; aa[8]=i; aa[9]=3; aa[10]=8;

    int ii,jj;
    int ff=1;

    for(ii=0;ii<11;ii++)
    {
        for(jj=ii+1;jj<11;jj++)
            if(aa[jj]==aa[ii])
            {
                return 0;
            }
    }
    return ff;
}

int main()
{
    int a,b,c,d,e,f,g,h,i;
    for(a=2;a<13;a++)
        for(b=2;b<13;b++)
            for(c=2;c<13;c++)
                for(d=2;d<13;d++)
                    for(e=2;e<13;e++)
                        for(f=2;f<13;f++)
                            for(g=2;g<13;g++)
```

```
                            for(h=2;h<13;h++)
                                for(i=2;i<13;i++)
                                {
                                    if(a+b+c==18 && a+d+f==25 && b+e+i==
25 && f+g+h+i==26 &&d+g==15 && c+e+h==23 && flag(a,b,c,d,e,f,g,h,i))
    printf("a=%3d,b=%3d,c=%3d,d=%3d,e=%3d,f=%3d,g=%3d,h=%3d,i=%3d\n",
a,b,c,d,e,f,g,h,i);
                                }
    return 0;
}
```

程序 8-1 的运行结果如图 8-26 所示。

a= 9,b= 2,c= 7,d= 10,e= 12,f= 6,g= 5,h= 4,i= 11

图 8-26 程序 8-1 的运行结果

即星号位置所代表的数字是 10。

□

习题 8

1. 判断图 8-27 中的各图是否重构。

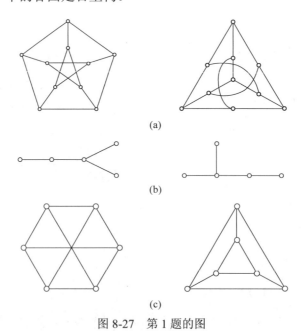

图 8-27 第 1 题的图

2. 一个图如果同构于它的补图，称该图为自补图。分别尝试构造包含 3 个结点、4 个结点和 5 个结点的自补图，并证明：一个图如果是自补图，则其对应的边的数目必须为偶数。

3. 给定无向图，如图 8-28 所示，求：

（1）从 A 到 F 的基本通路。

（2）从 A 到 F 的简单通路。

（3）从 B 到 F 的长度为 4 的所有通路。

（4）经过图中各顶点长度为 4 的所有回路。

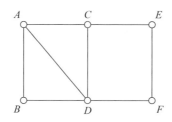

图 8-28　第 3 题的图

4. 求出图 8-29 中各有向图的强连通分图、单向连通分图和弱连通分图。

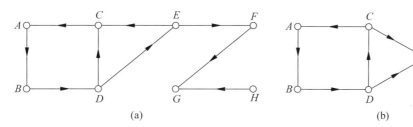

图 8-29　第 4 题的图

5. 已知某有向图的邻接矩阵如下：

$$\begin{pmatrix} 0 & 1 & 1 & 0 & 1 \\ 1 & 1 & 1 & 0 & 1 \\ 0 & 1 & 0 & 1 & 1 \\ 1 & 0 & 1 & 0 & 1 \\ 1 & 1 & 1 & 1 & 0 \end{pmatrix}$$

计算：

（1）图中各结点的出度、入度。

（2）图中长度为 4 的所有通路以及回路。

（3）计算图的可达矩阵，并判断该有向图的连通性。

6. 设有 A、B、C、D、E、F、G 共 7 人参加一国际学术会议，已知 A 会讲英语；B 会讲汉语和英语；C 会讲英语、西班牙语和俄语；D 会讲日语和汉语；E 会讲德语和西班牙语；F 会讲法语、日语和俄语；G 会讲法语和德语。试问能否将这 7 人安排在一圆桌上，使任意相邻的两人都可以互相交谈？

7. 给定图8-30，计算从左上角的"从"字，到右下角的"华"字，有几种走法？

从	我	做	起	振
我	做	起	振	兴
做	起	振	兴	中
起	振	兴	中	华

图 8-30 第 7 题的图

提示：可以将给定图中的每一个字看成有向图中的一个结点，从一个字到另一个字如果可以到达，看成有向图中的边。从左上角的"从"字，到右下角的"华"字，构造长度为 7 的通路，不同的通路数目，就是不同走法的数量。

第9章 特 殊 图

本章导引

图论理论产生以后,在工程领域、社会科学和经济问题等许多领域上取得了成功的应用。例如,克希霍夫[①]利用图论分析电路网络,阿瑟·凯莱[②]利用图论分析同分异构体,古思里提出的四色定理[③]等。本章将介绍计算机科学中常用的五种特殊图:欧拉图、哈密顿图、二分图、平面图和树。

9.1 欧拉图

1736 年,瑞士数学家欧拉仔细研究了著名的哥尼斯堡七桥问题(见图 8-1 和图 8-2)。他将 4 块陆地用点表示,陆地之间的桥用连接两个点的边表示,如图 8-2 所示。基于图 8-2,哥尼斯堡七桥问题就变成了这样一个问题:能否从图的某一结点出发,走遍图中的所有边且仅走一次,又回到该结点。通过研究,欧拉发现哥尼斯堡七桥问题是无解的。同时,欧拉在解决七桥问题的基础上,提出了一个更一般的问题:在什么样的图中可以找到这样一条通过图中所有边且仅通过一次的回路呢?具有这样性质的图,称为欧拉图(Eulerian graph)。

定义 9-1 设 $G=<V,E>$ 是无孤立结点的图,如果存在一条通路,该通路经过图中的所有边且仅经过一次,称该通路为欧拉通路(Eulerian entry);如果存在一条回路,该回路经过图中的所有边且仅经过一次,则称该回路为欧拉回路(Eulerian circuit)。存在欧拉回路的图称为欧拉图(Eulerian graph),具有欧拉通路但不具有欧拉回路的图称为半欧拉图(semi-Eulerian graph)。

关于定义 9-1,需要说明两点。

(1) 该定义同时适用于有向图和无向图。

(2) 规定任何平凡图都是欧拉图。

[①] 克希霍夫(Gustav Robert Kirchhoff,1824—1887),德国物理学家,在电路、光谱学的基本原理方面有重要贡献,1862 年创造了"黑体"一词。1847 年发表的两个电路定律发展了欧姆定律,对电路理论有重大作用。1859 年制成分光仪,并与化学家罗伯特·威廉·本生(Robert William Bunsen,1811—1899)一同创立光谱化学分析法,从而发现了铯和铷两种元素。同年还提出热辐射中的基尔霍夫辐射定律,这是辐射理论的重要基础。

[②] 阿瑟·凯莱(A. Cayley,1821—1895),英国数学家,在非欧几何、线性代数、群论和高维几何领域有重要贡献。

[③] "只需要四种颜色为地图着色"最初是由弗朗西斯·古思里(Francis Guthrie,1831—1899)在 1852 年提出的猜想。1852 年,古思里在绘制英格兰分郡地图时,发现许多地图都只需用四种颜色染色,就能保证有相邻边界的分区颜色不同。他将这个发现告诉他的弟弟弗雷德里克·古思里,弗雷德里克·古思里将他哥哥的发现作为一个猜想向老师德摩根提出。1878 年,阿瑟·凯莱向伦敦皇家数学学会重新提出四色定理。

例 9-1 判断图 9-1 中的图是否存在欧拉通路和欧拉回路。

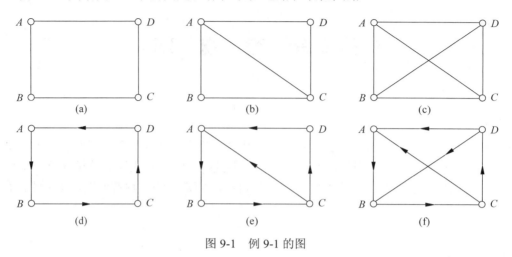

图 9-1 例 9-1 的图

解：

在图 9-1（a）中，可以找到一条欧拉回路 $ABCD$，因此该图是欧拉图。在图 9-1（b）中，可以找到一条从 A 到 C 的欧拉通路 $ABCDAC$。在图 9-1（c）中，却无法找到欧拉通路和欧拉回路。在图 9-1（d）中，可以找到一条欧拉回路 $ABCDA$，因此该图是欧拉图。在图 9-1（e）中，可以找到一条欧拉通路 $CDABCA$。在图 9-1（f）中，无法找到欧拉通路和欧拉回路。

□

判断一个图是否有欧拉通路，要考查所有的通路是不可能的，为此提出如下定理。

定理 9-1 给定无向图 $G=<V,E>$，欧拉通路存在的充要条件：G 是连通的且仅有零个或两个奇度数结点。

分析： 如果无向图中存在欧拉通路，结论是显然的，因此关键是证明条件的充分性。证明存在欧拉通路时，可以利用构造性证明，通过已有条件，构造出一条欧拉通路即可。

证明：

必要性。 假设图中存在一条欧拉通路 $L = v_0 e_0 v_1 e_1 v_2 e_2 \cdots e_{n-1} v_n$，由于该通路经过图中的所有边，而图是无孤立结点的，因此该通路经过图中的所有结点，所以 G 是连通的。

对欧拉通路 L 上除 v_0、v_n 外的任意非端点 v_i，由于它与两条边 e_{i-1} 和 e_i 相关联，因此结点 v_i 在通路 L 上每出现一次，结点的度就增加 2。如果通路的两个端点 v_0 和 v_n 不相同，则除了这两个结点外，所有结点的度都是偶数，而 v_0 和 v_n 的度是奇数。如果通路的两个端点 v_0 和 v_n 相同，则所有结点的度都是偶数。

充分性。 如果图中有两个奇度数结点，从两个结点之中的一个开始构造欧拉通路。如果图中有零个奇度数结点，则从任意一个结点开始。以每条边最多经过一次的方式构造这条通路。对于度为偶数的结点，通过一条边进入这个结点，总可以通过另一条未经过的边离开这个结点。因此，这样的构造过程一定可以以到达另一个奇度数结点结束。如果图中没有奇度数结点，则一定会到达构造的起点。由于图是连通的，因此构造的这条通路一定可以经过图中的所有边，即构造的是欧拉通路。

从定理 9-1 可以得出，如果无向图 $G=<V,E>$ 中所有结点的度都是偶数，则该图一定存在欧拉回路，即该图是欧拉图。将判断无向图的相关结论用于有向图中，可以得到如下推论。

推论 9-1 有向图 $G=<V,E>$ 存在欧拉通路的充要条件：$G=<V,E>$ 是连通的，且除了两个结点外，所有结点的出度等于入度。而这两个结点，一个结点的入度比出度多 1，一个结点的出度比入度多 1。有向图 $G=<V,E>$ 存在欧拉回路的充要条件：图是连通的，且所有结点的出度等于入度。

可以用定理 9-1 和推论 9-1 来判断图 9-1 中各图是否存在欧拉通路。

在图 9-1（a）中，结点 A、B、C 和 D 的度均为 2，满足定理 9-1 中的条件，因此该图中存在欧拉通路。在图 9-1（b）中，结点 B 和 D 的度是偶数，结点 A 和 C 的度是奇数，因此可以构造一条欧拉通路，该通路的两个端点是 A 和 C。在图 9-1（c）中，4 个结点的度均为奇数，因此无法构造欧拉通路。在图 9-1（d）中，所有结点的出度等于入度，因此可以构造一条欧拉回路。在图 9-1（e）中，结点 A 的出度比入度多 1，结点 C 的入度比出度多 1，结点 B 和 D 的出度等于入度，因此可以构造一条欧拉通路，该通路的起点是 A，终点是 C。在图 9-1（f）中，A 和 B 两结点的入度比出度多 1，而 C 和 D 两结点的出度比入度多 1，不满足推论 9-1 的条件，因此无法构造欧拉通路。

例 9-2 判断能否一笔画出图 9-2 中的图形。

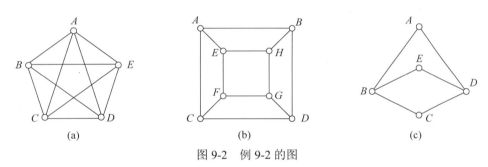

图 9-2 例 9-2 的图

分析：一笔画出一个图形，其本质是笔不离纸，每条边只画一次而且不允许出现重复，完成该图。而画图的本质是画出图的所有边，因此一笔画问题本质上就是判断该图是否存在欧拉通路或欧拉回路。从这个角度讲，一笔画问题与欧拉通路是等价的。

解：
对图 9-2（a），所有结点的度都是偶数，因此可以从任意一点出发，一笔画出该图形；对图 9-2（b），所有结点的度都是奇数，因此无法一笔画出该图形；对图 9-2（c），结点 A、E 和 C 的度为偶数，而结点 B 和 D 的度为奇数，因此可以从 B 点或 D 点出发，顺序画出图的所有边，到达 D 点或 B 点。

例 9-3 计算机鼓轮的设计。假设计算机的旋转鼓轮表面被等分为 $2^4=16$ 个部分，如图 9-3 所示，其中每一部分由导体和绝缘体构成。在图 9-3 中，阴影部分表示导体，空白部分表示绝缘体，导体给出信号 1，绝缘体给出信号 0。根据鼓轮转动时所处的位置，4 个触头 abcd 将得到一定的信息，因此鼓轮的位置可以用二进制表示。例如，在当前位置，4 个触头 abcd 获取的信息是 1101，如果鼓轮沿顺时针方向旋转一部分，触头将得到信息 1010。应如何设计鼓轮 16 个部分的材料，使鼓轮每旋转一周，可以得到 0000～1111 的 16 个不同的数。

分析：本题的关键在于当前的状态和下一时刻的状态存在着相关性。由于每次转动一部分后，当前时刻的后 3 个信息即为下一时刻的前 3 个信息。因此，可以构造如图 9-4 所示的有向图，用 000～111 表示图的结点，而用从一个结点到另一个结点之间的转换作为边，构造的有向图如图 9-4 所示。问题变成从该图上找一条欧拉回路。

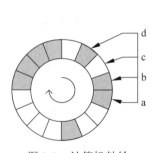

图 9-3　计算机鼓轮

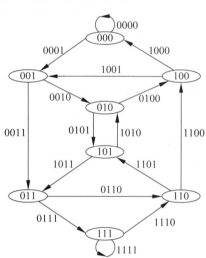

图 9-4　基于图 9-3 构造的有向图

解：

从图 9-5 可以看出，每个结点的入度和出度均为 2，即每个结点的入度均等于出度，因此可以构造欧拉回路，从结点 0000 出发，构造如下的欧拉回路：

$$0000 \to 0001 \to 0010 \to 0101 \to 1010 \to 0100 \to 1001 \to 0011 \to$$
$$0110 \to 1101 \to 1011 \to 0111 \to 1111 \to 1110 \to 1100 \to 1000$$

基于该欧拉回路，可以构造出导体和绝缘体的位置，用 0 和 1 表示，如下：

$$0000101001101111$$

排列结果如图 9-3 所示。

类似地，可以把它推广到鼓轮具有 n 个触头的情况。为此只要构造含有 2^{n-1} 个结点的有向图，设每个结点标记为 $n-1$ 位二进制数，从结点 $\alpha_0\alpha_1\alpha_2\cdots\alpha_{n-2}$ 出发，有两条终点为 $\alpha_1\alpha_2\cdots\alpha_{n-2}0$ 和 $\alpha_1\alpha_2\cdots\alpha_{n-2}1$ 的边，指向 $\alpha_1\alpha_2\cdots\alpha_{n-2}0$ 和 $\alpha_1\alpha_2\cdots\alpha_{n-2}1$ 两个结点。在构造的图中只需求得一条欧拉回路，即可得到绝缘体和导体的排列顺序。

基于上述方法得到的 2^n 个二进制的循环序列称为**布鲁因**①**序列**。

9.2 哈密顿图

与欧拉图类似的是哈密顿图（Hamilton graph），它是由威廉·哈密顿爵士②于 1859 年提出的一个关于正 12 面体的数学游戏。该正 12 面体共有 20 个角，每个面都是正五边形，如图 9-5 所示。哈密顿将这 20 个点看成地球上的 20 座城市，他提出的问题如下：沿正 12 面体的边寻找一条通路，走遍这 20 座城市，且每座城市只通过一次，最后回到出发点。哈密顿将该问题称为旅行售货员问题，又称货郎担问题，它是计算机科学中的一个非常经典的问题。

将图 9-5 所示的正 12 面体变成平面图，如图 9-6 所示。上述问题就变为如下问题：能否在图 9-6 所示的图中找到一条包含所有结点的基本回路。哈密顿给出了肯定的回答，沿着 20 座城市的标号，可以走遍这 20 座城市，且仅走一次，回到出发点。将这个问题进行推广，即在任意连通图中找到一条包含图中所有结点且仅包含一次的基本通路或回路。

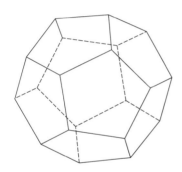
图 9-5 旅行售货员问题的正 12 面体表示

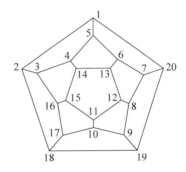
图 9-6 旅行售货员问题的平面图表示

定义 9-2 给定图 $G=<V,E>$，如果存在一条通路，它经过图中的所有结点且仅经过一次，则称其为**哈密顿通路**（Hamilton entry）。如果存在一条回路，它经过图中所有结点且仅经过一次，称其为**哈密顿回路**（Hamilton circuit）。具有哈密顿回路的图称为哈密顿图，具有哈密顿通路但不具有哈密顿回路的图称为**半哈密顿图**（semi-Hamilton graph）。

与欧拉图的定义一样，上述定义同时适合有向图和无向图。另外，任何平凡图都是哈密顿图。

例 9-4 判断图 9-7 中的各图是否为哈密顿图。

分析：判断一个图是否为哈密顿图，只需判断图中是否有经过所有结点且仅经过一次的回路即可。

---

① 德·布鲁因（de Bruijn，1918—2012），瑞士数学家。
② 威廉·哈密顿爵士（Sir William Rowan Hamilton，1788—1865），爱尔兰数学家、物理学家及天文学家。哈密顿最大的成就或许在于重新表述了牛顿力学，创立被称为哈密顿力学的力学表述。他的成果后来在量子力学的发展中起到核心作用。哈密顿还对光学和代数的发展做出了重要的贡献，因发现四元数而闻名。

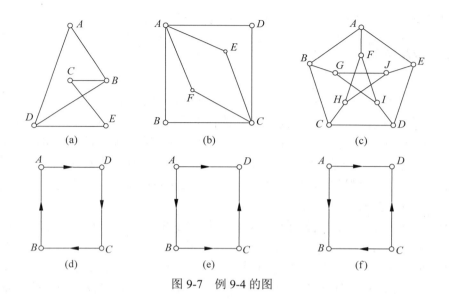

图 9-7 例 9-4 的图

解：

从图 9-7（a）可以看出，存在回路 ABCEDA，该回路经过图中所有结点，且仅经过一次，因此该图是哈密顿图。

从图 9-7（b）可以看出，从 A 到 C 点有 4 条路，分别经过 B、D、E 和 F 4 个结点，由于无法找到一条经过所有结点且仅经过一次的回路或通路，因此该图不是哈密顿图，也不是半哈密顿图。

从图 9-7（c）可以看出，由于图中无法找到经过所有结点且仅经过一次的回路，因此该图不是哈密顿图。该图中存在通路 ABCDEJGIFH，该通路经过了图中的所有结点且仅经过一次，因此该图是半哈密顿图。

从图 9-7（d）可以看出，该图中存在回路 ADCBA，该回路经过图中的所有结点且仅经过一次，因此该图是哈密顿图。

从图 9-7（e）可以看出，由于无法找到相应的回路，因此该图不是哈密顿图。该图中存在通路 ABCD，因此该图是半哈密顿图。

从图 9-7（f）可以看出，该图中无法找到经过所有结点的回路或通路，因此该图不是哈密顿图，也不是半哈密顿图。

□

虽然哈密顿图与欧拉图在形式上极为相似，但判断一个图是不是哈密顿图比判断其是不是欧拉图要困难得多。到目前为止，没有判断一个图是不是哈密顿图的充要条件。从这个意义上讲，判断一个图是哈密顿图比判断一个图是欧拉图要复杂得多。下面给出哈密顿图的充分条件或必要条件。

定理 9-2 设无向图 $G=<V,E>$ 是哈密顿图，则对 V 的任意非空子集 V'，都有 $p(G-V') \leqslant |V'|$，其中 $p(G-V')$ 是 $G-V'$ 的连通分支数。

证明：

设 C 是无向图 $G=<V,E>$ 的一条哈密顿回路，显然 C 是该无向图的生成子图，从而

$C-V'$ 也是 $G-V'$ 的生成子图，由于 C 包含了图中的所有结点，因此有 $p(G-V') \leqslant p(C-V')$。因而只需证明 $p(C-V') \leqslant |V'|$ 即可。

（1）设 V' 中的所有结点在 C 中相邻，则删除了 V' 中的结点后，$C-V'$ 仍然是连通的，因此，有 $p(C-V')=1 \leqslant |V'|$。

（2）如果 V' 中的所有结点在 C 中不相邻，讨论 V' 中结点的数量：

如果 V' 中有 1 个结点，则删除 V' 中的结点时，C 仍是连通的，此时 $p(C-V')=1$。

如果 V' 中有 2 个结点，则删除 V' 中的结点时，C 可能是不连通的，但连通分支数最多是 2，因此，$p(C-V')=2 \leqslant |V'|$。

$\vdots$

如果 V' 中有 r 个结点，则删除 V' 中的结点时，$C-V'$ 的连通分支数最多为 $|V'|$，因此，$p(C-V')=|V'|$。

综上所述，有 $p(C-V') \leqslant |V'|$，因此，$p(G-V') \leqslant |V'|$。

□

推论 9-2 设无向图 $G=<V,E>$ 中存在哈密顿通路，则对 V 的任意非空子集 V'，都有 $p(G-V') \leqslant |V'|+1$，其中 $p(G-V')$ 是 $G-V'$ 的连通分支数。

需要说明的是，上述条件仅是哈密顿通路或回路存在的必要条件，并非充分条件，因此无法利用该条件判断该图是不是哈密顿图，但可以利用该结论的逆否命题判断该图不是哈密顿图。

例 9-5 判断图 9-8（a）中的图是不是哈密顿图。

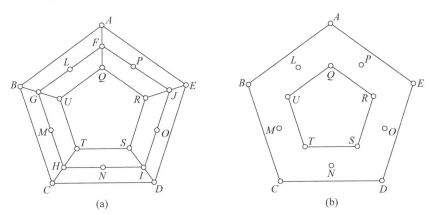

图 9-8 例 9-5 的图

分析：如果图是哈密顿图，则对结点集 V 的任何子集 V' 而言，有 $p(G-V') \leqslant |V'|$。该定理的逆否命题：如果存在结点集 V 的任何子集 V'，使 $p(G-V')>|V'|$，则该图不是哈密顿图。基于该逆否命题，可以尝试删除度较高的结点，判断该图是不是哈密顿图。

解：

取结点集 V 的子集 $V'=\{F, G, H, I, J\}$，从图 9-8（a）中删除 V'，得到图 9-8（b）。计算其连通分支数，发现 $p(G-V')=7>|V'|$，因此原图 G 不是哈密顿图。

□

关于哈密顿图判断的充分条件，给出相关的定理和相关推论，不再证明。

定理 9-3（奥尔[①]定理） 设 $G=<V,E>$ 是具有 n 个结点的简单无向图，如果对任意两个不相邻的结点 $u,v\in V$，都有 $\deg(u)+\deg(v)\geq n-1$，则 G 中存在哈密顿通路。

推论 9-3 设 $G=<V,E>$ 是具有 n 个结点的简单无向图，如果对任意两个不相邻的结点 $u,v\in V$，都有 $\deg(u)+\deg(v)\geq n$，则 G 中存在哈密顿回路。

例 9-6 在某次国际学术会议的主席团中，共有 8 个人参加，他们来自不同的国家，已知他们中任何两个不会说同一种语言的人与其余会说同一种语言的人数之和大于或等于 8。能否将这 8 个人安排在圆桌旁，使任何人都能与两边的人交谈？

解：
将人看作图的结点，如果两个人可以讲同一种语言，则在两个对应的结点之间构造一条边，结点的度即为相应的人会说同一种语言的人的数量。根据题意，对任意两个不会说同一种语言的人 u、v 来讲，有 $\deg(u)+\deg(v)\geq 8$，因此该图存在哈密顿回路。根据该哈密顿回路，即可安排这 8 个人在圆桌旁，使任何人都能与两边的人交谈。

□

9.3 二分图

在许多实际问题中，需要处理两类对象之间的关系。例如，学生的选课问题、婚配问题、岗位竞聘问题等。这些问题有一个共同点，将所考虑的对象分为两个集合，集合内部的对象之间没有任何关系，所有的关系都在两个集合之间。这种处理方式，可以借助一种二分图的模型来处理。

9.3.1 二分图的概念与判定

二分图，又称**二部图**、**偶图**，是一种重要的图模型，其具体定义如下：

定义 9-3 给定无向图 $G=<V,E>$，如果可以将结点集 V 划分为两个子集 V_1 和 V_2，使边集 E 中的任何一条边，一个结点在 V_1 中，而另一个结点在 V_2 中。具备这样性质的图 G，称为**二分图**（Bipartite graph）或**二部图**，其中 V_1 和 V_2 称为**互补结点集**，通常将二分图表示为 $G=<V_1,E,V_2>$。

进一步，如果 V_1 中的每个结点和 V_2 中的每个结点之间都有边，则称 $G=<V_1,E,V_2>$ 为**完全二分图**。在同构的意义下，这样的完全二分图只有一个，记为 $K_{m,n}$，其中 $|V_1|=m$，$|V_2|=n$。

根据定义 9-3，可以判断，平凡图和零图都是二分图。同时，由于没有一条边的两个结点同属于 V_1 或 V_2，因此在二分图中，没有自回路（环）。

例 9-7 图 9-9 给出了两个图，其中图 9-9（a）是二分图，图 9-9（b）是完全二分图。

[①] 奥尔（Oystein Ore，1899—1968），挪威数学家，Thoralf Skolem 的学生，在环、格等领域有突出的贡献。

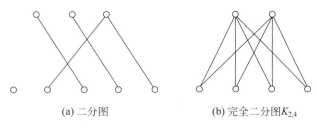

(a) 二分图 (b) 完全二分图 $K_{2,4}$

图 9-9 二分图与完全二分图

例 9-8 判断图 9-10 中的图是不是二分图。

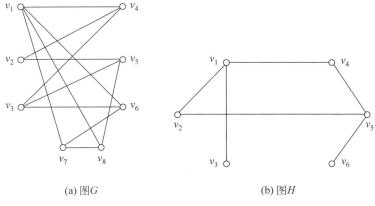

(a) 图 G (b) 图 H

图 9-10 二分图与非二分图

解:

判断一个图是否为二分图的关键在于能否将图的结点集划分为两个结点集,其中两个结点集之间没有边存在。

在图 9-10(a)中,假设将结点 v_1 放在结点集 V_1 中,根据二分图的定义,若图 9-10(a)是二分图,则与该结点有边存在的结点 v_4、v_6、v_7、v_8 应置于结点集 V_2 中。而结点 v_7 和 v_8 之间有边存在,因而图 9-10(a)不是二分图。

在图 9-10(b)中,假设将结点 v_1 放在结点集 V_1 中,根据二分图的定义,若图 9-10(b)是二分图,则与该结点有边存在的结点 v_2、v_3、v_4 应置于结点集 V_2 中,与 v_2 有边存在的结点 v_5 应置于结点集 V_1 中,与 v_5 有边存在的结点 v_6 应置于 V_2 中。基于上述分析,可以将结点集分为两个子集:$\{v_1, v_5\}$ 和 $\{v_2, v_3, v_4, v_6\}$,而两个结点集内的结点之间并无边存在。因此,图 9-10(b)是二分图。

上述这种基于结点的邻接性判断一个图是不是二分图的方式,称为**标号法**,又称**染色法**。基于该方法判断某个给定的图是不是二分图的程序如程序 9-1 所示。

程序 9-1 基于标号法判断二分图

```
#include<bits/stdc++.h>
typedef long long ll;
using namespace std;
```

```
const int maxn=1e6+7;
int g[1100][1100];
int col[maxn];
int n,m;

bool dfs(int u, int c){
    col[u]=c;
    for(int i=1;i<=n;i++){
        if(g[u][i]){
            if(!col[i]){
                if(!dfs(i,3-c)) return 0;
            }
            else if(col[i]==c) return 0;
        }
    }
    return 1;
}

int main(){
    cin>>n>>m;
    memset(g,0,sizeof g);
    while(m--){
        int a,b;
        cin>>a>>b;
        g[a][b]=g[b][a]=1;          //无向图
    }
    bool flag=1;
    for(int i=1;i<=n;i++){
        if(!col[i]){
            if(!dfs(i,1)){
                flag=0;
                break;
            }
        }
    }
    if(flag) puts("YES");
    else puts("NO");
    return 0;
}
```

由于图的同构，使得图的表现形式多种多样，导致很难根据二分图的定义对二分图进行正确的判定。下面给出二分图判定的充要条件。

定理 9-4 设 $G=<V,E>$ 是无向图，则该图是二分图，当且仅当 G 中所有的回路长度是偶数。

证明：

必要性。 假设 G 是二分图，结点集 V 可以划分为两个互补子集 V_1 和 V_2。设

$C=v_0v_1v_2\cdots v_kv_0$ 是任一回路。不妨设 $v_0 \in V_1$，则 $v_1,v_3\cdots \in V_2$，$v_2,v_4\cdots \in V_1$。根据二分图的定义，k 必为奇数，因此回路中边的数量 $k+1$ 是偶数。

充分性。假设 G 是连通图，否则对 G 中的每个连通分支进行证明。设 G 中仅含有长度为偶数的回路，下面证明图 G 是二分图。

任取 $v_0 \in V$，定义如下两个结点集：

$$V_1 = \{v \mid d(v_0,v) \text{ 为偶数}\}, \quad V_2 = \{v \mid d(v_0,v) \text{ 为奇数}\}$$

假设存在结点 $v_i,v_j \in V_1$，且 v_i 和 v_j 之间有边。由于 G 是连通的，根据 V_1 的定义，则 v_0 到 v_i 和 v_j 的通路长度均是偶数。因此，基于上述两条通路，再加上 v_i 和 v_j 之间的边组成的回路长度为奇数，这与 G 中仅含有长度为偶数的回路相矛盾，因此，v_i 和 v_j 之间不会有边存在。

同理，V_2 中的任何结点之间没有边存在。

因此，上述无向图 $G=<V,E>$ 是二分图。

□

基于定理 9-4，对图 9-10 中的两个图是否为二分图进行判断。通过分析，可以发现在图 9-10（a）中存在一条长度为奇数的回路 $v_1v_4v_2v_5v_3v_6v_7v_1$，因此图 9-10（a）不是二分图。相比之下，图 9-10（b）中只存在一条长度为 4 的回路，因此图 9-10（b）是二分图。

9.3.2 完备匹配

在利用二分图解决问题时，还需要深入了解二分图中的另一个概念，称为**匹配**。例如在舞伴问题中，如何安排使相互认识的男士和女士成为舞伴。类似的问题如工作分配、学生选课等，都可以通过匹配来解决。对这些问题进行抽象，得到匹配的概念。

定义 9-4 设 $G=<X,E,Y>$ 是二分图，X 和 Y 是互补结点子集。若存在 E 的子集 M，使 M 中的边没有共同结点，称 M 为图 G 的一个**匹配**。G 中与 M 中的边相关联的结点称为**匹配 M 的饱和结点**，其他结点称为**非饱和结点**。如果 X 中每个结点都是匹配 M 的饱和结点，则称 M 为 G 的一个 X-**完全匹配**；如果 Y 中每个结点都是匹配 M 的饱和结点，则称 M 为 G 的一个 Y-**完全匹配**。如果 M 既是 X-完全匹配，又是 Y-完全匹配，称该匹配为 G 的**完全匹配**。G 中基数最大的匹配称为 G 的**最大匹配**，最大匹配中边的数量称为 G 的**匹配数**。

例如，在图 9-11（a）所示的二分图中，由图 9-11（b）中实线边组成的集合是图的一个匹配，结点 x_2、y_1、x_3、y_2 是该匹配的饱和结点，而 x_1、y_3、y_4 是非饱和结点。图 9-11（c）是图的一个 X-完全匹配，也是图 G 的最大匹配，图 G 的匹配数为 3，其中结点 y_1 是非饱和结点，其他结点都是饱和结点。

在图 9-12（a）所示的二分图中，图 9-12（b）是它的一个匹配，所有的结点都是该匹配的饱和结点，因此该匹配既是 X-完全匹配，又是 Y-完全匹配，该匹配是图 9-12（a）的完全匹配。

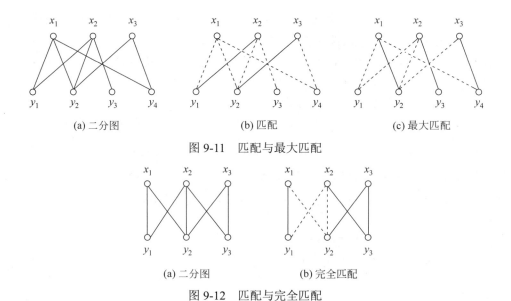

图 9-11 匹配与最大匹配

图 9-12 匹配与完全匹配

对于给定的二分图 $G=<X,E,Y>$，如何判断它是否存在 X-完全匹配呢？下面给出著名的霍尔[①]定理，该定理给出了二分图中存在 X-完全匹配的充要条件，如下。

定理 9-5（霍尔定理） 给定二分图 $G=<X,E,Y>$，G 中存在 X-完全匹配的充要条件是 X 中任意 k 个结点至少与 Y 中的 k 个结点相邻。即对任意的 $S\subseteq X$，有 $|S|\leqslant|N(S)|$，其中 $N(S)$ 表示 Y 中所有与 S 中结点相邻的结点组成的集合。

本定理中的条件通常称为**相异性条件**，证明比较复杂，在此从略，读者可以参阅相关的参考文献。

例 9-9 判断图 9-13（a）和图 9-13（b）中是否存在 X-完全匹配。

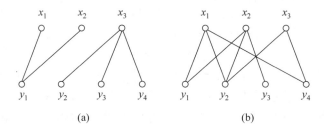

图 9-13 基于霍尔定理判断是否存在 X-完全匹配

解：

在图 9-13（a）中，取 $S=\{x_1,x_2\}$，$N(S)=\{y_1\}$，$|S|=2>|N(S)|$，因此，图 9-13（a）不存在 X-完全匹配。在图 9-13（b）中，对 $X=\{x_1,x_2,x_3\}$ 的任意子集 S，都有 $|S|\leqslant|N(S)|$，因此图 9-13（b）中存在 X-完全匹配。

[①] 彼得·霍尔（Peter Hall，1904—1982），英国数学家。该定理又称为霍尔婚配定理，是霍尔在 1935 年提出的，用图论术语描述的霍尔定理，可以在 1955 年的《图的理论及其应用》中找到原型。

在霍尔定理中，最坏情况需要对 X 的所有子集进行判断，计算量较大。为此下面给出一个充分条件，称为 X -完全匹配的 t -**条件**。

定理 9-6 给定二分图 $G=<X,E,Y>$，如果 G 满足：X 中每个结点至少关联 t 条边，并且 Y 中每个结点最多关联 t 条边，则图 G 中存在 X -完全匹配。

证明：

对于 X 的任意子集 S，若 S 中有 k 个结点，则与 S 中结点关联的边的数量至少为 kt 条，由于 Y 中每个结点最多关联 t 条边，因此，这 kt 条边最少与 Y 中的 k 个结点相关联，即 $|N(S)| \geq k = |S|$。根据霍尔定理，图 G 中存在 X -完全匹配。

□

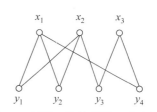

图 9-14 基于 t -条件判断 X -完全匹配

需要说明的是，t -条件只是判断 X -完全匹配的充分条件，而非必要条件。在具体应用时，只需要判断 X 中结点的最小度和 Y 中结点的最大度即可。例如，在图 9-14 中，X 中结点的最小度为 2，而 Y 中结点的最大度也是 2，因此，该图存在 X -完全匹配。

例 9-10 某学院有围棋、舞蹈和轮滑 3 个社团，现有 5 名学生 s_1、s_2、s_3、s_4、s_5。

（1）已知 s_1、s_2 为围棋社团成员，s_1、s_3、s_4 为舞蹈社团成员，s_3、s_4、s_5 是轮滑社团成员。

（2）s_1 为围棋社团成员，s_2、s_3、s_4 为舞蹈社团成员，s_2、s_3、s_4、s_5 是轮滑社团成员。

（3）s_1 既是围棋社团成员，又是舞蹈社团成员，s_2、s_3、s_4、s_5 是轮滑社团成员。

能否分别针对上述 3 种情况，在 s_1、s_2、s_3、s_4、s_5 中选择 3 位不同的专职社团负责人？

解：

用 c_1、c_2 和 c_3 分别表示围棋、舞蹈和轮滑 3 个社团，显然，以 $X = \{c_1, c_2, c_3\}$ 和 $Y = \{s_1, s_2, s_3, s_4, s_5\}$ 为互补结点子集，构造了二分图 $G_1 = <X, E_1, Y>$、$G_2 = <X, E_2, Y>$ 和 $G_3 = <X, E_3, Y>$，分别如图 9-15（a）、图 9-15（b）和图 9-15（c）所示。将上述问题变成求相应二分图中的 X -完全匹配。

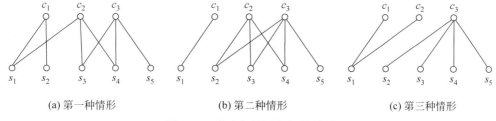

图 9-15 学生与社团之间的关系

针对图 9-15（a）中的第一种情形，X 中结点的度最小为 2，而 Y 中结点的度最大为 2，因此二分图 $G_1 = <X, E_1, Y>$ 满足 t -条件，因而存在 X -完全匹配，如图 9-16（a）所示。这种情况下，可以安排 s_1 作为围棋社团的负责人，s_3 作为舞蹈社团的负责人，s_5 作为轮滑社团的负责人。

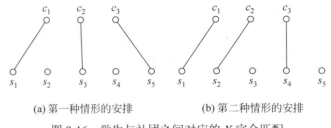

(a) 第一种情形的安排　　　　　　(b) 第二种情形的安排

图 9-16　学生与社团之间对应的 X-完全匹配

针对图 9-15（b）中的第二种情形，虽然不满足 t-条件，但满足霍尔定理，因而同样存在 X-完全匹配，如图 9-16（b）所示，这种情况下，可以安排 s_1 作为围棋社团的负责人，s_2 作为舞蹈社团的负责人，s_4 作为轮滑社团的负责人。

针对图 9-15（c）中的第三种情形，既不满足 t-条件，也不满足霍尔定理，因而不存在 X-完全匹配，无法做出满足题意的安排。

□

当应用二分图求解实际问题时，匈牙利著名数学家埃德蒙兹[①]于 1965 年设计了构造二分图最大匹配的算法。为了纪念他的祖国，将该算法命名为**匈牙利算法**（Hungarian algorithm）。

在介绍匈牙利算法以前，首先介绍几个相关的概念。

定义 9-5　设 $G=<X,E,Y>$ 是二分图，M 是 G 的一个匹配，如果从 G 中的某个结点到另一个结点之间存在一条通路，且该通路中由属于 M 和不属于 M 的边交替构成，则称此通路为 M **交错道**。若 M 交错道的两端点均为 M 非饱和结点，则称其为 M **可增广道**。

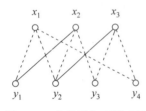

图 9-17　交错道与可增广道

例如，对图 9-17 中二分图所示的匹配中，$P=y_1x_2y_2x_3$ 是一条交错道，而 $P=x_1y_1x_2y_2x_3y_4$ 是一条可增广道。

对于二分图 $G=<X,E,Y>$ 的某个匹配，如何判断它是不是该二分图的最大匹配呢？1957 年，贝尔热[②]给出了判定某个匹配是最大匹配的充分必要条件，这就是著名的贝尔热定理，如下。

定理 9-7（贝尔热定理）　设 $G=<X,E,Y>$ 是任意给定的二分图，M 是 G 的最大匹配的充分必要条件是 G 中不存在 M 可增广道。

有关贝尔热定理的证明，由于比较复杂，在此从略，读者可以参阅相关参考资料。

基于匈牙利算法求解最大匹配的基本思路：给定二分图 $G=<X,E,Y>$，对于它的某个匹配 M，如果集合 X 中的每个结点都是饱和结点，则该匹配就是最大匹配；否则，任取 X 中的某个非饱和结点，构造匹配 M 的交错道。此时，如果该交错道的最后一个结点是饱和结点，则该匹配 M 就是最大匹配。否则，如果该交错道最后一个结点也是一个非饱和结点，则得到的是一条可增广道，如图 9-18 所示。

---

① 埃德蒙兹（Edmonds, 1934— ），在美国出生的匈牙利数学家，计算机科学家，在组合优化、离散数学等领域做了大量研究工作。

② 克劳德・贝尔热（Claude Berge, 1926—2002），法国数学家。

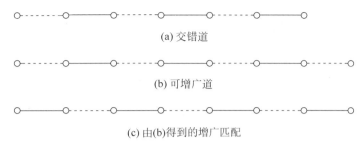

(a) 交错道

(b) 可增广道

(c) 由(b)得到的增广匹配

图 9-18 基于可增广交错道的增广匹配

可以发现,在该可增广道中,不属于匹配 M 的边数比属于 M 的边数多 1,而且交错道中不属于匹配 M 的边也是互不相邻的,因此可以由这些边构造一个新的匹配 M^*,匹配 M^* 是对 M 的一个增广。将这个过程持续下去,直到图中没有可增广道为止,此时得到的就是所求的最大匹配。

匈牙利算法的具体描述如下。

(1) 给定图 $G=<X,E,Y>$ 的任一匹配 M。

(2) 如果 X 中的任一结点均饱和,则 M 即为所求,算法结束;否则转(3)。

(3) 在 X 中找到一非 M 饱和结点 x,置 $S=\{x\}$,$T=\varnothing$。

(4) 若 $N_G(S)=T$,则停止,否则任选一点 $y \in N_G(S)-T$。

(5) 若 y 是 M 饱和结点,转(6);否则求一条从 x 到 y 的 M 可增广道 P,令 $M=M \oplus E(P)$,转(2)。

(6) 由于 y 是 M 饱和结点,故 M 中有一条边 (y,u),令 $S=S \cup \{u\}$,$T=T \cup \{y\}$,转(4)。

其中,$N_G(S)$ 表示 G 中与 S 中的任一结点相邻的所有结点组成的集合,"$\oplus$" 是集合的对称差运算,$E(P)$ 是可增广道 P 中相应边组成的集合。基于对称差运算,可以将可增广道中的不属于匹配 M 中的边保留,删除 M 中相应的边,得到的新的匹配中,边的数量增加了 1。

例 9-11 以图 9-19 中的二分图为例,介绍匈牙利算法的具体执行过程。

(1) 首先任意给一个初始匹配 $M=\{(x_1,y_1),(x_3,y_5),(x_5,y_3)\}$,如图 9-20 所示。

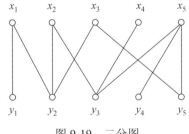
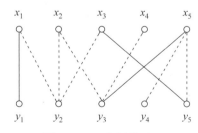

图 9-19 二分图　　　　图 9-20 二分图的匹配

(2) x_2、x_4 非饱和,因此 X 非饱和。确定其中一个非饱和结点 x_2,令 $S=\{x_2\}$,$T=\varnothing$。

(3) S 邻接结点集 $N_G(S)=\{y_2,y_3\} \neq T$,选择 $y \in N_G(S)-T=\{y_2,y_3\}$,选择 y_3。

(4) 因为 M 中有边 (x_5,y_3),因此 y_3 已饱和,$S=\{x_2,x_5\}$,$T=\{y_3\}$。

(5) $N_G(S) = \{y_2, y_3, y_4, y_5\} \neq T$，选择 $y \in N_G(S) - T = \{y_2, y_4, y_5\}$，选 y_5。

(6) 因为 M 中有边 (x_3, y_5)，因此 y_5 已饱和，$S = S \cup \{x_3\} = \{x_2, x_3, x_5\}$，$T = T \cup \{y_5\} = \{y_3, y_5\}$。

(7) $N_G(S) = \{y_2, y_3, y_4, y_5\} \neq T$，选择 $y \in N_G(S) - T = \{y_2, y_4\}$，选 y_2。

(8) 由于 y_2 不饱和，因此存在 x_2 到 y_2 的可增广道 P，如图 9-21 中加粗部分所示，即
$$E(P) = \{(x_2, y_3), (y_3, x_5), (x_5, y_5), (y_5, x_3), (x_3, y_2)\}$$

重新调整匹配 M，得到如图 9-22 所示的新匹配：
$$M = M \oplus E(P) = \{(x_1, y_1), (x_2, y_3), (x_3, y_2), (x_5, y_5)\}$$

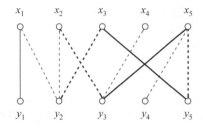

图 9-21 步骤（8）得到的可增广道 图 9-22 步骤（8）的新匹配

(9) 在新匹配中继续查找可增广道。显然 x_4 非饱和。令 $S = \{x_4\}$，$T = \varnothing$。

(10) $N_G(S) = \{y_3\} \neq T$，选择 $y \in N_G(S) - T = \{y_3\}$，选择 y_3。

(11) 由于 $(x_2, y_3) \in M$，因此 y_3 已饱和，令 $S = \{x_2, x_4\}$，$T = \{y_3\}$。

(12) $N_G(S) = \{y_2, y_3\} \neq T$，选择 $y \in N_G(S) - T = \{y_2\}$，选择 y_2。

(13) 由于 $(x_3, y_2) \in M$，因此 y_2 已饱和，令 $S = \{x_2, x_3, x_4\}$，$T = \{y_2, y_3\}$。

(14) $N_G(S) = \{y_2, y_3, y_5\} \neq T$，选择 $y \in N_G(S) - T = \{y_5\}$，选择 y_5。

(15) 由于 $(x_5, y_5) \in M$，因此 y_5 已饱和，令 $S = \{x_2, x_3, x_4, x_5\}$，$T = \{y_2, y_3, y_5\}$。

(16) $N_G(S) = \{y_2, y_3, y_4, y_5\} \neq T$，选择 $y \in N_G(S) - T = \{y_4\}$，选择 y_4。

(17) y_4 不饱和，因此存在从 x_4 到 y_4 的可增广道 P，如图 9-23 所示，其对应的边集为
$$E(P) = \{(x_4, y_3), (y_3, x_2), (x_2, y_2), (y_2, x_3), (x_3, y_5), (y_5, x_5), (x_5, y_4)\}$$

调整 M，得到如图 9-24 所示的新匹配。

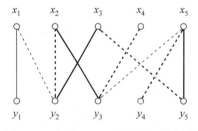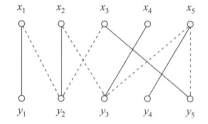

图 9-23 步骤（17）得到的可增广道 图 9-24 步骤（17）的新匹配

$$M = M \oplus E(P) = \{(x_1, y_1), (x_2, y_2), (x_3, y_5), (x_4, y_3), (x_5, y_4)\}$$

有关基于匈牙利算法计算二分图的最大匹配，请参考相关资料。

9.4 平面图

9.4.1 平面图的概念与判定方法

在图的某些现实应用中，有时要求除了结点，不再允许出现边交叉的情况，如电路板印制、高速公路设计等，称为**图的平面化问题**。由于图的同构性，使得图的表示形式多种多样，进一步促进了对平面图的研究。

定义 9-6 设 $G=<V,E>$ 是无向图，如果可以将该无向图画在同一平面上，除了结点外，再无边相交，则称图 $G=<V,E>$ 是**可平面图**，简称**平面图**，画出的无边相交的图称为图 G 的**平面嵌入**，无平面嵌入的图称为**非平面图**。

例 9-12 显然，图 9-25（a）和图 9-25（b）是平面图，而图 9-25（c）虽然有边交叉的情况，但可以表示成图 9-25（d）的情况，因此图 9-25（d）是图 9-25（c）的平面嵌入，图 9-25（c）也是平面图。同样，图 9-25（f）是图 9-25（e）的平面嵌入，因此图 9-25（e）也是平面图。

而有些图，无论如何根据图的同构对图进行转换，都无法做到不存在边的交叉，如图 9-26（a）和图 9-26（b）所示。

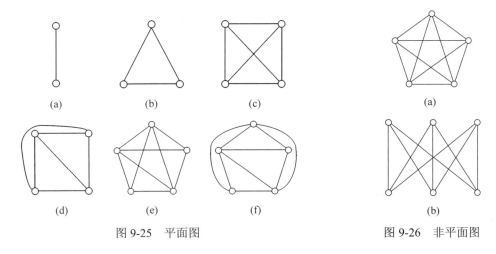

图 9-25 平面图 　　　　　　　　　　图 9-26 非平面图

欧拉对平面图有比较深入的研究，并给出了著名的欧拉公式，对平面图中结点、边和面的数量进行了准确的描述。下面首先给出平面图中面的概念。

定义 9-7 设 $G=<V,E>$ 是平面图，由 G 中边包围且不包含结点与边的区域，称为图 G 的一个**面**（planar）。有界的区域称为**有界面**或**内部面**，无界的区域称为**无界面**或**外部面**。对 G 的任意一个面 R，包围该面的边所构成的回路称为这个面的**边界**（boundary），面的边界的长度称为该面的**度**（degree）或**次数**，表示为 $\deg(R)$。

例如，在图 9-25（d）中，一共有 4 个面，其中 3 个面是有界面，1 个是无界面。而在图 9-25（f）中，一共有 6 个面，其中 5 个面是有界面，1 个面是无界面。

定理 9-8 设 $G=<V,E>$ 是平面图，则图 G 中所有面的度之和等于边数的两倍。

证明：

在平面图中的任何一条边，或者是两个面的公共边界，或者在一个面中作为边界被重复计算了两次。因此，在计算面的度的时间，被计算了两次，因此，所有面的度之和等于边数的两倍。

□

在立体几何中，欧拉研究了凸多面体中结点数（n）、棱数（m）和面数（r）之间的数量关系，在平面图中，该定理同样成立。

定理 9-9 给定连通平面图 G，共有 n 个结点、m 条边和 r 个面，则有
$$n-m+r=2$$

证明：

对平面图的边数 m 进行归纳证明。

（1）当 $m=0$ 时，图 G 是孤立结点，此时，$n=1$，$r=1$，因此有 $n-m+r=2$。

（2）当 $m=1$ 时，有两种情况。

① 图 G 是一条边，此时，$n=2$，$m=1$，$r=1$，因此有 $n-m+r=2$。

② 图 G 是一条自回路，此时，$n=1$，$m=1$，$r=2$，因此有 $n-m+r=2$。

（3）假设边数为 m_k 成立，即 $n_k-m_k+r_k=2$，下面进一步考查边数为 m_k+1 条边的情况。由于在连通图上增加一条边后其仍是连通图，因此有以下两种情况。

① 增加一个结点，结点数量是 n_k+1；边的数量依然是 m_k；面的数量保持不变，依然为 r_k。因此有 $n_k+1-(m_k+1)+r_k=n_k-m_k+r_k=2$。

② 用一条边连接图上的结点；边的数量增加 1，为 m_k+1；面的数量增加了 1，为 r_k+1。因此有 $n_k-(m_k+1)+(r_k+1)=n_k-m_k+r_k=2$。

□

对于给定的图，虽然有边相交，但可以根据图的同构改画成平面图，而有些图如何画都无法画成平面图。当图比较复杂时，如何判断该图能否改画成平面图呢？

定理 9-10 如果平面图 G 中有 n 个结点、m 条边，若 $m>1$，则有 $m \leq 3n-6$。

证明：

设 G 共有 k 个面，由于 G 是简单图，因此每个面至少有 3 条边。所以，所有面的次数之和不少于 $3k$。根据定理 9-8，有 $2m \geq 3k$，即 $k \leq 2m/3$。代入欧拉公式，有
$$n-m+k=2 \leq n-m+2m/3=n-m/3$$

整理得，$m \leq 3n-6$。

□

定理 9-10 给出了平面图中结点的数量和边的数量之间的关系。基于该定理，无法判断给定的图是否是平面图。但可以根据其逆否命题，判断一个图不是平面图，即如果不满足 $m \leq 3n-6$，则一定是非平面图。

例 9-13 证明包含 5 个结点的完全图 K_5 不是平面图。

证明：

在完全图 K_5 中，包含的结点数量为 5，边的数量为 10，即 $n=5$，$m=10$，$3n-6=9$，不满足不等式 $m \leqslant 3n-6$。因此，该完全图不是平面图。

□

定理 9-11 设 G 是一平面连通简单图，其结点数 $n \geqslant 4$，边数为 m，且 G 没有 K_3 作为其子图，则有 $m \leqslant 2n-4$。

证明：

由于 G 没有 K_3 作为其子图，因此 G 中每个面的边界长度不小于 4，即 $2m \geqslant 4r$。根据欧拉公式，有

$$2 = n - m + r \leqslant n - m + m/2 = n - m/2$$

即 $m \leqslant 2n-4$。

□

基于定理 9-11 反映的数量关系，同样可以判断某些连通图是非平面图，来看下面的例子。

例 9-14 证明完全二分图 $K_{3,3}$ 不是平面图。

解：

显然，在完全二分图 $K_{3,3}$ 中，没有子图 K_3。其结点数 $n=6$，边的数量 $m=9$。由于 $m=9>2n-4=8$，与定理 9-11 矛盾，因此 $K_{3,3}$ 不是平面图。

□

到目前为止，已经基于结点和边的数量关系，判断出了 $K_{3,3}$ 和 K_5 不是平面图。下面以这两个非平面图为基本工具考查平面图和非平面图的判断方法，即库拉托斯基①定理。首先介绍一下同胚关系。

定义 9-8 给定图 $G=<V,E>$，如果 $v \in V$ 且 $\deg(v)=2$，(u,v) 和 (v,w) 是与结点 v 相邻接的两条边，如果删除结点 $v \in V$ 以及与其邻接的两条边，并增加边 (u,w)，称该操作为图 G 的**结点贯通操作**。

图 $G=<V,E>$ 中存在边 (u,w)，如果删除该边，并且增加结点 v，同时增加两边条 (u,v) 和 (v,w)，那么称该操作为**边切割操作**。

图中的边切割操作和结点贯通操作统称为图的**同胚操作**（homeomorphism operation）。

定义 9-9 给定两个图 G_1 和 G_2，如果可以通过图的同胚操作将 G_1 变成 G_2，或者通过图的同胚操作将 G_2 变成 G_1，则称这两个图具有**同胚关系**（homeomorphism relation），简称**同胚**（homeomorphism）。

例 9-15 给定图 9-27 中的图 G 和图 H，二者可以通过边切割操作和结点贯通操作进行转换，因此两

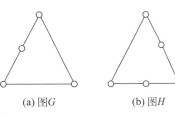

(a) 图 G　　(b) 图 H

图 9-27 图的同胚

---

① 库拉托斯基（Kazimierz Kuratowski，1896—1980），波兰数学家，逻辑学家。

个图是同胚的。

定理 9-12（库拉托斯基定理） 一个连通图是平面图，当且仅当它的任何子图不与 $K_{3,3}$ 和 K_5 同胚。

该定理的另一种表述是基于边的收缩，具体如下。

定理 9-13（库拉托斯基定理） 一个连通图不是平面图，当且仅当通过边的收缩可以得到 $K_{3,3}$ 或 K_5。

有关库拉托斯基定理的证明，在此从略，感兴趣的读者可以参阅相关资料。该定理是一个非常著名的定理，通常将 K_5 和 $K_{3,3}$ 称为**库拉托斯基图**。

例 9-16 判断图 9-28（a）和图 9-28（c）是否为平面图。

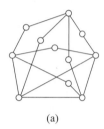 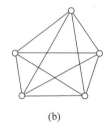 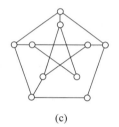 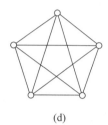

(a)　　　　　　(b)　　　　　　(c)　　　　　　(d)

图 9-28　平面图与非平面图的判定

解：

通过对图 9-28（a）进行同胚操作，可以将其转换成图 9-28（b）；基于边的收缩，可以将图 9-28（c）转换成图 9-28（d）。因此图 9-28（a）和图 9-28（c）都不是平面图。

□

9.4.2　平面图的对偶图

在图的某些应用中，有时需要将结点和面进行转换，得到一个新的图。可以证明，这种新的图模型与现有的平面图之间有许多相同的性质，称为该平面图的对偶图。

定义 9-10　设 $G=<V,E>$ 是一个连通的平面图，图中具有 n 个面，对图 $G=<V,E>$ 进行如下转换得到的图 $G^*=<V^*,E^*>$ 称为 $G=<V,E>$ 的**对偶图**（dual graph）。

（1）在图 $G=<V,E>$ 的每个面中设置一个结点 v_i^*。

（2）如果图 G 的面 r_i 和 r_j 有共同边界，那么经过边界的每条边 e_k 分别作为关联 v_i^* 和 v_j^* 的一条边 e_k^*，且 e_k^* 与 G^* 中的其他边不相交。

（3）如果 e_k 是面 r_i 的边界，但不是其他面的边界时，作为 v_i^* 的一条环与 e_k 相交，但不与 G^* 中的其他边相交。

例 9-17　求图 9-29（a）和图 9-29（d）的对偶图。

解：

首先由图 9-29（a）的 4 个面构造 4 个不同的结点 v_1^*、v_2^*、v_3^*、v_4^*，然后由图 9-29（a）中的 7 条边构造对偶图中的 7 条边，如图 9-29（b）所示，最后去除 G 中的结点和边，得到图 9-29（c）的对偶图。

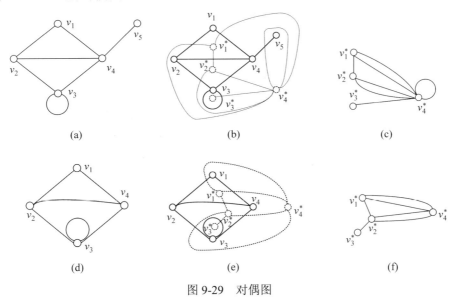

图 9-29 对偶图

同样，由图 9-29（d）中的 4 个面构造 4 个不同的结点 v_1^*、v_2^*、v_3^*、v_4^*，然后根据其中的边和自回路构造对偶图中的 6 条边，如图 9-29（e）所示，最后去除 G 中的结点和边，得到图 9-29（f）中的对偶图。

□

从例 9-17 可以看出，图 G 中的面的数量与其对偶图 G^* 中结点的数量相同，图 G 中边的数量与其对偶图 G^* 中的边的数量相同，图 G 中的悬边与其对偶图 G^* 中的自回路（环）相对应，图 G 中的自回路（环）与其对偶图 G^* 中的悬边相对应，如图 9-29（a）中的边 v_4v_5 与经过 G^* 中结点 v_4^* 的自回路相对应，如图 9-29（c）所示。经过图 9-29（a）中顶点 v_3 的自回路与图 9-29（c）中的悬边 $v_3^*v_4^*$ 相对应。此外，G 中某个面的度与其对偶图 G^* 中相应结点的度数相同。

9.5 图的着色

图的着色来源于四色问题，该问题是一个非常经典的数学问题，与哥德巴赫猜想、黎曼猜想同样著名。它是由英国的一位大学生古思里在 1852 年提出的，后来他的弟弟请教了英国著名的数学家德摩根，德摩根也没有找到解决这个问题的途径，于是写信向自己的好友、著名数学家哈密顿爵士请教，但直到 1865 年哈密顿逝世，问题也没有能够解决。1872 年，英国著名的数学家、化学家凯莱正式向伦敦数学学会提出了这个问题，于是四色猜想成了世界数学界关注的问题，世界上许多一流的数学家都纷纷参加了四色猜想的大会战。

图的着色有两种类型：**边着色**和**结点着色**。在边着色中，要求关联于同一个顶点的两条边着不同色；在结点着色中，要求关联于同一条边的两个结点应着不同色。在平面图及其对偶图中，对对偶图中的结点进行着色可以等效看成对平面图中的面进行着色，而对图中的边着色又相当于计算平面图中的最大匹配问题。因此，图的着色问题是匹配问题和平面图理论的一个应用。

9.5.1 结点着色

定义 9-11 对无环无向图 $G=<V,E>$ 的**结点着色**，是指对它的每个结点分配一种颜色，并且满足相邻的结点涂不同的颜色。如果能用 k 种颜色完成无向图 $G=<V,E>$ 的结点着色，则称 G 是 k-**可着色的**。如果 G 是 k-可着色的，但不是 $(k-1)$-可着色的，则称 G 是 k-**色图**，其中 k 称为 G 的**色数**（chromatic number），记为 $\chi(G)$。

例 9-18 对图 9-30（a），可以用三种不同的颜色对结点涂色，满足相邻的结点涂不同的颜色，因此图 9-30（a）是 3-色图；图 9-30（b）可以用五种颜色对结点涂色，因此该图是 5-色图；图 9-30（c）中的二分图可以用两种颜色涂色，因此该图是 2-色图；图 9-30（d）中的图可以用三种颜色涂色，因此该图是 3-色图；图 9-30（e）和图 9-30（f）可以用两种颜色涂色，因此这两个图是 2-色图。

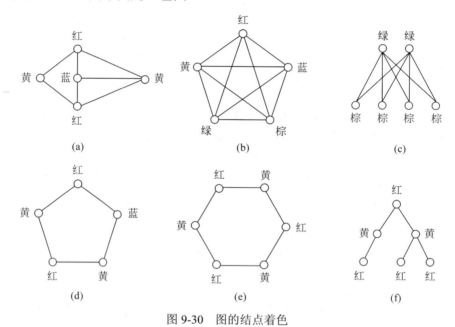

图 9-30 图的结点着色

从图 9-30 可以看出，n 阶完全图 K_n 是一个 n-色图，所有的二分图是 2-色图，长度为奇数的回路是 3-色图，长度为偶数的回路是 2-色图，结点数大于 1 的树是 2-色图。

□

对任意的无向图 G，如果结点的最大度表示为 $\Delta(G)$，则显然有 $\chi(G) \leqslant \Delta(G)+1$。

定理 9-14（布鲁克斯[①]定理） 设 G 是一个连通简单图，其结点的最大度为 $\Delta(G)$。

[①] 布鲁克斯（Rowland Leonard Brooks，1916—1993），英国数学家。

如果 G 既不是完全图，也不是长度为奇数的基本回路，则 $\chi(G) \leqslant \Delta(G)$。

布鲁克斯定理的证明比较烦琐，感兴趣的读者可以参阅相关资料。

从布鲁克斯定理的证明中可以看出两个反例，即完全图的色数 $\chi(G) = \Delta(G)+1$，如图 9-30（b）所示，该等式同样适用于长度为奇数的回路，如图 9-30（d）所示。

例 9-19 某班级的学生因为功课重修，要参加多门课程的考试，其中有的课程属于正常安排，有的课程属于重修。现在需要进行期末考试安排，使得没有学生在同一段考试时间参加两门功课的考试。已知有学生同时选择了 A 与 B、A 与 C、A 与 D、A 与 G、B 与 C、B 与 D、B 与 E、B 与 G、C 与 D、C 与 F、C 与 G、D 与 E、D 与 F、E 与 F、E 与 G、F 与 G。

解：

基于无向图对该问题进行建模。用结点表示课程，如果有两门课程被一名学生选，则在课程之间画一条无向边。根据题设，本题的无向图如图 9-31（a）所示。

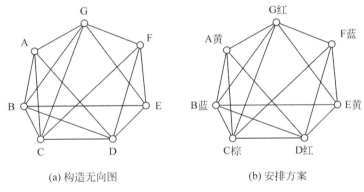

(a) 构造无向图　　　　(b) 安排方案

图 9-31　例 9-19 对应的无向图

根据考试要求，两门课程不安排在同一时间段考试，即对表示课程的不同结点涂色，使两个相邻的结点不涂相同的颜色，着色方案如图 9-31（b）所示。

□

定义 9-12 连通无桥平面图及其所有的有限面称为**地图**（map），地图中的面称为**国家**（country）。如果两个国家的边界至少有一条公共边，则称这两个国家是**相邻的**。

定义 9-13 对地图 G 进行着色，是指对它的每一个国家涂色，使相邻的国家涂不同的颜色。若能用 k 种颜色对 G 的面进行涂色，则称 G 是 k-**面可着色的**（k-surface colorable）。如果图 G 是 k-面可着色的，但不是 $(k-1)$-面可着色的，则称 G 是 k-**色地图**，称 k 是 G 的**面色数**，记为 $\chi^*(G)$。

对地图进行着色可以通过对平面图的结点着色进行研究，其中地图中面的数量与其对偶图中的结点数量相等，地图中边的数量与对偶图中的边的数量相等。基于地图与其对偶图之间的关系，不加证明地给出如下的定理。

定理 9-15 地图 G 是 k-面可着色的，当且仅当它的对偶图 G^* 是 k-可着色的。

定理 9-16 设 $G = <V, E>$ 是简单平面图，则 G 中至少存在一个度小于或等于 5 的结点。

证明：

若 $|V| \leq 6$，结论显然成立。

当 $|V| \geq 7$ 时，假设 G 中所有结点的度数大于或等于 6，则由握手定理知：

$$2|E| = \sum \deg(v) \geq 6|V|$$

这与定理 9-10 矛盾，因此简单平面图中至少存在一个度小于或等于 5 的结点。

□

定理 9-17（海伍德[①]五色定理） 任何平面图都是 5-可着色的。

证明：

对平面图 G 的结点数 n 进行归纳证明。当结点数 $n \leq 5$ 时，结论显然成立。

现在基于数学归纳法，对结点数 n 进行证明。假设 $n-1$ 时结论成立，则结点数 $n \geq 6$ 时，根据定理 9-16 可知，平面图存在一个度小于或等于 5 的结点 v_0。

从图 G 中删除结点 v_0 得到图 G'，根据假设，G' 是 5-可着色的。现在将 v_0 加回去，有以下两种情况。

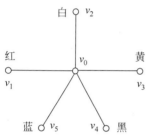

图 9-32 结点 v_0 邻接的 5 种颜色

（1） $\deg(v_0) < 5$ 或 $\deg(v_0) = 5$，但与 v_0 邻接的 5 个结点着色的颜色数小于 5。此时，对 v_0 的着色，只需选与四周结点不同的颜色着色即可。

（2） $\deg(v_0) = 5$，且与 v_0 邻接的 5 个结点着色的颜色数是 5，如图 9-32 所示。为了方便表示，用黑、白、红、黄、蓝 5 种颜色对 v_0 的 5 个邻接结点进行着色。同时，称 G' 中所有红、黄色结点组成的集合为红黄集，G' 中所有黑、白色结点组成的集合为黑白集。此时分为以下两种情况讨论。

① 当 v_1 和 v_3 属于红黄集导出的子图的不同块中，如图 9-33（a）所示。将 v_1 所在块的红色和黄色对调，并不影响 G' 的着色。然后，将 v_0 着红色，即得到图 G 的正常着色，如图 9-33（b）所示。

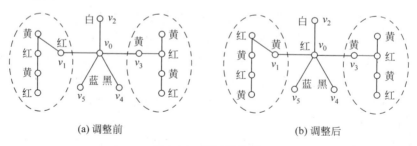

图 9-33 第①种情形

② 当 v_1 和 v_3 属于红黄集导出的子图的同一块中，则 v_1 和 v_3 之间必有一条结点属于红黄集的通路 P，该通路加上结点 v_0 可构成回路，如图 9-34（a）所示。由于该回路的存在，

[①] 珀西·约翰·海伍德（Percy John Heawood, 1861—1955），英国数学家，为四色定理的最终证明做出了巨大贡献。

将黑白集分为两个子集,一个在回路内,一个在回路外,因此问题转化为第①种情形,可以有效调整,如图 9-34(b)所示。

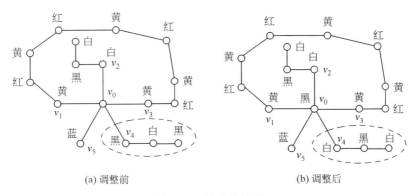

图 9-34 第②种情形

综上所述,可以通过图 G' 的 5 种着色,调整为图 G 的 5 种着色。

□

定理 9-18(四色定理) 任何平面图都是 4-可着色的。

四色定理至今未有简单的理论证明,它的证明是计算机与数学的完美结合,是在 1976 年由美国人阿佩尔[①]和海肯[②]用计算机证明的,计算机运行了 1200 小时才完成了四色定理的证明。

9.5.2 边着色

定义 9-14 无环无向图 G 的边着色,是指对它的每条边都着一种颜色,使得相邻边着不同的颜色。如果能用 k 种颜色对图 G 进行边着色,则称 G 是 k-**边可着色的**。如果 G 是 k-边可着色的,但不是 $(k-1)$-边可着色的,则称 k 是图 G 的**边色数**(edge chromatic number),记为 $\chi'(G)$。

例 9-20 在图 9-35(a)中,该图是 4-边可着色的。结点数量为 5(奇数)的完全图是 5-边可着色的,结点数量为 4(偶数)的完全图是 3-边可着色的,长度为偶数的回路是 2-边可着色的,长度为奇数的回路是 3-边可着色的。图 9-36(f)所示的二分图是 4-边可着色的。

有关边着色的问题,目前已经得到了较好的解决。维津[③]在 1964 年提出的定理给出了一个比较满意的答案。

定理 9-19(维津定理) 设 $G=<V,E>$ 是任意给定的一个无向图,则有

(1) 如果图 G 是简单图,图中结点最大度为 $\Delta(G)$,则 $\chi'(G)=\Delta(G)$ 或 $\chi'(G)=\Delta(G)+1$;

---

① 阿佩尔(Kenneth Ira Appel,1932—2013),美国数学家。
② 海肯(Wolfgang Haken,1928—),德国数学家。
③ 维津(Vadim Georgievich Vizing,1937—2017),乌克兰数学家,在图论的相关领域做了大量的研究工作。

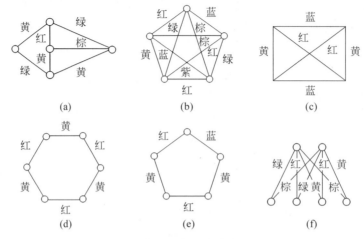

图 9-35 图的边着色

（2）如果图 G 是二分图，图中结点最大度为 $\Delta(G)$，则 $\chi'(G) = \Delta(G)$；

（3）对于完全图 K_n，若 $n(n \neq 1)$ 是奇数，则 $\chi'(K_n) = n$；如果 n 是偶数，则 $\chi'(K_n) = n-1$。

有关维津定理的证明过程，可参阅相关资料，此处略。

从某种程度上，图的边着色可以等效转换成图的结点着色问题。在图 9-36（a）中，将边看成新的结点，如果两条边与同一个结点相邻接，则构造新的边将表示边的结点进行连接，如图 9-36（b）所示。

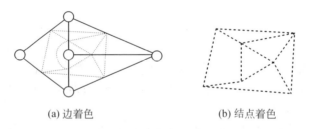

(a) 边着色   (b) 结点着色

图 9-36 图的边着色与结点着色

基于边着色，可以用来解排课表的问题。

例 9-21 某学校在周一有 m 位教师给 n 个班级上课，每位教师在某一时刻只能给一个班上课。

（1）这一天至少需要安排多少节课？

（2）在节数不增加的情况下，至少需要几间教室？

（3）若 $m = 4, n = 5$，设教师为 t_1, t_2, t_3, t_4，班级为 c_1, c_2, c_3, c_4, c_5。已知 t_1 要为 c_1、c_2、c_3 分别上 2 节、1 节、1 节课，t_2 要为 c_2、c_3 各上 1 节课，t_3 要为 c_2、c_3、c_4 各上 1 节课，t_4 要为 c_4、c_5 分别上 1 节、2 节课。给出最节省教室的课表。

解：

设 $V_1 = \{t_1, t_2, t_3, t_4\}$，$V_2 = \{c_1, c_2, c_3, c_4, c_5\}$，在 V_1 和 V_2 之间构造边：$E = \{(t_i, c_j) | t_i$ 给 c_j

上1节课},通过上述方式,构造得到二分图 $G=<V_1,E,V_2>$。对二分图进行 k-边可着色的,就得到了需要安排节数为 k 的安排方案。因此有

(1) 当 $k=\chi'(G)=\Delta(G)$ 时,需要安排的节数最少;

(2) 当对二分图 $G=<V_1,E,V_2>$ 进行涂色时,可以安排同色的边同时上课,因此,设 $l_1,l_2,\cdots,l_{\Delta(G)}$ 表示具有相同颜色的边的数量,则所需要的教室的最少数量为 $\max\{l_1,l_2,\cdots,l_{\Delta(G)}\}$;

(3) 在给定的条件下,构造如图 9-37 的排课的二分图所示。

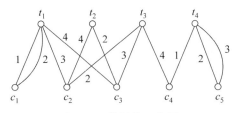

图 9-37 排课的二分图

从图 9-37 可以看出,$\Delta(G)=4$,因此用 4 种颜色给边涂色,同色边的课同时上,此时需要 4 个教室,安排的课表如表 9-1 所示。

表 9-1 根据二分图安排的课表

教 师	节 数			
	1	2	3	4
t_1	c_1	c_1	c_2	c_3
t_2	—	c_3	—	c_2
t_3	—	c_2	c_3	c_4
t_4	c_4	c_5	c_5	—

9.6 树

树是图论中的一个非常重要的概念,早在 1847 年,克希霍夫就用树的理论来研究电网络,化学家凯莱在研究同分异构体时也用到了树理论。树在计算机科学中有着非常广泛的应用,例如,文件夹的组织结构,就是非常典型的树结构。

9.6.1 树的定义

定义 9-15 连通且无回路的无向图,称为无向树(undirected tree),简称树(tree)。在树中,度为 1 的结点称为树叶,度大于 1 的结点称为分支结点(branch point)或内部结点(interior point)。如果无向图的每个连通分支都是树,则该无向图称为森林(forest)。

例 9-22 判断图 9-38 中哪些图是树，哪些图是森林。

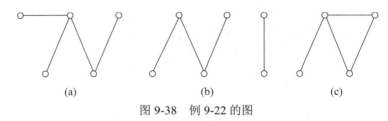

图 9-38 例 9-22 的图

解：

从图 9-38（a）可以看出，该图是连通的，且没有回路，因此图 9-38（a）是树。

从图 9-38（b）可以看出，该图有两个连通分支，且每一个连通分支都是连通的且没有回路，因此图 9-38（b）是森林。

从图 9-38（c）可以看出，该图是连通的，但该图中具有回路，因此图 9-38（c）不是树，也不是森林。

□

定理 9-20 设 $G=<V,E>$ 是无向图，$|V|=n$，$|E|=m$，则下列命题是等价的。

（1）G 是树。

（2）G 中无回路，且 $n=m+1$。

（3）G 是连通的，且 $n=m+1$。

（4）G 中无回路，但在 G 中任意两结点之间增加一条边，就会得到唯一的一条基本回路。

（5）G 是连通的，但删除任意一条边后不再连通。

（6）G 中任意两个顶点之间存在唯一的路径。

分析：证明这 6 个命题两两等价，可以采用循环证明的方法，即证明如下的序列：

$$(1) \Rightarrow (2) \Rightarrow (3) \Rightarrow (4) \Rightarrow (5) \Rightarrow (6) \Rightarrow (1)$$

证明：

（1）$\Rightarrow$（2）：

当 $n=1$ 时，$m=0$，满足 $n=m+1$。

假设当 $n=k$ 时命题成立，即有 k 个结点的边的数量为 $k-1$ 条。

当 $n=k+1$ 时，由于 G 是树，即 G 是连通的且没有回路，因此 G 中必然有度为 1 的结点，与该结点关联的边是悬挂边。删除该结点时一并将该悬挂边删除，则图中还有 k 个结点，此时边的数量为 $k-1$。加上该悬挂边后，结点的数量为 $k+1$，边的数量为 $k-1+1=k$ 条。

（2）$\Rightarrow$（3）：证明 G 是连通的，即证明 G 的连通分支数为 1。

设 G 中有 k 个不同的连通分支：$G_1, G_2, \cdots, G_k$，相应的结点数和边数分别为 $n_1, n_2, \cdots, n_k$ 和 $m_1, m_2, \cdots, m_k$。由于图中含有 n 个结点和 m 条边，因此有 $\sum_{i=1}^{k} n_i = n$，$\sum_{i=1}^{k} m_i = m$。

由于 G 中无回路，因此每一个连通分支都是树，因而满足 $n_i = m_i + 1$。因此，

$$n = \sum_{i=1}^{k} n_i = \sum_{i=1}^{k}(m_i + 1) = m + k = m + 1$$

因此 $k=1$，即 G 是连通的。

(3) $\Rightarrow$ (4)：需要证明两点，即图中无回路、加一条新边得到一条基本回路。

首先证明图中无回路，采用数学归纳法。

当 $n=1$ 时，$m=n-1=0$，显然无回路。

假设当 $n=k-1$ 时无回路。当 $n=k$ 时，由于此时 G 是连通的，因此每个结点的度都大于或等于 1。如果所有结点的度均大于或等于 2，根据握手定理，有

$$2m = \sum_{v \in V} \deg(v) \geqslant 2n$$

即 $m \geqslant n$，这与 $m=n-1$ 矛盾，即图中必然存在度等于 1 的结点。设该结点为 v_0，即 $\deg(v_0)=1$。从 G 中删除 v_0 结点，得到的图中有 $k-1$ 个结点，根据归纳假设，该图没有回路，由于 $\deg(v_0)=1$，因此，将 v_0 结点以及相应的边加上，得到的图中仍然没有回路。

在图中的任意两个结点 $u, v \in V$ 之间增加一条边，由于原图是连通的，因此 u、v 之间具有通路，加上新增加的边，就构成了一条回路。如果该回路不是唯一的，则说明原图中必然有回路，得证。

(4) $\Rightarrow$ (5)：

若 G 不连通，则存在两点 u、v，二者之间无通路，此时增加边 (u,v)，不会产生回路，与题设矛盾。

由于图中无回路，因此删除一条边后，图便不连通。

(5) $\Rightarrow$ (6)：

由于图是连通的，因此图中的任意两个结点之间都有一条基本通路，如果两个结点之间有两条通路，则删除一条边时，两个结点之间仍然是连通的，与题设矛盾。

(6) $\Rightarrow$ (1)：

由于图中的每一对结点之间都有通路，因此图一定是连通的。如果图中存在回路，则回路上任意两个结点之间的通路不唯一，与题设矛盾。

□

该定理不仅给出了树的等价定义，也进一步阐述了树的相关性质。从本质上讲，树是不含回路的图，基于树中边和结点的数量，可以进一步得到如下定理。

定理 9-21 设 $G=<V,E>$ 是树，则其中至少存在两片树叶。

分析： 树中除了结点和边的数量关系外，还可以利用握手定理。同时，树中的结点，从本质上可以分为树叶结点和分支结点，其中树叶结点的度为 1，而分支结点的度至少是 2。

证明：

设树中结点和边的数量分别为 n 和 m，则必有 $n=m+1$。根据握手定理，有

$$\sum_{v \in V} \deg(v) = 2m = 2(n-1)$$

在树的 n 个结点中,假设树叶结点有 t 个,则分支结点有 $n-t$ 个。树叶结点的度为 1,而分支结点的度至少为 2。则所有结点的度满足:

$$2(n-1) \geq t + 2(n-t) = 2n-t$$

求解该不等式,得 $t \geq 2$。

9.6.2 生成树与最小生成树

从定义 9-15 可以看出,树是一种特殊的图,但图不一定是树。如果无向图是连通的,则可以基于无向图构造一棵树,称为图的生成树(spanning tree),定义如下。

定义 9-16 给定一个无向图 $G=<V,E>$,如果该无向图的一个生成子图 T 是一棵树,则称 T 是图 G 的生成树(spanning tree)。T 中的边称为树枝(branch),在图 G 中但不在 T 中的边称为弦(chord)。所有弦的集合称为生成树 T 的补(complement)。

关于图和树之间的关系,有如下定理。

定理 9-22 一个连通无向图至少有一棵生成树。

证明:

设 G 是连通无向图,如果 G 中没有回路,则 G 本身就是生成树。

如果 G 中存在简单回路,任选一条回路,从该回路中删除一条边,得到 G'。如果 G' 中无回路,则 G' 就是 G 的一棵生成树;如果 G' 中仍有简单回路,则继续上述过程,直至无回路为止。因此,最终可以得到 G 的一棵生成树。

例 9-23 给定如图 9-39(a)所示的无向图,该图的两棵生成树分别如图 9-39(b)和图 9-39(c)所示。图 9-39(d)和图 9-39(e)分别对应两棵生成树的补。

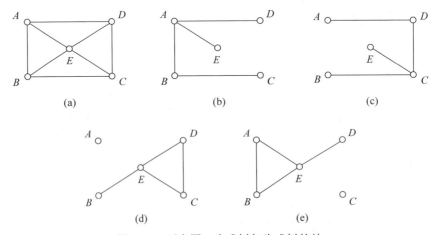

图 9-39 无向图、生成树与生成树的补

从图 9-39 可以看出,图的生成树不是唯一的。基于赋权图生成图的生成树,有两种基本方法,分别是破圈法和避圈法。前者从原图开始,通过删除边破坏图中的回路,直

至图中没有回路为止；后者从空集开始，逐渐增加边，但在选择边时避免生成回路。

定义 9-17 设无向图 $G=<V,E>$ 是连通的赋权图，则在所有的生成树中，所有边的权值和最小的生成树，称为该无向图的最小生成树（minimal spanning tree）。

与图的生成树类似，图的最小生成树也不唯一。关于图的最小生成树，诸多学者和研究人员进行了研究，相继提出了各式各样的算法，比较经典的有**克鲁斯卡尔算法、普里姆算法和管梅谷算法**，其中克鲁斯卡尔算法和普里姆算法属于避圈法，而管梅谷算法属于破圈法，下面分别介绍这 3 个算法，并通过例子对算法的应用过程进行说明，对算法的正确性不再给出证明过程。

算法 9-1（**克鲁斯卡尔**[①]**算法，Kruskal algorithm**） 设无向赋权图 $G=<V,E>$ 中具有 n 个结点、m 条边，可以按照如下的步骤构造图的最小生成树。

（1）令 $i=0$，$S=\varnothing$。

（2）从图 G 中选取权值最小的边 e，如果 $e \notin S$ 且 $S \cup \{e\}$ 构成的图中无回路，则令 $S=S \cup \{e\}$，$i=i+1$。

（3）如果 $i=n-1$，算法结束，否则转（2），继续选取其他边。

例 9-24 运用克鲁斯卡尔算法求图 9-40 的最小生成图。

解：

（1）令 $i=0$，$S=\varnothing$。

（2）取权值最小的边 EC，加入集合 S 中，$i=1$。

（3）继续取权值最小的边 BC，加入集合 S 中，$i=2$。

（4）继续取权值最小的边 CD，加入集合 S 中，$i=3$。

（5）当前权值最小的边 DE 不能加入集合 S 中，因为会形成回路 $CDEC$。继续选取当前权值最小的边 AD，加入集合 S 中，$i=4$。

（6）算法结束，最后得到的最小生成树如图 9-41 所示，最小权值和为 11。

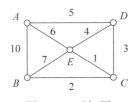
图 9-40 赋权图

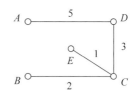
图 9-41 图 9-40 的最小生成树

算法 9-2（**普里姆算法**[②]**，Prim algorithm**） 设无向赋权图 $G=<V,E>$ 中具有 n 个结点、m 条边，可以按照如下的步骤构造图的最小生成树。

（1）令 $i=0$，$S=\varnothing$。

（2）从图 G 中选取权值最小的边 e，如果 $e \notin S$ 且 $S \cup \{e\}$ 构成的图是连通且无回路

[①] 克鲁斯卡尔（Joseph Bernard Kruskal，1928—2010），美国数学家、统计学家、计算机科学家、心理学家。

[②] 普里姆算法于 1930 年由捷克数学家沃伊捷赫·亚尔尼克（Vojtěch Jarník，1897—1970）发现；并在 1957 年由美国计算机科学家罗伯特·普里姆（Robert C.Prim，1921— ）独立发现；1959 年，迪杰斯特拉（Edsger Wybe Dijkstra，1930—2002）再次发现了该算法。普里姆算法又称 DJP 算法、亚尔尼克算法或普里姆–亚尔尼克算法。

的，则令 $S = S \cup \{e\}$，$i = i+1$。

（3）如果 $i = n-1$，算法结束，否则转（2），继续选取其他边。

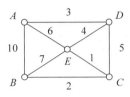

图 9-42 例 9-25 的图

普里姆算法和克鲁斯卡尔算法的区别在于普里姆算法要始终保持图的连通性。用图 9-42 的赋权图说明二者的区别。

例 9-25 运用克鲁斯卡尔算法和普里姆算法求图 9-42 的最小生成树。

解：

运用克鲁斯卡尔算法，计算图 9-42 的最小生成树，计算过程如图 9-43 所示。

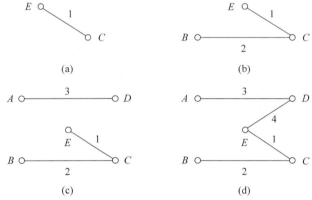

图 9-43 运用克鲁斯卡尔算法计算最小生成树

运用普里姆算法，计算图 9-42 的最小生成树，计算过程如图 9-44 所示。

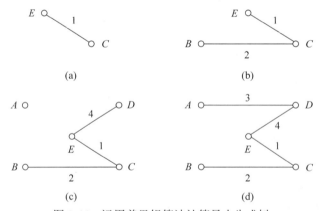

图 9-44 运用普里姆算法计算最小生成树

算法 9-3（管梅谷[①]算法） 设无向赋权图 $G = <V, E>$ 中具有 n 个结点、m 条边，可以

[①] 管梅谷（1934— ），1957 年毕业于华东师范大学数学系。1957—1990 年，管梅谷教授在山东师范大学工作。1984—1990 年担任山东师范大学校长，1990—1995 年任复旦大学运筹学系主任；1995 年至今任澳大利亚皇家墨尔本理工大学交通研究中心高级研究员、国际项目办公室高级顾问及复旦大学管理学院兼职教授。

按照如下的步骤构造图的最小生成树。

（1）令 $i = m$，$S = E$。

（2）从 S 中找到回路 C，从回路 C 上删除权值最大的边，令 $i = i - 1$。

（3）如果 $i = n - 1$，算法结束，否则转（2），继续选取其他边。

例 9-26 运用管梅谷算法计算图 9-42 的最小生成树。

解：

（1）令 $S = E$，$i = 8$。

（2）从 S 中找到回路 $ABCDA$，从中删除权值最大的边 AB，$i = i - 1 = 7$，此时，
$$S = \{AD, AE, BC, BE, CD, CE, DE\}$$

（3）从 S 中继续找到回路 $AEDA$，从中删除权值最大的边 AE，$i = i - 1 = 6$，此时，
$$S = \{AD, BC, BE, CD, CE, DE\}$$

（4）从 S 中继续找到回路 $CDEC$，从中删除权值最大的边 CD，$i = i - 1 = 5$，此时，
$$S = \{AD, BC, BE, CE, DE\}$$

（5）从 S 中继续找到回路 $BCEB$，从中删除权值最大的边 BE，$i = i - 1 = 4$，此时，
$$S = \{AD, BC, CE, DE\}$$

（6）算法结束。

在实际生活中图的最小生成树有非常广泛的应用，例如，在交通运输网络中，以最少代价构造运输网络。

例 9-27 某地区有 5 个村庄，拟修建道路连通这 5 个村庄。通过勘测，修通这 5 个村庄道路的花费如图 9-45 所示。设计修建道路的方案，使耗费最少。

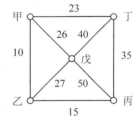

图 9-45 各村庄之间的修路花费
（单位：万元）

解：

要打通这 5 个村庄，只需修 4 条道路即可，选择哪 4 条道路，使总花费最少，即为求图 9-45 的最小生成树。利用克鲁斯卡尔算法，构造最小生成树的过程如图 9-46 所示。

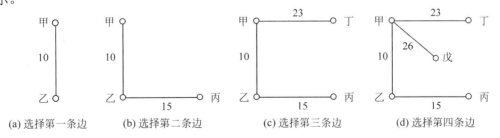

图 9-46 基于克鲁斯卡尔算法构造的最小生成树

从图 9-46 构造的最小生成树，可以计算出修建道路的最小代价为

10+26+23+15=74（万元）

9.7 根树

9.6 节介绍的树是基于无向图的,本节将树的概念推广至有向图中。

9.7.1 有向树与根树

定义 9-18 给定有向图 $G=<V,E>$,将有向图中的有向边变成无向边,如果得到的无向图是树,则原有向图称为有向树(directed tree)。

例 9-28 给定如图 9-47 所示的有向图,将有向边变成无向边,得到的无向图是树,因此原有向图是有向树。

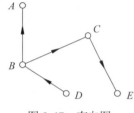

图 9-47 有向图

定义 9-19 如果有向图 $G=<V,E>$ 是有向树,如果恰有一个结点入度为 0,其余所有结点入度都是 1,称其为根树(root tree)。其中入度为 0 的结点称为根(root),出度为 0 的结点称为树叶(leaf),出度不为 0 的结点称为分支结点(branch node)或内点(interior point)。在根树中,从根到结点的通路长度,称为该结点的层数(layer number),根树中所有结点的最大层数称为根树的高(height)。

例 9-29 如图 9-48(a)所示的有向图中,结点 A 的入度为 0,其他结点的入度均为 1,因此,图 9-48(a)中的有向图是根树。

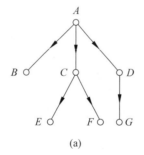 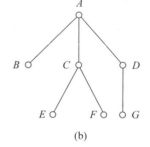

(a)   (b)

图 9-48 根树

在图 9-48(a)中,结点 A 的入度是 0,因此结点 A 是根结点;结点 B、E、F 和 G 的出度均是 0,因此这 4 个结点均是树叶;结点 A、C 和 D 的出度均不是 0,因此这 3 个结点均是分支结点。

在该根树中,B、C 和 D 的层数均是 1,E、F 和 G 的层数均是 2,树的高为 2。

在根树的图表示中,通常将根画在最上方,叶结点画在最下方,有向边的方向均指向下方,省略有向边的方向。例如,将图 9-48(a)的有向树表示成图 9-48(b)的形式。

定义 9-20 在根树 T 中,如果从结点 u 到结点 v 有通路,称结点 u 是结点 v 的祖先结点（ancestor）；如果<u,v>是根树中的边，称结点 u 是结点 v 的双亲结点（father），结点 v 是结点 u 的子结点（son）；同属于一个双亲结点的结点互为兄弟结点（brother）。

例 9-30 在图 9-48 中，结点 A 是结点 E、F 和 G 的祖先结点，是结点 B、C 和 D 的双亲结点；结点 C 是 E 和 F 的双亲结点；结点 D 是结点 G 的双亲结点；结点 E 和结点 F 互为兄弟结点。

定义 9-21 在根树 T 中，如果每个分支结点最多有 k 个子结点，称 T 为 k 元树（k-ary tree）；若每个分支结点正好有 k 个分支结点，则称 T 为 k 元完全树（k-ary complete tree）。当 $k = 2$ 时，T 为二元完全树（2-ary complete tree）。在二元完全树中，分支结点的两个结点分别称为左儿子结点（left son）和右儿子结点（right son），以左儿子结点和右儿子结点为根结点的树称为根结点的左子树（left subtree）和右子树（right subtree）。

下面讨论 k 元完全树的一些性质。

定理 9-23 设 T 为 k 元完全树，其中有 t 片树叶，i 个分支结点，则有 $(k-1)i=t-1$。

证明：

方法一：在 k 元完全树中，结点可以分为两类：分支结点和叶结点。在所有的结点中，除根结点外，其他所有的结点都由分支结点生成。由于每一个分支结点可以生成 k 个子结点，因此有

$$k \times i + 1 = t + i$$

即 $(k-1)i = t-1$。

□

方法二：在给定的 k 元完全树中，所有结点数量为 $t+i$，边的数量为 $t+i-1$。在所有的结点中，其中 t 片树叶的度为 1，i 个分支结点中，1 个结点的度为 k（根结点），其他 $i-1$ 个分支结点的度为 $k+1$。根据握手定理，有

$$2(t+i-1) = t + k + (i-1)(k+1)$$

整理即得，$(k-1)i = t-1$。

□

定理 9-24 完全二叉树的结点个数一定是奇数。

证明：

方法一：在完全二叉树中，根结点的度为 2，除根结点外的分支结点度为 3，叶结点的度为 1。由于所有结点的度的和一定是偶数，因此，分支结点和叶结点的数量一定是偶数。再加上根结点，因此，完全二叉树中结点的个数一定是奇数。

方法二：在完全二叉树中，除根结点外，其他结点均由分支结点生成。因此所有结点的个数可以表示为 $2k+1$，其中 k 为分支结点的数量（包含根结点），1 表示根结点。显然，完全二叉树中结点的数量为奇数。

□

在定理 9-24 中，进一步考虑，假设结点数量为 n，则边的数量为 $n-1$，假设其中叶结点数量为 t，则度为 3 的结点数量为 $n-t-1$。根据握手定理，有

$$2(n-1) = 2 + t + 3(n-t-1)$$

解此等式，有

$$t = \frac{n-1}{2}$$

即在完全二叉树中，叶结点的数量为 $(n-1)/2$。

9.7.2 根树的遍历

在树的某些实际应用中，需要对二叉树上的结点进行遍历（traverse），即按照某种访问顺序访问二叉树中的所有结点。二叉树的遍历算法分为 3 种：先根遍历、中根遍历和后根遍历。

算法 9-4 先根遍历。
（1）访问树的根结点。
（2）如果树有左儿子结点，以先根遍历访问树的左子树。
（3）如果树有右儿子结点，以先根遍历访问树的右子树。

算法 9-5 中根遍历。
（1）如果树有左儿子结点，以中根遍历访问树的左子树。
（2）访问树的根结点。
（3）如果树有右儿子结点，以中根遍历访问树的右子树。

算法 9-6 后根遍历。
（1）如果树有左儿子结点，以后根遍历访问树的左子树。
（2）如果树有右儿子结点，以后根遍历访问树的左子树。
（3）访问树的根结点。

例 9-31 运用先根遍历、中根遍历和后根遍历 3 种方式访问图 9-49 所示的二叉树。

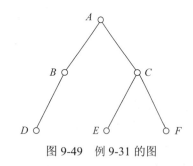

图 9-49 例 9-31 的图

解：
首先研究先根遍历访问。
（1）访问树的根结点，得到结点 A。
（2）由于树的左子树非空，因此应以先根遍历访问树的左子树，即以 B 为根结点的左子树。
① 访问左子树的根结点，得到结点 B。
② 由于以 B 为根的树的左子树非空，因此应以先根遍历访问 B 的左子树，即以 D 为根的子树：应先访问根结点，得到 D；由于 D 的左子树和右子树均为空，因此访问以 D 为根结点的子树结束。
③ 由于以 B 为根的树的右子树为空，因此访问以 B 为根结点的子树结束。
（3）由于树的右子树非空，因此应以先根遍历访问树的右子树，即以 C 为根结点的右子树。
① 访问右子树的根结点，得到结点 C。
② 由于以 C 为根结点的左子树非空，因此应以先根遍历访问 C 的左子树，即以 E

为根的子树：先访问根结点，得到 E；由于 E 的左子树和右子树均为空，因此访问以 E 为根结点的子树结束。

③ 由于以 C 为根结点的右子树非空，因此应以先根遍历访问 C 的右子树，即以 F 为根的子树：先访问根结点，得到 F；由于 F 的左子树和右子树均为空，因此访问以 F 为根结点的子树结束。

综上所述，以先根遍历得到的结点序列为 $ABDCEF$。

其次研究中根遍历访问。

（1）由于树的左子树非空，因此应以中根遍历首先访问树的左子树，即以 B 为根结点的子树。

① 由于以 B 为根结点的子树的左子树非空，因此应先访问其左子树，即以 D 为根结点的左子树：由于以 D 为根结点的子树的左子树为空，因此应先访问子树的根结点，得到结点 D；由于以 D 为根结点的子树的右子树为空，因此访问以 B 为根结点的子树的左子树结束。

② 访问以 B 为根结点的子树的根结点，得到结点 B。

③ 由于以 B 为根结点的子树的右子树为空，因此访问以 A 为根结点的左子树结束。

（2）访问树的根结点，得到结点 A。

（3）由于树的右子树非空，因此应以中根遍历访问树的右子树，即以 C 为根结点的子树。

① 访问以 C 为根结点的子树的左子树，即以 E 为根结点的子树：由于 E 的左子树为空，因此应先访问以 E 为根的子树的根结点，即结点 E；由于 E 的右子树为空，因此访问以 C 为根结点的左子树结束。

② 访问以 C 为根结点的子树的根结点，得到结点 C。

③ 访问以 C 为根结点的子树的右子树，即以 F 为根结点的子树：由于 F 的左子树为空，因此应先访问以 F 为根的子树的根结点，即结点 F；由于 F 的右子树为空，因此访问以 C 为根结点的右子树结束。

综上所述，以中根遍历访问树得到的结点序列为 $DBAECF$。

最后研究后根遍历访问。

（1）由于树的左子树非空，因此应以后根遍历访问树的左子树，即以 B 为根结点的子树。

① 由于以 B 为根结点的子树的左子树非空，因此应以后根遍历访问 B 的左子树，即以 D 为根结点的子树：由于 D 的左子树和右子树为空，因此访问 D 的根结点，得到结点 D。

② 由于以 B 为根结点的子树的右子树为空，因此不再访问。

③ 访问以 B 为根结点的子树的根结点，得到结点 B。

（2）由于树的右子树非空，因此应以后根遍历访问树的右子树，即以 C 为根结点的子树。

① 访问以 C 为根结点的子树的左子树，即以 E 为根结点的子树：由于以 E 为根结点的子树的左子树和右子树均为空，因此应直接访问以 E 为根结点的子树的根结点，得到结点 E。

② 访问以 C 为根结点的子树的右子树，即以 F 为根结点的子树：由于以 F 为根结点的子树的左子树和右子树均为空，因此应直接访问以 F 为根结点的子树的根结点，得到结点 F。

③ 访问以 C 为根结点的子树的根结点，得到结点 C。

（3）访问树的根结点，得到结点 A。

综上所述，以后根遍历得到的结点序列为 $DBEFCA$。

例 9-32 设以先根遍历访问二叉树 T 得到的序列为 $GFHDABCEI$，以后根遍历访问二叉树 T 得到的序列为 $DAHFCIEBG$。画出该二叉树，并计算该二叉树的中根遍历序列。

分析：通过先根遍历访问时，应首先访问根结点，然后顺序访问左子树和右子树，因此可以通过先根遍历访问得到的序列首先确定根结点；通过后根遍历访问时，先顺序访问左子树和右子树，最后访问树的根结点。因此基于先根遍历和后根遍历访问，可以通过左子树序列和右子树序列首先将左子树的结点和右子树的结点分开，然后再依次判断左子树的根结点和右子树的根结点，以此类推，直至计算整棵树。

解：

从树的先根遍历序列和后根遍历序列可以推断出，树的根结点是 G，由于在先根遍历序列和后根遍历序列中左子树和右子树中结点的数量是相同的，因此可以根据这一点，得到通过先根遍历访问得到的左子树和右子树序列分别为 $FHDA$ 和 $BCEI$，通过后根遍历访问左子树和右子树得到的序列分别为 $DAHF$ 和 $CIEB$。

先讨论左子树的构造。通过先根遍历和后根遍历访问左子树得到的序列分别为 $FHDA$ 和 $DAHF$。分析这两个序列，可以得知左子树的根结点是 F。进一步分析序列 HAD 和 DAH，可知 F 的右子树为空，而左子树的根结点为 H，而 D 和 H 分别是 H 的左儿子和右儿子。

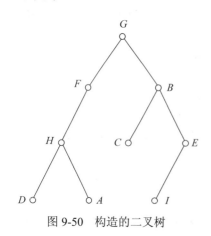

图 9-50 构造的二叉树

继续讨论右子树的构造。通过先根遍历和后根遍历访问右子树得到的序列分别为 $BCEI$ 和 $CIEB$。分析这两个序列，可以得知右子树的根结点是 B。通过分析序列 CEI 和 CIE，可以得知 B 的左子树中包含结点 C，而右子树中包含结点 EI，而 I 是 E 的子结点。

通过上述分析，可以得知上述访问序列对应的二叉树如图 9-50 所示。

从图 9-50 得知，二叉树对应的中根遍历序列为 $DHAFGCBIE$。

需要说明的是，通过给定的先根遍历序列和后根遍历序列构造的二叉树可能不唯一。

9.7.3 哈夫曼树

在讨论了二叉树的定义和相关性质后，探讨二叉树的应用——最优树。

定义 9-22 设二叉树有 t 片树叶，权值分别为 $w_1, w_2, \cdots, w_t$，如果从二叉树的根到这 t 片树叶的通路长度分别为 $L(w_i)$，$i=1,2,\cdots,t$，则 $w(T) = \sum_{i=1}^{t} w_i L(w_i)$ 称为二叉树的权。

定义 9-23 在含有包含 t 片同样权值的树叶的二叉树中，权值最小的树称为最优二叉树，又称为最优树（optimal tree）。

例 9-33 给定 4 片树叶，其权值分别是 8、9、10 和 11。可以构造如图 9-51 所示的树。

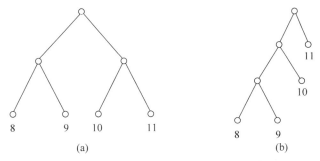

图 9-51 基于给定权值构造不同的二叉树

在图 9-51（a）中，从根结点到所有叶结点的通路长度都是 2，因此二叉树的权为
$$2 \times (8+9+10+11) = 76$$

在图 9-51（b）中，从根结点到叶结点的通路长度分别为 1、2、3，因此二叉树的权为
$$8 \times 3 + 9 \times 3 + 10 \times 2 + 11 \times 1 = 82$$

□

从例 9-33 可以看出，包含相同权值的叶结点时，不同的二叉树对应的权值不同。如何设计树的结构，以获取最优二叉树呢？1952 年，哈夫曼[①]在研究通信系统的有效性编码时，设计了获取最优二叉树的算法，如下。

算法 9-7 哈夫曼算法 设 t 片叶结点的权值为 $W = \{w_1, w_2, \cdots, w_t\}$，构建最优树的算法如下。

（1）判断 W 中是否只有一个权值，如果是，算法结束；否则，转（2）。

（2）从 W 中选择两个权值最小的叶结点，设其权值分别为 w_i 和 w_j，从 W 中删除这两个权值，并将 $w_i + w_j$ 加入 W 中，转（1）。

关于哈夫曼算法的正确性，此处不再给出证明过程，下面通过例子说明应用哈夫曼算法设计最优二叉树的过程。

---

① 哈夫曼（David Albert Huffman，1925—1999），美国计算机科学家，发明了哈夫曼编码，广泛用于数据通信、数据压缩等领域。

例 9-34 设一组权值为 2, 3, 5, 7, 9, 11, 13, 17, 求相应的最优二叉树。

解:

首先选择权值最小的两个值：2 和 3, 将它们从给定的权值中删除, 并将它们的和加入权值中, 得到的权值为

$$5, 5, 7, 9, 11, 13, 17$$

继续选择权值最小的两个值：5 和 5, 重复同样的过程, 得到的权值为

$$7, 9, 10, 11, 13, 17$$

重复上述过程, 依次得到的权值集合为

$$10, 11, 13, 16, 17$$
$$13, 16, 17, 21$$
$$17, 21, 29$$
$$29, 38$$
$$67$$

将上述构造过程运用二叉树的形式展现出来, 将得到如图 9-52 所示的哈夫曼 (Huffman) 树。

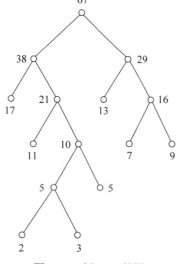

图 9-52　例 9-34 的图

如果用 0 表示二叉树的左分支, 1 表示二叉树的右分支, 从根结点到叶结点的通路编码表示相应的叶结点编码, 则相应叶结点的编码如下。

2：01100
3：01101
5：0111
7：110
9：111
11：010
13：10
17：00

需要说明的是, 对上述叶结点的编码是通信中常用的前缀码, 它在数据压缩、图像表示等领域有着广泛的应用。

例 9-35 已知一幅图像有 8 种颜色, 分别用英文字母 A、B、C、D、E、F、G、H 表示, 即

ABABACABADECABAA
ABABACABADECABAA
ABABACABADGCABAA
ABABACABADFCABAA
ABABACABADFCABAA
ABABACABADHCABAA
ABABACABADECABAA
ABABACABADECABAA

用{0,1}为上述 8 种颜色进行编码,并使该图像存储时所需的字节数最少。

分析:将图像中的每种颜色用{0,1}进行编码,使得图像存储时所需的字节数最少,其本质在于利用这 8 种颜色作为叶结点,利用这 8 个叶结点构造二叉树,而叶结点的权值即为相对应的颜色在图中出现的频率。

解:
首先统计各种颜色出现的次数:

A:64; B:32; C:16; D:8; E:4; F:2; G:1; H:1

构造如图 9-53 所示的 Huffman 树。

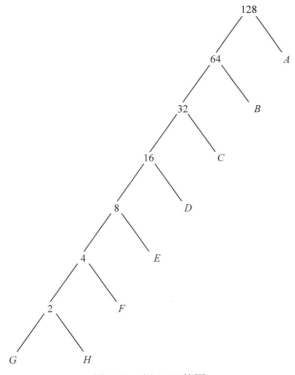

图 9-53 例 9-35 的图

构造相应的编码如下:

A:1; B:01; C:001; D:0001; E:00001; F:000001; G:0000000; H:0000001

□

需要说明的是,基于 Huffman 树设计相应的编码时,可能会存在选择不唯一的情况,通过下面的例子来说明。

例 9-36 给定一组权值 2,3,5,5,7,9,构造相应的 Huffman 树和 Huffman 编码。

分析:按照 Huffman 树的构造方式,首先选择的是 2 和 3,进一步处理时,有 3 个 5 可以选择,此时有两种选择:首先选择由 2 和 3 生成的 5,或者最后考虑新生成的 5。构造过程如下。

解：

按第一种思路，先考虑新产生的数字，构造过程如图 9-54 所示；根据第二种思路，后考虑新生成的 5，构造的 Huffman 树如图 9-55 所示。

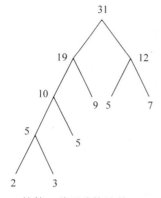 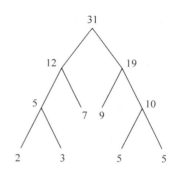

图 9-54 按第一种思路构造的 Huffman 树　　图 9-55 按第二种思路构造的 Huffman 树

根据图 9-54，构造的编码分别为

$$2：0000；3：0001；5：001；5：10；7：11；9：01$$

对应的 Huffman 树的权为

$$2\times4+3\times4+5\times3+5\times2+7\times2+9\times2=77$$

根据图 9-55，构造的编码分别为

$$2：000；3：001；5：110；5：111；7：01；9：10$$

对应的 Huffman 树的权为

$$2\times3+3\times3+5\times3+5\times3+7\times2+9\times2=77$$

在通信系统中，为提高数据传输的准确率，将优先选择编码长度的方差最小的编码方案，即使编码长度尽量相同的方案。在这种考虑下，选择上述的第二种思路，即图 9-55 中的编码方案。

习题 9

1. 判断图 9-56 中的图能否一笔画。

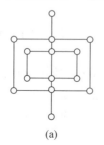

(a)　　(b)

图 9-56 第 1 题的图

2. 某地有 5 个景点，若每个景点均有两条道路与其他景点相通。问游人可否经过每个景点恰好一次且仅一次？

3. 棋手在 8×8 黑白相间的棋盘上跳动一次马，不论跳动方向如何，要使这马完成每一种可能的跳动恰好一次，问这样的跳动是否可能？（马的跳动规则是从一个 2×3 的长方形方格的一个对角跳到另一个对角上）

4. 一棵二叉树的先根遍历序列和中根遍历序列分别是 *ABDECFG*、*DBEAFGC*，画出该二叉树，并写出后根遍历序列。

5. 构造一棵带权分别为 17、8、9、12、3、16 的最优树。

6. 一棵树有两个结点度为 2，一个结点度为 3，3 个结点度为 4，问它有几个度为 1 的结点？

7. 用克鲁斯卡尔算法、普里姆算法和管梅谷算法求图 9-57 的最小生成树。

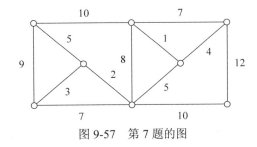

图 9-57　第 7 题的图

8. 能否设计相关算法，在图 9-57 的基础上构造一棵树，使树中所有边的权值和最大。

第 10 章 代 数 系 统

本章导引

初等代数研究的对象是实数以及实数上的相关运算，包括加、减、乘、除等。伴随着自然科学中相关学科的发展，人们研究的对象不再限制在数的范围内，例如，矩阵、向量等。这就迫切需要人们将传统的数以及数上的运算扩展到这些研究对象以及在研究对象上可以进行的相关运算，例如，矩阵和向量的加法、乘法等。代数系统应运而生，它是研究集合和集合上的运算，而研究代数系统的学科称为近世代数，它是近代数学的重要分支。

10.1 代数运算

定义 10-1 设 A、B、C 是非空集合，从 $A \times B$ 到 C 的映射 f 称为从 $A \times B$ 到 C 的二元代数运算（binary algebraic operation），简称二元运算（binary operation）。

根据二元运算的定义，可以发现二元运算的本质是一个映射 $f: A \times B \to C$。即，对任意的 $a \in A, b \in B$，存在元素 $c \in C$，使 $f(a,b) = c$ 成立。注意这里 f 只是一个符号，可以将其用 "∘、★" 等符号代替，例如 ∘$(a,b) = c$。利用中缀表示法，可以进一步表示为 $a \circ b = c$，这和以前学过的加、减、乘、除等运算在形式上是一致的。

定义 10-2 在定义 10-1 中，如果 $A=B=C$，即 "∘" 是一个从 $A \times A$ 到 A 的运算，称运算 "∘" 为集合 A 上的运算，或者称该运算在集合 A 上是封闭的（closed）。

从另一个角度看，要说明集合上的运算是否满足封闭性，只需要从该集合中任取两个元素进行该运算，判断运算结果是否在集合中。如果任意两个元素的运算结果在该集合中，则说明该运算满足封闭性。

例 10-1 判断下列运算是否是封闭的。

（1）整数集合上的加法运算。
（2）自然数集合上的减法运算。
（3）实数集合上的除法运算。

解：
（1）对任意两个整数，它们的和仍然是一个整数，因此，加法运算在整数集合上是封闭的。

（2）由于两个自然数的差并不一定是自然数，例如，$2 - 3 = -1 \notin \mathbf{N}$。因此减法运算在自然数集合上不是封闭的。

（3）任取实数中的两个数相除，如果除数不为 0，它们的结果一定是实数，但如果除数是 0，则结果不属于实数讨论的范围。因此，除法运算在实数上是不封闭的。进一步，如果从实数集合中把元素 0 去掉，根据前面的讨论，可得除法运算在 $\mathbf{R}-\{0\}$ 上是封闭的。

定义 10-3 设 $A_1, A_2, \cdots, A_n$ 和 A 是非空集合，则映射"。"：$A_1 \times A_2 \times \cdots \times A_n \to A$ 称为 $A_1 \times A_2 \times \cdots \times A_n$ 到 A 的 n 元代数运算。如果 $A_1 = A_2 = \cdots = A_n = A$，称"。"是集合 A 上的 n 元代数运算，或者称该运算在集合 A 上是封闭的。

从上述定义可以看出，运算和集合是紧密相关的，将二者结合在一起，就形成了代数系统。

定义 10-4 给定集合 A 和该集合上的运算 $\circ_1, \circ_2, \cdots, \circ_m$，其中 $\circ_1, \circ_2, \cdots, \circ_m$ 分别是 $k_1, k_2, \cdots, k_m$ 元运算，则有序组 $<A, \circ_1, \circ_2, \cdots, \circ_m>$ 称为一个代数系统（algebraic system），简称代数（algebra）。在代数系统中，运算的个数以及运算的元数称为代数系统的类型（type）。如果两个代数系统具有相同数目的运算，且对应运算的元数相同，则称两个代数系统是同类型的。

例 10-2 $<N, +, \times>$ 是一个代数系统，它与 $<\mathbf{R}-\{0\}, +, ->$ 是相同类型的代数系统。

定义 10-5 设 $<A, \circ_1, \circ_2, \cdots, \circ_m>$ 是代数系统，$B \subseteq A$ 是非空集合，如果运算 $\circ_1, \circ_2, \cdots, \circ_m$ 在集合 B 上是封闭的，则称 $<B, \circ_1, \circ_2, \cdots, \circ_m>$ 是 $<A, \circ_1, \circ_2, \cdots, \circ_m>$ 的子代数系统，简称子代数（subalgebra）。进一步地，如果 $B \subset A$，称 $<B, \circ_1, \circ_2, \cdots, \circ_m>$ 是 $<A, \circ_1, \circ_2, \cdots, \circ_m>$ 的真子代数（proper subalgebra）。

对任意代数系统而言，其子代数一定存在，因为任何代数系统一定是其自身的子代数。

例 10-3 $<\mathbf{Z}, +>$ 是 $<\mathbf{R}, +>$ 的真子代数，$<\mathbf{N}, +>$ 是 $<\mathbf{Z}, +>$ 的真子代数。但 $<\mathbf{N}, ->$ 不是 $<\mathbf{Z}, ->$ 的子代数，其中 $\mathbf{N}$、$\mathbf{Z}$、$\mathbf{R}$ 分别代表自然数集合、整数集合和实数集合，$+$ 和 $-$ 是普通的加法和减法运算。

本书接触的是简单的代数系统，涉及的运算相对简单，大多是一元和二元运算。

10.2 运算的性质与特殊元素

在整数、自然数等常用集合中，常用的运算满足一些规律，例如，加法和乘法满足结合律、交换律等；同时，存在一些特殊的元素，在不同的运算中表现出不同的性质，例如，加法运算中的 0、乘法运算中的 1 和 0 等。考虑代数系统的本质是集合以及集合上的运算，因此本节将把常用代数系统中运算的性质和存在的特殊元素推广到一般的代数系统中，讨论一般代数系统中运算的性质和特殊元素。

10.2.1 运算的性质

1. 结合律

定义 10-6 设 $<A, \circ>$ 是代数系统，运算"。"是集合 A 上的二元运算，如果对任意元素 $a, b, c \in A$，都有 $(a \circ b) \circ c = a \circ (b \circ c)$ 成立，称运算"。"在集合 A 上是可结合的

（associative），或者称运算"。"满足结合律（associative law）。

从本质上看，结合律的本质是在运算对象的顺序保持不变的前提下，可以将它们进行任意结合。例如，整数集合上的加法、乘法运算，都满足结合律。这里需要指出的是，如果二元运算"。"满足结合律，则 $(a \circ b) \circ c$ 也可表示为 $a \circ b \circ c$。

例 10-4 给定整数集合上的运算"。"，定义为 $a \circ b = a + b - ab$。证明该运算满足结合律。

分析：欲证明运算满足结合律，只需证明对任意元素 a,b,c，均有 $(a \circ b) \circ c = a \circ (b \circ c)$。

证明：

对整数集合 **Z** 的任意整数 a,b,c，有下面两式成立：

$(a \circ b) \circ c = (a+b-ab) \circ c = a+b-ab+c-(a+b-ab)c = a+b+c-ab-ac-bc+abc$

$a \circ (b \circ c) = a \circ (b+c-bc) = a+b+c-bc-a(b+c-bc) = a+b+c-ab-ac-bc+abc$

从上面两式可以看出，$(a \circ b) \circ c = a \circ (b \circ c)$，因此该运算满足结合律。

□

2. 交换律

定义 10-7 设 $<A, \circ>$ 是代数系统，运算"。"是集合 A 上的二元运算，如果对任意元素 $a,b \in A$，都有 $a \circ b = b \circ a$ 成立，称运算"。"在集合 A 上是可交换的（commutative），或者称运算"。"满足交换律（commutative law）。

交换律的本质在于运算对象可以任意调整顺序。如果运算同时满足结合律和交换律，则 $a_1 \circ a_2 \circ \cdots \circ a_m$ 可以进行任意交换和组合。

3. 分配律

定义 10-8 设 $<A, \circ, \star>$ 是代数系统，运算"。"和"★"是集合 A 上的二元运算，如果对任意元素 $a,b,c \in A$，满足：

(1) $a \circ (b \star c) = (a \circ b) \star (a \circ c)$；

(2) $(b \star c) \circ a = (b \circ a) \star (c \circ a)$。

则称运算"。"对"★"满足分配律（distributive law）。如果只有（1）式成立，称运算"。"对"★"是左可分配的（left distributive），又称第一分配律；若只有（2）式成立，称运算"。"对"★"是右可分配的（right distributive），又称第二分配律。

与交换律和结合律不同，分配律刻画的是两个运算之间的性质。进一步，如果运算"。"对运算"★"满足分配律，且"★"满足结合律，则反复利用分配律，可得

$$a \circ (b_1 \star b_2 \star \cdots \star b_n) = (a \circ b_1) \star (a \circ (b_2 \star \cdots \star b_n))$$
$$\vdots$$
$$= (a \circ b_1) \star (a \circ b_2) \star \cdots \star (a \circ b_n)$$

可以看出，代数系统中分配律的应用与整数集合中乘法对加法的分配律从本质上讲是一致的。

4. 幂等律

定义 10-9 设 $<A,\circ>$ 是代数系统，运算"$\circ$"是集合 A 上的二元运算，如果在集合 A 中存在元素 a，使 $a\circ a=a$ 成立，则称元素 a 是集合 A 中关于运算"$\circ$"的幂等元（idempotent element）。如果集合 A 中任意元素都是关于运算"$\circ$"的幂等元，则称运算"$\circ$"满足幂等律（idempotent law）。

从定义上看，如果元素 a 满足 $a\circ a=a$ 成立，则有
$$a^2 = a\circ a = a, \quad a^3 = a\circ(a\circ a) = a, \quad \cdots$$

参照实数中有关幂的定义，n 个元素 a 进行"$\circ$"运算，所得到的结果称为元素 a 关于"$\circ$"运算的 n 次幂（pow）。如果 $a\circ a=a$，可以得到对任意正整数 n，都有 $a^n = a$ 成立。

例 10-5 给定整数集合上的"$\circ$"运算，定义为 $a\circ b = a+b-ab$，计算关于该运算的幂等元。

解：

设幂等元为 a，根据幂等元的定义，有
$$a\circ a = a+a-a^2 = a$$

即 $a^2 = a$。解得，$a=0$ 或 $a=1$。

因此，在整数集合中，关于"$\circ$"运算的幂等元是 0 和 1。

□

例 10-6 给定集合 $A=\{a,b,c\}$，考虑 A 的幂集 $\rho(A)$ 上的并集运算"$\cup$"。可以发现，对任意 $B\in\rho(A)$，都有 $B\cup B = B$ 成立。因此有，$\rho(A)$ 上的并集运算"$\cup$"满足幂等律。类似地，集合的交集运算"$\cap$"也同样满足幂等律。

定理 10-1 设 $<A,\circ>$ 是代数系统，运算"$\circ$"是集合 A 上的二元运算。则运算"$\circ$"满足幂等律的充要条件是对任意元素 $a\in A$，都有 $a\circ a=a$ 成立。

5. 吸收律

定义 10-10 设 $<A,\circ,\star>$ 是代数系统，运算"$\circ$"和"$\star$"是集合 A 上的二元运算，如果对任意的元素 $a,b\in A$，都有下面二式成立：

（1）$a\star(a\circ b) = a$；

（2）$a\circ(a\star b) = a$。

则称运算"$\circ$"和"$\star$"满足吸收律（absorption law）。

例 10-7（1）考虑集合 A 的幂集 $\rho(A)$ 上的并集运算"$\cup$"与交集运算"$\cap$"。由于对任意集合 $B,C\in\rho(A)$，都有 $B\cap(B\cup C) = B$ 和 $B\cup(B\cap C) = B$ 成立。因此，运算"$\cup$"与"$\cap$"满足吸收律。

（2）考虑整数集合上的运算 min 和 max。由于对任意 $a,b\in \mathbf{Z}$，都有 $\min(a,\max(a,b))=a$ 和 $\max(a,\min(a,b))=a$ 成立，因此运算 min 和 max 满足吸收律。

□

6. 消去律

定义 10-11 设 $<A,\circ>$ 是代数系统，运算"$\circ$"是集合 A 上的二元运算。如果在集合 A 中存在元素 a，使得对任意 $x,y\in A$，都有下面两式成立：

(1) 如果 $a\circ x=a\circ y$，则 $x=y$；

(2) 如果 $x\circ a=y\circ a$，则 $x=y$。

则称元素 a 在集合 A 中关于运算"$\circ$"是可消去的（cancellative），其中（1）和（2）中的元素 a 分别称为左可消去元（left cancellative element）和右可消去元（right cancellative element）。如果集合 A 中的所有元素都是可消去的，则称运算"$\circ$"满足消去律（cancellative law）。

例 10-8 考虑 $\rho(A)$ 上的并集运算"$\cup$"。在 $\rho(A)$ 中存在元素 $\varnothing$，使对任意元素 $B,C\in \rho(A)$，都有下面两式成立：

(1) 如果 $B\cup\varnothing=C\cup\varnothing$，则有 $B=C$；

(2) 如果 $\varnothing\cup B=\varnothing\cup C$，则有 $B=C$。

因此，$\varnothing$ 是 $\rho(A)$ 中关于运算"$\cup$"的消去元。同理，A 是 $\rho(A)$ 中关于运算"$\cap$"的消去元。

□

10.2.2 特殊元素

1. 单位元

定义 10-12 设 $<A,\circ>$ 是代数系统，运算"$\circ$"是集合 A 上的二元运算。

(1) 如果存在元素 $e_l\in A$，使对任意 $a\in A$，都有 $e_l\circ a=a$，称 e_l 为该代数系统的左单位元（left identity element）。

(2) 如果存在元素 $e_r\in A$，使对任意 $a\in A$，都有 $a\circ e_r=a$，称 e_r 为该代数系统的右单位元（right identity element）。

(3) 如果存在元素 $e\in A$，它既是左单位元又是右单位元，则称 e 为该代数系统的单位元（identity element）。

例 10-9 (1) 代数系统 $<\mathbf{N},+>$ 中，元素 0 是该代数系统的单位元。

(2) 代数系统 $<\mathbf{R},\times>$ 中，元素 1 是该代数系统的单位元。

(3) 代数系统 $<\rho(A),\cap,\cup>$ 中，$\varnothing$ 是运算"$\cup$"的单位元，而 A 是运算"$\cap$"的单位元。

例 10-10 给定整数上的运算"$\circ$"，定义为 $a\circ b=a+b-ab$，计算关于该运算的单位元。

解： 设整数集合中关于该运算的单位元是 b，根据单位元的性质，有

$$a\circ b=b\circ a=a$$

即 $a+b-ab=a$，解得 $b=0$，即整数集合中关于运算"。"的单位元是 0。

定理 10-2 代数系统 $<A,\circ>$ 中，如果左、右单位元都存在，则左单位元等于右单位元。

分析：要证明左、右单位元相等，可以有效地利用左、右单位元的性质，让左单位元和右单位元进行运算。

证明：

设该代数系统的左单位元为 e_l，右单位元为 e_r，则根据左单位元的性质，可得

$$e_l \circ e_r = e_r$$

同时，根据右单位元的性质，可得

$$e_l \circ e_r = e_l$$

综合上述两点，可得 $e_l = e_r$。

2. 零元

定义 10-13 设 $<A,\circ>$ 是代数系统，运算"。"是集合 A 上的二元运算。

（1）如果存在元素 $0_l \in A$，使对任意 $a \in A$，都有 $0_l \circ a = 0_l$，称 0_l 为该代数系统的左零元（left zero element）。

（2）如果存在元素 $0_r \in A$，使对任意 $a \in A$，都有 $a \circ 0_r = 0_r$，称 0_r 为该代数系统的右零元（right zero element）。

（3）如果存在元素 $0 \in A$，它既是左零元又是右零元，则称 0 为该代数系统的零元（zero element）。

例 10-11 （1）代数系统 $<\mathbf{R},\times>$ 中，元素 0 是该代数系统中有关运算"×"的零元。

（2）代数系统 $<\rho(A),\cap,\cup>$ 中，A 是运算"∪"的零元，而 $\varnothing$ 是运算"∩"的单位元。

类似前面关于左单位元和右单位元同时存在的情况，有下面的定理。

定理 10-3 代数系统 $<A,\circ>$ 中，如果左、右零元都存在，则左零元等于右零元。

分析：可以参照左单位元等于右单位元的方式证明。

证明：

略。

例 10-12 给定整数上的运算"。"，定义为 $a \circ b = a+b-ab$，计算整数集合中关于该运算的零元。

解：

设整数集合上关于该运算的零元是 b，根据零元的性质，有

$$a \circ b = b \circ a = b$$

即 $a+b-ab=b$，解得 $b=1$，即整数集合中关于运算"。"的零元是 1。

3. 逆元

定义 10-14 设 $<A,\circ>$ 是代数系统，e 是代数系统中有关运算"。"的单位元。对元素 $a \in A$，有如下定义。

（1）如果存在元素 $a_l^{-1} \in A$，使 $a_l^{-1} \circ a = e$，称 a_l^{-1} 为元素 a 的左逆元（left inverse element）。

（2）如果存在元素 $a_r^{-1} \in A$，使 $a \circ a_r^{-1} = e$，称 a_r^{-1} 为元素 a 的右逆元（right inverse element）。

（3）如果存在元素 a^{-1}，它既是元素 a 的左逆元，又是 a 的右逆元，则称 a^{-1} 为元素 a 的逆元（inverse element）。

例 10-13 给定整数上的运算"。"，定义为 $a \circ b = a+b-ab$。判断哪些元素有逆元，它们的逆元是多少？

解：

在例 10-10 中，已经计算出整数中关于该运算的单位元是 0。不妨设元素 a 的逆元是 b。根据逆元的性质，有 $a \circ b = b \circ a = 0$。即
$$a+b-ab=0$$
解得 $b = a/(a-1)$。同时，由于 a 和 b 都是整数，因此当 $a=2$ 时，$b=2$；$a=0$ 时，$b=0$。也就是说，2 和 0 有逆元，它们的逆元分别是 2 和 0。

定理 10-4 如果代数系统 $<A,\circ>$ 中的运算"。"是可结合的，元素 $a \in A$ 同时存在左逆元 a_l^{-1} 和右逆元 a_r^{-1}，则 $a_l^{-1} = a_r^{-1}$。

分析：参照前面有关左单位元和右单位元的证明思路，需要利用左逆元和右逆元的性质，不同的是，这里还需要利用运算的可结合性。

证明：

由于 a_l^{-1} 是元素 $a \in A$ 的左逆元，因此有
$$(a_l^{-1} \circ a) \circ a_r^{-1} = e \circ a_r^{-1} = a_r^{-1}$$
考虑到运算"。"是可结合的，同时，a_r^{-1} 为元素 a 的右逆元，因此有
$$(a_l^{-1} \circ a) \circ a_r^{-1} = a_l^{-1} \circ (a \circ a_r^{-1}) = a_l^{-1} \circ e = a_l^{-1}$$
因此有
$$a_l^{-1} = a_r^{-1}$$

定理 10-5 给定代数系统 $<A,\circ>$，运算"。"是可结合的且有单位元存在。元素 $a \in A$ 和 $b \in A$ 是可逆的。证明：$a \circ b$ 是可逆的，且 $(a \circ b)^{-1} = b^{-1} \circ a^{-1}$。

分析：要证明 $a \circ b$ 是可逆的，只需要说明存在一个元素，它与 $a \circ b$ 运算的结果是单位元即可，关键是找这个元素。而在题目中需要证明的结论是 $(a \circ b)^{-1} = b^{-1} \circ a^{-1}$，即需要证明 $a \circ b$ 的逆元是 $b^{-1} \circ a^{-1}$。采用逆向思维考虑。

证明：

（1）$(a \circ b) \circ (b^{-1} \circ a^{-1}) = a \circ (b \circ b^{-1}) \circ a^{-1} = a \circ a^{-1} = e$。

（2）$(b^{-1} \circ a^{-1}) \circ (a \circ b) = b^{-1} \circ (a^{-1} \circ a) \circ b = b^{-1} \circ b = e$。

根据（1）式，得 $b^{-1} \circ a^{-1}$ 是 $a \circ b$ 的右逆元；根据（2）式，得 $b^{-1} \circ a^{-1}$ 是 $a \circ b$ 的右逆元。因此，$b^{-1} \circ a^{-1}$ 是 $a \circ b$ 的逆元。

□

例 10-14 已知 $G = \{f_{a,b} = ax + b, a \in R, a \neq 0\}$，"$\circ$"是函数的复合运算。

（1）证明 $<G, \circ>$ 是代数系统。
（2）判断运算"$\circ$"是否满足结合律、交换律。
（3）判断 G 中是否有关于该运算的单位元、零元。
（4）G 中哪些元素是可逆的？求出其逆元。

分析： 本题的关键在于考查对运算的封闭性、结合律、交换律以及特殊元素的掌握情况，需要理解相关定义。难点是集合中的元素不是一般的元素，而是函数。

证明：

（1）任取集合 G 中的两个元素 $f_{a,b}$ 和 $f_{c,d}$，其中 $a, c \neq 0$，根据函数复合运算的性质，有

$$f_{a,b} \circ f_{c,d} = c(ax+b) + d = acx + bc + d \in G$$

因此 $<G, \circ>$ 是代数系统。

（2）取任意元素 $f_{a,b}$、$f_{c,d}$、$f_{g,h}$，根据复合关系的定义，有

$$(f_{a,b} \circ f_{c,d}) \circ f_{g,h} = (acx + bc + d) \circ (gx + h)$$
$$= g(acx + bc + d) + h$$
$$= acgx + bcg + dg + h$$

$$f_{a,b} \circ (f_{c,d} \circ f_{g,h}) = (ax + b) \circ (gcx + dg + h)$$
$$= gc(ax + b) + dg + h$$
$$= acgx + bcg + dg + h$$

由上述两式可得 $(f_{a,b} \circ f_{c,d}) \circ f_{g,h} = f_{a,b} \circ (f_{c,d} \circ f_{g,h})$，因此运算"$\circ$"满足结合律。

考虑到 $f_{c,d} \circ f_{a,b} = a(cx + d) + b = acx + ad + b \neq f_{a,b} \circ f_{c,d}$，因此运算"$\circ$"不满足交换律。

（3）不妨设该代数系统中存在单位元，设该单位元为 $f_{c,d}$，根据单位元的性质，对任意 $f_{a,b}$，有

$$f_{a,b} \circ f_{c,d} = c(ax + b) + d = acx + bc + d = ax + b$$
$$f_{c,d} \circ f_{a,b} = a(cx + d) + b = acx + ad + b = ax + b$$

因此可得

$$\begin{cases} ac = a \\ bc + d = b \\ ad + b = b \end{cases}$$

解此方程组，可得 $c=1, d=0$，即单位元为 $f_{1,0}=x$。

对于判断零元是否存在，同样假设零元为 $f_{c,d}$，根据零元的性质，对任意 $f_{a,b}$，有

$$f_{a,b} \circ f_{c,d} = c(ax+b)+d = acx+bc+d = cx+d$$
$$f_{c,d} \circ f_{a,b} = a(cx+d)+b = acx+ad+b = cx+d$$

因此可得

$$\begin{cases} ac=c \\ bc+d=d \\ ad+b=d \end{cases}$$

解此方程组，可得 $c=0$，不满足集合 G 的条件，因此方程组无解，该代数系统中不存在零元。

（4）对于元素逆元的判断，假设 $f_{a,b}$ 的逆元是 $f_{c,d}$，考虑到该代数系统中的单位元是 $f_{1,0}$，根据逆元的性质，有

$$f_{a,b} \circ f_{c,d} = c(ax+b)+d = acx+bc+d = x$$
$$f_{c,d} \circ f_{a,b} = a(cx+d)+b = acx+ad+b = x$$

因此有

$$\begin{cases} ac=1 \\ bc+d=0 \\ ad+b=0 \end{cases}$$

即

$$\begin{cases} c=\dfrac{1}{a} \\ d=-\dfrac{b}{a} \end{cases}$$

因此 $f_{a,b}$ 的逆元为 $f_{1/a,-b/a}$。

□

10.3 代数系统的同态与同构

在研究代数系统时，关注的不仅仅是代数系统的性质和内部结构，还要关注不同的代数系统之间的关系。一般认为，代数系统之间的关系是通过集合的映射来体现的，并通过映射在不同的代数系统之间的运算之间建立联系。在代数系统中，关心的一个重要问题：到底有多少种不同的代数系统？那么，如何判断两个代数系统是不是不同的？为了搞清楚这个问题，必须知道如何判断两个代数系统是同种类型的，首先看下面的例子。

例 10-15 给定代数系统 $<A,\circ>$ 和 $<B,\star>$，其中 $A=\{a,b\}$，$B=\{0,1\}$，运算"$\circ$"和

"★"分别由表 10-1 和表 10-2 给出。

表 10-1 "∘" 运算

∘	a	b
a	a	b
b	b	a

表 10-2 "★" 运算

★	0	1
0	0	1
1	1	0

在上述两个代数系统中，如果把表 10-1 中的"∘"运算看成表 10-2 中的"★"运算，把集合 A 中的 a 看成 B 中的 0，把集合 A 中的 b 看成 B 中的 1，则两个代数系统完全相同。换句话说，代数系统 $<A,\circ>$ 和 $<B,\star>$ 之所以不同，是因为选取的符号不同。在这种意义下，称代数系统是相同的，或称为同构的，形式化定义如下。

定义 10-15 设 $<A,\circ>$ 和 $<B,\star>$ 是两个代数系统，"∘"和"★"分别是集合 A 和集合 B 上的二元运算。如果存在集合 A 到 B 的映射 $f:A \to B$，使对任意 $x,y \in A$，都有
$$f(x \circ y) = f(x) \star f(y)$$
称映射 f 是 $<A,\circ>$ 到 $<B,\star>$ 的一个同态映射（homomorphic mapping）。当 f 分别是单射、满射和双射时，称 f 是单一同态（monomorphism）、满同态（surjective homomorphism）和同构（isomorphism）。

实际中接触的群同构很多，来看下面的例子。

例 10-16 证明 $<\mathbf{R},+>$ 和 $<\mathbf{R}^+,\times>$ 是同构的，其中 $\mathbf{R}$ 和 $\mathbf{R}^+$ 分别是实数和正实数集合，"+"和"×"是普通的加法和乘法运算。

分析：要说明两个代数系统是同构的，需要说明两点。

（1）在 $<\mathbf{R},+>$ 和 $<\mathbf{R}^+,\times>$ 之间存在一个同态映射，这需要在集合 $\mathbf{R}$ 和 $\mathbf{R}^+$ 之间找到一个映射 f，使其满足同态的性质。

（2）需要证明该映射是双射。

从这两点可以看出，找到映射 f 是证明本题的关键。而在 $\mathbf{R}$ 和 $\mathbf{R}^+$ 之间找到映射，从常用的幂函数、指数函数和对数函数，很容易找到指数函数作为映射。

证明：

在 $\mathbf{R}$ 和 $\mathbf{R}^+$ 之间构造映射 $f:\mathbf{R} \to \mathbf{R}^+$，使 $f(x) = e^x$。根据该映射的定义，对于任意的 $x,y \in R$，都有
$$f(x+y) = e^{x+y} = e^x \times e^y = f(x) \times f(y)$$
因此，f 是 $<\mathbf{R},+>$ 到 $<\mathbf{R}^+,\times>$ 的同态映射。

同时，对任意 $x,y \in R$，如果 $x \neq y$，则有 $e^x \neq e^y$；即 f 是单射。

对任意的 $x \in \mathbf{R}^+$，都有 $\ln x \in \mathbf{R}$，使 $f(\ln x) = e^{\ln x} = x$，即 f 是满射；

因此，f 是 $\mathbf{R}$ 到 $\mathbf{R}^+$ 的双射，即 $<\mathbf{R},+>$ 和 $<\mathbf{R}^+,\times>$ 是同构的。

根据代数系统的同态，可以将运算的性质和一些特殊元素从一个代数系统中移植到另一个代数系统中，如下所述。

定理 10-6　设 f 是 $<A,\circ>$ 到 $<B,\star>$ 的满同态，证明：

（1）如果运算"$\circ$"在 A 中是可交换的，则运算"$\star$"在 B 中是可交换的。

（2）如果运算"$\circ$"在 A 中是可结合的，则运算"$\star$"在 B 中是可结合的。

（3）如果运算"$\circ$"在 A 中满足幂等律，则运算"$\star$"在 B 中满足幂等律。

（4）如果元素 $e \in A$ 是关于运算"$\circ$"的单位元，则 $f(e) \in B$ 是关于运算"$\star$"的单位元。

（5）如果元素 $0 \in A$ 是关于运算"$\circ$"的零元，则 $f(0) \in B$ 是关于运算"$\star$"的零元。

（6）如果元素 $a \in A$ 关于运算"$\circ$"的逆元是 a^{-1}，则 $f(a) \in B$ 是关于运算"$\star$"的逆元是 $f(a^{-1})$。

分析：该定理指的是运算的相关性质与特殊元素可以利用代数系统的满同态从一个代数系统移植到另一个代数系统中，关键是要理解运算与特殊元素的定义，并有效利用同态的性质。

证明：

（1）对于任意的 $b_1, b_2 \in B$，由于 f 是集合 A 到 B 的满射，因此，存在 $a_1, a_2 \in A$，使 $f(a_1)=b_1$，$f(a_2)=b_2$ 成立。因此有

$$b_1 \star b_2 = f(a_1) \star f(a_2)$$

由于 f 是 $<A,\circ>$ 到 $<B,\star>$ 的满同态，因此有 $f(a_1) \star f(a_2) = f(a_1 \circ a_2)$。运算"$\circ$"在 A 中是可交换的，因此有 $a_1 \circ a_2 = a_2 \circ a_1$，即

$$b_1 \star b_2 = f(a_1) \star f(a_2) = f(a_1 \circ a_2) = f(a_2 \circ a_1) = f(a_2) \star f(a_1) = b_2 \star b_1$$

所以，"$\star$"在 B 中是可交换的。

同理，（2）、（3）可以采用类似的方式证明。

（4）对任意元素 $b \in B$，由于 f 是集合 A 到 B 的满射，因此存在元素 $a \in A$，使 $f(a)=b$。根据群同态的定义以及单位元的性质，有

$$f(e) \star b = f(e) \star f(a) = f(e \circ a) = f(a) = b$$

同理，$b \circ f(e) = b$。即 $f(e)$ 是关于运算"$\star$"的单位元。

同理，（5）、（6）可以采用类似的方法来证明，此处略。

□

10.4　子代数

在集合论中，如果集合 A 的所有元素均在集合 B 中，则集合 A 称为集合 B 的子集。将这个概念移植到代数系统中，就得到代数与子代数的概念。不同的是，集合与子集只需要讨论元素之间的关系，而在代数系统中，除了元素之间的关系，还必须要讨论集合上的运算。

在代数系统与子代数系统中，需要特别注意的是运算的性质与特殊元素的移植，如下所述。

定理 10-7　设 $<A,\circ>$ 是代数系统，$<B,\circ>$ 是 $<A,\circ>$ 的子代数。则有以下结论。

（1）如果运算"∘"在集合 A 中是可交换的，则"∘"在集合 B 中也是可交换的。

（2）如果运算"∘"在集合 A 中是可结合的，则"∘"在集合 B 中也是可结合的。

（3）如果运算"∘"在集合 A 中满足幂等律，则"∘"在集合 B 中同样满足幂等律。

（4）如果 $<B,\circ>$ 中存在单位元，则该单位元一定是 $<A,\circ>$ 中的单位元。

（5）如果 $<B,\circ>$ 中存在零元，则该单位元一定是 $<A,\circ>$ 中的零元。

（6）如果 $<B,\circ>$ 中元素 $a\in B$ 存在逆元，则该逆元在 $<A,\circ>$ 中同样是元素 $a\in B$ 的逆元。

证明：

略。

习题 10

1. 设代数系统 $<A,\star>$，其中 $A=\{a,b,c\}$，"$\star$"是集合 A 上的二元运算。对于由以下几个表确定的运算，讨论运算的交换性、幂等性，以及集合 A 中是否存在零元、单位元，如果集合 A 中存在单位元，讨论元素的逆元是否存在。

$\star$	a	b	c
a	a	b	c
b	b	b	a
c	c	b	b

(a)

$\star$	a	b	c
a	a	a	a
b	a	b	c
c	a	c	b

(b)

$\star$	a	b	c
a	a	b	c
b	b	c	a
c	c	a	b

(c)

图 10-1 第 1 题的图

2. 设集合 A 的势 $|A|=n$，那么可以在集合 A 上构造多少个不同的二元运算？

3. 设"$\star$"是定义在集合 A 上的二元运算且满足结合律，且 x、y 是集合 A 中的任意元素，如果 $x\star y=y\star x$，则 $x=y$。证明运算满足幂等律。

4. 设 $<A,\star>$ 是一个代数系统，且对任意的 $x,y\in A$，有 $(x\star y)\star x=x$，$(x\star y)\star y=(y\star x)\star x$。证明：

（1）对任意的 $x,y\in A$，有 $x\star(x\star y)=x\star y$；

（2）对任意的 $x,y\in A$，有 $x\star x=(x\star y)\star(x\star y)$；

（3）对任意的 $x\in A$，如果 $x\star x=e$，则必有 $e\star x=x$，$x\star e=e$；

（4）$x\star y=y\star x$ 当且仅当 $x=y$；

（5）若又有 $x\star y=(x\star y)\star y$，则运算 $\star$ 满足幂等律和交换律。

5. 设 f 和 g 都是从 $<A,\star>$ 到 $<B,\circ>$ 的同态映射，"$\star$"和"$\circ$"分别为集合 A 和集合 B 上的二元运算，且运算"$\circ$"是可交换和可结合的，证明：$h(x)=f(x)\circ g(x)$ 是从 $<A,\star>$ 到 $<B,\circ>$ 的同态映射。

第 11 章 群 论

本章导引

群是一类非常重要的代数系统，它已经成为现代数学的一个分支，而且群论在数学的其他分支里，如几何学、拓扑学等都有十分重要的应用。在计算机科学里，群在编码理论、密码学、网络安全等领域有着十分重要的应用。

11.1 半群

半群是一种最简单的代数系统，也是整个群论的基础。

定义 11-1 若 $<S,\circ>$ 是一个代数系统，如果运算 "$\circ$" 满足结合律，则称 $<S,\circ>$ 是半群（semigroup）。进一步地，如果运算 "$\circ$" 满足交换律，则称 $<S,\circ>$ 为可交换半群（commutative semigroup）；如果集合 S 中存在关于运算 "$\circ$" 的单位元，则称 $<S,\circ>$ 为含幺半群，又称独异点（monoid）；如果独异点 $<S,\circ>$ 中运算 "$\circ$" 满足交换律，则称 $<S,\circ>$ 为可交换独异点（commutative monoid）。

根据半群的定义，半群 $<S,\circ>$ 要求运算 "$\circ$" 满足两点。

（1）"$\circ$" 在集合 S 上是封闭的。

（2）"$\circ$" 满足结合律。

而 $<S,\circ>$ 是独异点除了满足上述两条要求外，还要求在集合 S 中存在关于运算 "$\circ$" 的单位元。

例如，整数集合 $\mathbf{Z}$ 以及整数上的加法运算构成的代数系统 $<\mathbf{Z},+>$ 是一个半群，同时，由于加法运算是可交换的，因此 $<\mathbf{Z},+>$ 是可交换半群；进一步考虑，$0 \in \mathbf{Z}$ 是整数集合中关于加法运算的单位元，因此 $<\mathbf{Z},+>$ 是可交换独异点。

例 11-1 证明 $<\underline{n},+_n>$ 是独异点。其中集合 $\underline{n}=\{0,1,2,\cdots,n-1\}$，运算 "$+_n$" 定义为 $a +_n b = (a+b) \bmod n$。

分析：要证明 $<\underline{n},+_n>$ 是独异点，需要说明以下 3 点：① 运算 "$+_n$" 是封闭的；② 运算 "$+_n$" 是可结合的；③ $\underline{n}$ 中存在关于运算 "$+_n$" 的单位元。

证明：

封闭性。$\forall a,b \in \underline{n}$，$a +_n b = (a+b) \bmod n \in \underline{n}$，因此运算 "$+_n$" 是封闭的。

结合律。$\forall a,b,c \in \underline{n}$，有 $(a +_n b) +_n c = (a+b+c) \bmod n = a +_n (b +_n c)$，因此运算 "$+_n$" 是可结合的。

单位元。$\forall a \in \underline{n}$，有 $a +_n 0 = 0 +_n a = a$，因此 0 是单位元。

综上所述，可以推断 $<\underline{n},+_n>$ 是独异点。

在独异点中，由于存在单位元，因此，存在下面的定理。

定理 11-1 独异点的运算表中，不可能存在两行或两列完全相同。

分析：假设在独异点 $<S,\circ>$ 中存在两行完全相同，不妨设两行对应的行表头元素分别为 a 和 b，则对任意元素 $x \in S$，有 $a \circ x = b \circ x$。由于独异点中存在单位元，因此取 $x = e$，可得 $a = b$，这与运算表中行表头中不存在相同的元素相矛盾。类似可以证明不存在两列完全相同。

证明：
略。

由于半群和独异点都是代数系统，因此，可以将子代数和代数的同态应用于半群和独异点，如下所述。

定义 11-2 如果 $<S,\circ>$ 是半群，$T \subseteq S$ 是非空子集，且运算"$\circ$"在 T 上是封闭的，则 $<T,\circ>$ 是半群 $<S,\circ>$ 的子半群（sub semigroup）；如果 $<S,\circ>$ 是独异点，e 是 S 中关于运算"$\circ$"的单位元，$T \subseteq S$ 是非空子集，$e \in T$ 且运算 $\circ$ 在 T 上是封闭的，则称 $<T,\circ>$ 是独异点 $<S,\circ>$ 的子独异点（sub monoid）。

例 11-2 设 $<S,\circ>$ 是一个可交换的独异点，M 是它的所有幂等元构成的集合，证明：$<M,\circ>$ 是 $<S,\circ>$ 的子独异点。

分析：要证明 $<S,\circ>$ 是 $<S,\circ>$ 的子独异点，只需说明以下两点：① $<S,\circ>$ 是代数系统，即运算"$\circ$"在集合 M 上是封闭的；② M 中包含单位元。至于运算的结合律，由于 S 中运算满足结合律，因此 M 中运算也必然满足结合律。

证明：
由于 $e \circ e = e$，因此 e 是幂等元，即 $e \in M$。
$\forall a,b \in M$，有 $a \circ a = a$，$b \circ b = b$。进而有
$$(a \circ b) \circ (a \circ b) = a \circ (b \circ a) \circ b = a \circ (a \circ b) \circ b = (a \circ a) \circ (b \circ b) = a \circ b$$
因此有 $a \circ b \in M$，即"$\circ$"在集合 M 上是封闭的。

综合上述两点可得，$<M,\circ>$ 是 $<S,\circ>$ 的子独异点。

定理 11-2 给定半群 $<S,\circ>$，如果对任意两个元素而言，运算"$\circ$"是不可交换的，则该运算满足幂等律。

分析：要证明运算"$\circ$"满足幂等律，即要证明对任意 $a \in S$，都有 $a \circ a = a$ 成立。而要说明这一点，只有借助给定的两个条件：① 半群中运算"$\circ$"是可结合的；② 运算"$\circ$"是不可交换的。这里借助反证法来证明。

证明：
任取元素 $a \in S$，假设 $a \circ a = b$，其中 $a \neq b$。则根据半群中运算的可结合性，有
$$(a \circ a) \circ a = a \circ (a \circ a) = a \circ b$$
而根据假设，可得 $(a \circ a) \circ a = b \circ a$，即
$$a \circ b = b \circ a$$
这与题设中运算"$\circ$"对任意两个元素都是不可交换的相矛盾，因此 $a \circ a = a$ 成立。

需要说明的是，题设中给的条件"对任意两个元素，运算'$\circ$'都是不可交换的"并不是

指该运算不满足交换律。同时，如果集合 S 是有限的，则半群还有许多特别的性质，如下所述。

例 11-3 在半群 $<S,\circ>$ 中，如果 S 是有限集合，则该半群中一定存在幂等元。

分析：要证明半群中存在幂等元，即要证明其中存在元素 $a\in S$，有 $a\circ a=a$。考虑到给定的条件非常有限，因此利用运算的封闭性、可结合性和集合 S 的有限性，尤其是题设中给定的有限性。在本题中，将重点考虑如何将集合的有限性与运算的封闭性、结合律有效地结合起来。

证明：

在集合中任取元素 $a\in S$，考虑到运算的可结合性和封闭性，有
$$a, a\circ a, a\circ a\circ a, \cdots, a\circ a\circ\cdots\circ a\in S$$
根据运算的可结合性，将它们表示成幂的形式，即 $a, a^2, a^3, \cdots, a^n\in S$。考虑到集合 S 是有限的，因此必然存在正整数 i,j，使 $a^i=a^j$。不失一般性，这里假设 $j>i$，并假设 $j-i=p$。因此，$a^i=a^j=a^i\circ a^p$，并且对任意 $k>i$，有 $a^k=a^k\circ a^p$。

考虑到 $p>i$ 不一定成立，因此必然存在正整数 m，使 $mp>i$ 成立，因此有
$$a^{mp}=a^{mp}\circ a^p=a^{mp}\circ a^p\circ a^p=a^{mp}\circ a^{mp}$$
即 a^{mp} 是幂等元。

□

定义 11-3 设 $<S,\circ>$ 和 $<T,\star>$ 是两个半群，如果存在映射 $f:S\to T$，使对任意 $a,b\in S$，有 $f(a\circ b)=f(a)\star f(b)$ 成立，则称 f 是 $<S,\circ>$ 到 $<T,\star>$ 的半群同态；进一步地，如果 $<S,\circ>$ 和 $<T,\star>$ 是两个独异点，若映射 f 除满足 $f(a\circ b)=f(a)\star f(b)$ 外，还满足 $f(e)=e'$，则称 f 是 $<S,\circ>$ 到 $<T,\star>$ 的含幺半群同态（或独异点同态）。

当 f 是单射、满射、双射时，相应的同态称为单一同态、满同态和同构。

由于同态可以保持对应运算的相关性质，因此有下面的定理。

定理 11-3 若 f 是代数系统 $<S,\circ>$ 到代数系统 $<T,\star>$ 的满同态，证明：

（1）若 $<S,\circ>$ 是半群，则 $<T,\star>$ 是半群；

（2）若 $<S,\circ>$ 是独异点，则 $<T,\star>$ 是独异点。

证明：

略。

11.2 群

群是代数系统的核心，它是由代数方程求解引出的，对此做出重大贡献的是挪威数学家阿贝尔[①]和法国数学家伽罗瓦[②]。

[①] 尼尔斯·亨利克·阿贝尔（Niels Henrik Abel，1802—1829），挪威数学家，在很多数学领域做出了开创性的工作。最著名的是他首次完整给出了高于四次的一般代数方程没有一般形式的代数解的证明。这个问题是当时最著名的未解决问题之一，悬疑达250多年。他也是椭圆函数领域的开拓者、阿贝尔函数的发现者。

[②] 埃瓦里斯特·伽罗瓦（Évariste Galois，1811—1832），法国数学家。现代数学中的分支学科——群论——的创立者。用群论彻底解决了根式求解代数方程的问题，而且由此发展了一整套关于群和域的理论，人们称为伽罗瓦群和伽罗瓦理论。

11.2.1 群的基本概念

定义 11-4 设 $<G,\star>$ 是一个代数系统，如果满足如下条件：
（1）运算 "$\star$" 满足结合律，即 $\forall a,b,c \in G$，有 $(a\star b)\star c = a\star(b\star c)$ 成立；
（2）存在关于运算 "$\star$" 的单位元，即存在元素 $e \in G$，使 $\forall a \in G$，有 $a\star e = e\star a = a$ 成立；
（3）每个元素存在关于运算 "$\star$" 的逆元，即 $\forall a \in G$，存在元素 $a^{-1} \in G$，使 $a\star a^{-1} = a^{-1}\star a = e$ 成立。

则称 $<G,\star>$ 是群（group）。有时 $<G,\star>$ 也表示为 $<G,\star,e>$，其中 e 为群的单位元。集合 G 的基数称为群的阶（order），表示为 $|G|$；如果 $|G|$ 是有限的，称群 $<G,\star>$ 为有限群（finite group），反之称其为无限群（infinite group）。

例 11-4 （1）整数及整数上的加法运算构成了群 $<\mathbf{Z},+>$，称之为整数加法群。其中 0 是群的单位元，每一个元素的逆元是它的相反数。

（2）整数与整数上的乘法运算不能构成群，因为除了元素 1 和 −1 外，所有元素都不存在逆元。

（3）类似，$<Q,+>$ 和 $<R,+>$ 都是群，而 $<Q,\times>$ 和 $<R,\times>$ 都不是群，因为元素 0 没有逆元。

（4）$<Q-\{0\},\times>$ 和 $<R-\{0\},\times>$ 都是群，两个群的单位元均为 1，元素 a 的逆元是该元素的倒数。

例 11-5 证明 $<\underline{n},+_n>$ 是群。其中 $\underline{n} = \{0,1,\cdots,n-1\}$，$a+_n b = (a+b) \mod n$。

分析：前面已经证明了 $<\underline{n},+_n>$ 是独异点，即运算 "$+_n$" 满足结合律，并且单位元存在。因此只需要说明每个元素的逆元存在即可。

证明：
对元素 $0 \in \underline{n}$，有 $0^{-1} = 0$；对其他元素 $a \in \underline{n}$，都有 $a +_n (n-a) = (n-a) +_n a = 0$，即 $a^{-1} = n-a$。

又由于 $<\underline{n},+_n>$ 是独异点，因此 $<\underline{n},+_n>$ 是群。

□

在 11.2.1 节群的基本概念中，称群 $<\underline{n},+_n>$ 为剩余类加群。

定理 11-4 设 $<G,\star>$ 是群，则运算有如下性质。
（1）运算 "$\star$" 满足消去律。
（2）群中除单位元 e 以外，不存在其他幂等元。
（3）阶大于 1 的群中无零元。
（4）群方程 $\begin{cases} a\star x = b \\ y\star a = b \end{cases}$ 的解唯一。
（5）群的运算表中同一行或列中没有两个元素是相同的。

分析：（1）要证明消去律成立，即要证明 $\forall a,b,c \in G$，如果 $a\star b = a\star c$，则有 $b = c$。
（2）要证明除单位元 e 外，不存在其他幂等元，可以假设这样的幂等元存在，即

$a \star a = a$，进而推导出矛盾。

（3）对于无零元可以用类似第（2）条的情况证明。

（4）对于唯一性的判断适合用反证法求解。

（5）要判断同一行或列中任意两个元素不相同，同样可以假设存在这样的元素，通过群的相关性质推导出矛盾即可。

证明：

（1）$\forall a,b,c \in G$，如果 $a \star b = a \star c$，由于元素 a 在群中有逆元 a^{-1} 存在，因此有
$$a^{-1} \star (a \star b) = a^{-1} \star (a \star c)$$
由于群 $<G, \star>$ 的运算"$\star$"满足结合律，因此有 $(a^{-1} \star a) \star b = (a^{-1} \star a) \star c$，即 $b = c$。

（2）假设存在幂等元 a，根据幂等元的定义，有 $a \star a = a$。又由于群中有单位元，因此可得 $a \star a = a \star e$。根据（1）知，运算"$\star$"满足消去律，因此可得 $a = e$。这说明群中除单位元外不存在幂等元。

（3）假设存在零元，根据零元的定义，对 $\forall a \in G$，有 $a \star 0 = 0 \star a = 0$。首先可以得到零元不是单位元；进一步，根据 $a \star 0 = e \star 0 = 0$，可以判断出 $a = e$ 成立，这与 a 是任意元素相矛盾，因此群中不存在零元。

（4）根据 $a \star x = b$，可得 $x = a^{-1} \star b$。如果该方程有两个解，即 $a \star x_1 = a \star x_2$，根据运算的消去律，可判断出 $x_1 = x_2$。同理，群方程 $y \star a = b$ 的解唯一。

（5）假设运算表中某一行中存在两个元素相同的情况，根据运算表的性质，即 $a \star b = a \star c$ 成立，其中 a 中该行的行表头元素。根据运算的消去律，可得 $b = c$，这与运算表的列表头互不相等是矛盾的，因此运算表中的任一行中不存在两个相同的元素。同理可以证明，运算表中的任一列同样不存在两个相同的元素。

□

需要说明的是，"群方程的解唯一"这条性质非常重要，利用它可以得到定义 11-5，具体如下。

定义 11-5 给定代数系统 $<G, \circ>$，如果满足如下条件：

（1）结合律；

（2）群方程 $\begin{cases} a \circ x = b \\ y \circ a = b \end{cases}$ 在群内有唯一解；

则 $<G, \circ>$ 为群。

分析： 与群的第一个定义相比，该定义除了代数系统和结合律满足外，并没有提供单位元和可逆元的情况。因此需要根据第二个条件找出单位元和可逆元。

证明：

在代数系统 $<G, \circ>$ 中，群方程的唯一解保证了这一点：对群中的元素 $a \in G$ 来说，$\forall b \in G$，有 $a \circ b$ 的值是不同的，否则群方程的解不唯一。因此存在某一元素 $e \in G$，使 $a \circ e = a$ 成立。

由 $a \circ e = a$ 可以得到 $a \circ e \circ a = a \circ a$，根据结合律和方程解的唯一性，可以判断出 $e \circ a = a$，即元素 $e \in G$ 满足 $a \circ e = a = e \circ a$。

$\forall b \in G$，由 $a \circ e = a$ 可以得到 $a \circ e \circ b = a \circ b$，即 $e \circ b = b$。

由 $e \circ a = a$ 可以得到 $b \circ e \circ a = b \circ a$,即 $b \circ e = b$。

综合上述,元素 $e \in G$ 是群的单位元。

由于 $e \in G$ 是群中的元素,因此对任意元素 $a \in G$,存在唯一的解,使 $a \circ b = e = b \circ a$,即元素 b 是元素 a 的逆元。

根据群的第二个定义,可以得到群的判定定理,如下。

定理 11-5 给定代数系统 $<G, \circ>$,如果 G 是有限的,并且运算 $\circ$ 满足结合律与消去律,则构成一个群。

证明:

对元素 $a \in G$ 而言,$\forall x \in G$,$a \circ x \in G$,且其值各不相同,由此得到群方程的解唯一。根据定义 11-5 可知,$<G, \circ>$ 是群。

11.2.2 阿贝尔群

定义 11-6 如果群 $<G, \star>$ 中的运算 "$\star$" 满足交换律,则称 $<G, \star>$ 为可交换群(commutative group),又称阿贝尔群(Abel group)。

对于可交换群的判断,有下面的定理。

定理 11-6 设 $<G, \star>$ 是群,则 $<G, \star>$ 是可交换群的充要条件是
$$\forall a, b \in G, \text{ 有 } a^2 \star b^2 = (a \star b)^2$$

分析:这是一个充要条件。(1)由交换群证明 $a^2 \star b^2 = (a \star b)^2$ 成立;(2)根据条件 $a^2 \star b^2 = (a \star b)^2$ 证明群 $<G, \star>$ 是可交换群,即要证明 $\forall a, b \in G$,有 $a \star b = b \star a$ 成立。

证明:

(1) $\Rightarrow$:即根据可交换群判断 $a^2 \star b^2 = (a \star b)^2$ 成立。

由于 $<G, \star>$ 是交换群,即对任意元素 $a, b \in G$,有 $a \star b = b \star a$ 成立。因此有
$$a^2 \star b^2 = (a \star a) \star (b \star b) = a \star (b \star a) \star b = (a \star b) \star (a \star b) = (a \star b)^2$$

(2) $\Leftarrow$:即根据 $a^2 \star b^2 = (a \star b)^2$ 证明群是交换群。

根据 $a^2 \star b^2 = (a \star b)^2$,即 $(a \star a) \star (b \star b) = (a \star b) \star (a \star b)$,由于元素 a 和 b 均有逆元存在,因此可得
$$a^{-1} \star (a \star a) \star (b \star b) \star b^{-1} = a^{-1} \star (a \star b) \star (a \star b) \star b^{-1}$$

根据运算的结合律,可得
$$(a^{-1} \star a) \star a \star b \star (b \star b^{-1}) = (a^{-1} \star a) \star b \star a \star (b \star b^{-1})$$

即 $a \star b = b \star a$,即群 $<G, \star>$ 是交换群。

11.2.3 群同态与群同构

11.1 节将代数系统的同态与同构应用到半群中,得到了半群的同态与同构。类似

地,将同态与同构的概念平移到群中,得到群的同态与同构。

定义 11-7 设 $<G,\star>$ 和 $<H,\circ>$ 是群,ψ 是集合 G 到集合 H 的映射,如果 $\forall a,b \in G$,都有

$$\psi(a\star b) = \psi(a) \circ \psi(b)$$

则称 ψ 是群 $<G,\star>$ 到 $<H,\circ>$ 的同态。进一步地,如果 ψ 是单射、满射和双射时,ψ 称为群 $<G,\star>$ 到 $<H,\circ>$ 的单一同态、满同态和同构。

同构的代数系统之间存在相似性,因此,如果两个群是同构的,称二者在同构的意义下是相同的。下面以运算表的形式探讨阶为 2、3 和 4 的群在同构的意义下的相关情况。这里之所以选择用运算表的形式表示群,是因为群中的任何一列或行中不存在两个相等的元素,即每一行都是行表头的置换,每一列都是列表头的置换。

(1) 当 $|G|=2$ 时,不妨设 $G=\{a,b\}$,则群在同构意义下是唯一的,如表 11-1 所示。

表 11-1 含有 2 个元素的群

$\star$	a	b
a	a	b
b	b	a

(2) 当 $|G|=3$ 时,不妨设 $G=\{a,b,c\}$,则群在同构的意义下是唯一的,如表 11-2 所示。

表 11-2 含有 3 个元素的群

$\star$	a	b	c
a	a	b	c
b	b	c	a
c	c	a	b

(3) 当 $|G|=4$ 时,不妨设 $G=\{a,b,c,d\}$,则群在同构的意义下有两个,分别如表 11-3 和表 11-4 所示。

表 11-3 含有 4 个元素的群(一)

$\star$	a	b	c	d
a	a	b	c	d
b	b	a	d	c
c	c	d	a	b
d	d	c	b	a

表 11-4 含有 4 个元素的群(二)

$\star$	a	b	c	d
a	a	b	c	d
b	b	a	d	c
c	c	d	b	a
d	d	c	a	b

11.3 元素的周期与循环群

在群 $<G,\star>$ 中,由于运算满足结合律,且群中有单位元和逆元,因此群有许多有趣的性质,本节将重点讨论群中元素周期的概念,并在此基础上讨论循环群。

11.3.1 元素的周期

给定群 $<G,\star>$，元素 $a \in G$，可以定义 $a^n = \underbrace{a \star a \star \cdots \star a}_{n\text{个}}$。又由于 a 在群中有逆元 a^{-1} 存在，在此基础上可以定义 $a^{-n} = (a^{-1})^n = \underbrace{a^{-1} \star a^{-1} \star \cdots \star a^{-1}}_{n\text{个}}$。因此，可以得到一个序列：

$$\cdots, a^{-n}, \cdots, a^{-2}, a^{-1}, a^0, a^1, a^2, \cdots, a^n, \cdots$$

在该序列中，是否有周期存在？如果有，最小正周期是多少？如果存在整数 p 和 q，其中 $p<q$，使 $a^p = a^q$，根据消去律有 $a^{q-p} = e$。此时 $q-p$ 是该序列的一个周期，因为对任意整数 m，有

$$a^{m+q-p} = a^m \star a^{q-p} = a^m$$

反之，如果 $q-p$ 是该序列的一个周期，根据消去律，必有 $a^{q-p} = e$。因此，$a^{q-p} = e$ 当且仅当 $q-p$ 是该序列的一个周期。而满足 $a^n = e$ 的最小正整数 n 称为该序列的最小正周期，如下所述。

定义 11-8 设 $<G,\star>$ 是群，$a \in G$，e 是该群的单位元，使 $a^n = e$ 成立的最小正整数 n 称为元素 a 的周期（period）或阶（order），记为 $|a|$。如果不存在这样的正整数，称元素 a 的周期是无限的。

需要说明的是，对群中的任意元素 a，规定 $a^0 = e$，其中 e 是群的单位元。

例 11-6 （1）在整数加法群 $<\mathbf{Z},+>$ 中，0 的周期是 1，除 0 以外的其他元素的周期都是无限的。

（2）在剩余类加群 $<\underline{5},+_5>$ 中，4 的周期是 5，这是因为

$$4^1 = 4, \quad 4^2 = 4 +_5 4 = 3, \quad 4^3 = 4 +_5 3 = 2, \quad 4^4 = 4 +_5 2 = 1, \quad 4^5 = 4 +_5 1 = 0$$

定理 11-7 设 $<G,\star>$ 是群，$a \in G$ 的周期是 m，则 $a^n = e$ 当且仅当 $m|n$。

分析：这里要证明充要条件，因此需要（1）由 $a^n = e$ 推导出 $m|n$；（2）由 $m|n$ 推导出 $a^n = e$。

证明：

（1）必要性。设 $n = km + p$，由于 $a^n = e$，因此有 $a^{km+p} = (a^m)^k \star a^p = a^p = e$。由于 $0 \leqslant p < m$，因此必然有 $p = 0$。故有 $m|n$。

（2）当 $m|n$ 时，不妨设 $n = km$，此时有

$$a^n = a^{km} = (a^m)^k = e$$

□

11.3.2 循环群

循环群是目前群论中了解得最为透彻的一类群，通过对它的介绍，可以看出整个群

论的研究方法。

定义 11-9　设 $<G,\star>$ 是群，如果存在元素 $g \in G$，使得对任意 $a \in G$，都有 $a = g^i$（$i \in \mathbf{Z}$），则称群 $<G,\star>$ 是循环群（cyclic group），记为 $G = <g>$，称 g 为该循环群的一个生成元（generator）。如果 $<G,\star>$ 是循环群，所有生成元的集合构成了该循环群的生成集（generic set）。

例 11-7　（1）整数加法群 $<\mathbf{Z},+>$ 中，任意元素 a 都可以表示成 1 或 −1 的幂，因此 $<\mathbf{Z},+>$ 是循环群。

（2）剩余类加群 $<\underline{n},+_n>$ 是一个循环群，其中 1 是生成元。

定理 11-8　循环群一定是阿贝尔群。

分析：要证明循环群是阿贝尔群，只需证明对群中的运算满足交换律即可。

证明：

$\forall a, b \in G$，根据循环群的性质，可以将它们表示为生成元的幂，不妨假设 $a = g^i$，$b = g^j$，因此有

$$a \star b = g^i \star g^j = g^{i+j} = g^j \star g^i = b \star a$$

该群是阿贝尔群。
□

定理 11-9　剩余类加群 $<\underline{n},+_n>$ 的生成集为 $M = \{a \mid \mathrm{GCD}(a,n) = 1\}$。

分析：根据例 11-7 得知，1 是 $<\underline{n},+_n>$ 的一个生成元，因此，对元素 a 来说，如果 1 可以表示成 a 的幂，则可以推断出 a 是生成元。

证明：

根据 $\mathrm{GCD}(a,n) = 1$，以及最大公约数的相关知识（定理 2-7），可以得到

$$1 = as + nt$$

其中 s,t 是整数。两边对 n 取余得 $1 = (as + nt) \bmod n$，即

$$1 = a^s$$

由于 1 是生成元，即 $\forall b \in G$，有 $b = 1^k$，而 $1 = a^s$，因此有 $b = (a^s)^k$，a 是生成元。
□

将该定理进行推广，可以得到如下结论。

推论 11-1　给定剩余类加群 $<\underline{n},+_n>$，如果 n 是素数，则除单位元 0 以外的其他一切元素都是生成元。

从整数加法群 $<\mathbf{Z},+>$ 和剩余类加群 $<\underline{n},+_n>$ 这两个循环群出发，可以得到循环群中一个重要的定理。

定理 11-10　设循环群 $<G,\star>$ 是以 g 为生成元的循环群，证明：

（1）若 g 的周期有限，设 $g^n = e$，则 $<G,\star>$ 与 $<\underline{n},+_n>$ 同构；

（2）若 g 的周期无限，则 $<G,\star>$ 与 $<\mathbf{Z},+>$ 同构。

分析：证明两个群同构的关键是要在两个集合之间构造双射，这可以借助循环群中的元素与生成元的关系来构造。

证明：

（1）由于 g 是有限循环群 $<G,\star>$ 的生成元，因此可以推断出 $G = \{g, g^2, g^3, \cdots, g^n\}$，

由于 $\underline{n} = \{0,1,2,\cdots,n-1\}$，因此构造映射 $f:G \to \underline{n}$，使 $f(g^k) = k \bmod n$。可以证明该映射是双射，这是因为：

① $\forall g^i, g^j \in G$，如果 $g^i \neq g^j$，则必有 $i \neq j$，因此，f 是单射；

② $\forall k \in \underline{n}$，必存在 $g^k \in G$，使 $f(g^k) = k$，因此，f 是满射。

同时，有
$$f(g^i \star g^j) = f(g^{i+j}) = (i+j) \bmod n = i +_n j = f(g^i) +_n f(g^j)$$

（2）由于 g 是无限循环群 $<G,\star>$ 的生成元，因此可以推断出
$$G = \{\cdots, g^{-3}, g^{-2}, g^{-1}, g^0, g^1, g^2, g^3, \cdots\}$$

由于 $\mathbf{Z} = \{\cdots, -3, -2, -1, 0, 1, 2, 3, \cdots\}$，因此可以构造映射 $f:G \to \mathbf{Z}$，使 $f(g^k) = k$，类似于（1），可以证明 f 是双射。同时，可得
$$f(g^i \star g^j) = f(g^{i+j}) = i + j = f(g^i) + f(g^j)$$

□

从同构的意义看，循环群只有两种：整数加法群和剩余类加群。因此，利用这两个特殊循环群的性质和循环群的同构，可以做出如下推论。

推论 11-2 （1）无限循环群有且仅有两个生成元。

（2）有限循环群 $G = <g>$，如果 $GCD(a,n)=1$，则 g^a 是生成元，其中 n 是群的阶。

（3）若有限循环群的阶是素数，则除单位元外的一切元素均为生成元。

11.4 子群

在介绍代数系统和半群时，曾经介绍过子代数和子半群的概念。本节将子代数和子半群的概念应用到群中，得到子群的概念。

定义 11-10 设 $<G,\star>$ 是群，H 是 G 的非空子集，如果 $<H,\star>$ 是群，称 $<H,\star>$ 是 $<G,\star>$ 的子群（subgroup）。

例如，整数加法群 $<\mathbf{Z},+>$ 是 $<\mathbf{R},+>$ 的子群。

从子群的定义上可以看出，给定任意群 $<G,\star>$，都可以找到两个子群 $<G,\star>$ 和 $<\{e\},\star>$，称这两个子群为平凡子群（trivial subgroup），群 $<G,\star>$ 的非平凡子群称为真子群（proper subgroup）。

例 11-8 求群 $<\underline{4},+_4>$ 的所有子群。

分析：要求出该群的所有子群，其本质是看在集合 $\underline{4}$ 的所有子集中，能否与运算 $+_4$ 构成群，即子集在该运算上满足封闭性、结合律，存在单位元和逆元。

解：

集合 $\underline{4}$ 的所有非空子集共有 15 个，分别是 $\{0\}$，$\{1\}$，$\{2\}$，$\{3\}$，$\{0,1\}$，$\{0,2\}$，$\{0,3\}$，$\{1,2\}$，$\{1,3\}$，$\{2,3\}$，$\{0,1,2\}$，$\{0,1,3\}$，$\{0,2,3\}$，$\{1,2,3\}$ 和 $\{0,1,2,3\}$。

在这 15 个集合中，只有 $\{0\}$、$\{0,2\}$ 和 $\{0,1,2,3\}$ 在运算 $+_4$ 下满足上述 3 个性质，因此群 $<\underline{4},+_4>$ 共有 3 个子群：$<\{0\},+_4>$、$<\{0,2\},+_4>$ 和 $<\{0,1,2,3\},+_4>$。在这 3 个子群中，包括两个平凡子群，只有一个真子群 $<\{0,2\},+_4>$。

从上例可以看出，判断子群的关键之处在于判断子集与相关运算能否构成群，即采取的判断方法是子群的定义。除了该方法外，还可以根据下面的定理来判断子群。

定理 11-11 设 $<G,\star>$ 是群，H 是 G 的非空子集，则 $<H,\star>$ 是 $<G,\star>$ 的子群的充要条件如下：

（1）$\forall a,b \in H$，有 $a\star b \in H$；

（2）$\forall a \in H$，有 $a^{-1} \in H$。

分析：这是一个充要条件，需要证明必要性和充分性。由于 $<H,\star>$ 是 $<G,\star>$ 的子群，因此必要性是显然的；证明充分性时，需要说明 $<H,\star>$ 是群，即除了说明封闭性、存在逆元外，还必须说明存在单位元。

证明：

必要性证明略。

下面证明充分性。

① 由于 $\forall a,b \in H$，有 $a\star b \in H$，因此 $<H,\star>$ 是代数系统。

② 由于 $<G,\star>$ 是群，因此运算满足结合律，即 $<H,\star>$ 是半群。

③ 根据条件（2）有 $\forall a \in H$，$a^{-1} \in H$。根据条件（1）得 $a\star a^{-1} \in H$，即 $e \in H$。

根据上述 3 点，可得 $<H,\star>$ 是群，因此 $<H,\star>$ 是 $<G,\star>$ 的子群。

□

需要说明的是，在必要性的证明过程中，需要应用第 10 章的一些基本知识，例如，代数系统中的单位元是唯一的，元素的逆元是唯一的，等等，此处不赘述，读者可自行证明。

除了上面的定理外，还有更为简单的方法来判断一个群是不是另一个群的子群，如下所述。

定理 11-12 设 $<G,\star>$ 是群，H 是 G 的非空子集，则 $<H,\star>$ 是 $<G,\star>$ 的子群的充要条件如下：

$$\forall a,b \in H，有 a\star b^{-1} \in H$$

分析：与上面的定义相比，这个定理的条件更为简单，更适用于判断一个群是不是另一个群的子群。证明方法同样需要将该条件转化为群的 3 个基本条件：①封闭性；②单位元；③逆元。

证明：

（1）必要性。如果 $<H,\star>$ 是群，则对任意 $a,b \in H$，都有 $b^{-1} \in H$，根据群的封闭性，有 $a\star b^{-1} \in H$。

（2）充分性。

① $\forall a \in H$，根据给定条件，可以判断 $a\star a^{-1} \in H$，即 $e \in H$。

② $\forall a \in H$，由于单位元存在，因此根据给定条件，可得 $e\star a^{-1} = a^{-1} \in H$，即逆元存在。

③ 对任意 $a,b \in H$，由于逆元存在，因此有 $b^{-1} \in H$，根据给定条件可得

$$a\star(b^{-1})^{-1} \in H$$

即 $a\star b \in H$，满足封闭性。

④ 由于 $<G,\star>$ 是群，因此运算"$\star$"的结合律成立。

综合上述 4 点，可以判断 $<H,\star>$ 是 $<G,\star>$ 的子群。

□

例 11-9 设 $<G,\star>$ 是群，对任意 $a\in G$，构造集合 $H=\{a^n\,|\,n\in \mathbf{Z}\}$。证明：$<H,\star>$ 是 $<G,\star>$ 的子群。

分析：对于子群的证明，除利用定义外，还有两种方法，可以利用上述的任意一种方法证明，这里将选择后一种方法证明。

证明：

$\forall a^p, a^q \in H$，有 $a^p \star (a^q)^{-1} = a^{p-q} \in H$，因此，$<H,\star>$ 是 $<G,\star>$ 的子群。

□

进一步地，如果 $<G,\star>$ 是一个群，H 是 G 的非空有限子集，则判断 $<H,\star>$ 是 $<G,\star>$ 子群的条件还可以放松，有如下定理。

定理 11-13 设 $<G,\star>$ 是群，H 是 G 的非空有限子集，则 $<H,\star>$ 是 $<G,\star>$ 的子群的充要条件：对任意 $a,b\in H$，有 $a\star b\in H$。

分析：该定理的关键之处是利用 $a\star b\in H$ 推导出 $a\star b^{-1}\in H$ 成立，其主要途径是利用 $b\in H$ 推导出 $b^{-1}\in H$，然后利用给定条件 $a\star b\in H$ 即可完成证明过程。

证明：

必要性证明略。

下面证明充分性。

对任意 $a,b\in H$，根据给定条件，可得 $b^2\in H$，$b^3\in H$，…

构造集合 $S=\{b,b^2,b^3,\cdots\}$，由于 H 是有限集合，因此可以判断 S 同样是有限集合，元素 b 有周期。设 b 的周期是 m，则可得 $S=\{b,b^2,b^3,\cdots,b^m\}$。根据例 11-9，可得 $<S,\star>$ 是 $<G,\star>$ 的子群。因此有 $b^{-1}\in S\subseteq H$。根据给定条件，可以得到

$$a\star b^{-1}\in H$$

根据定理 11-12，可以判断 $<H,\star>$ 是 $<G,\star>$ 的子群。

□

例 11-10 设 $<G,\star>$ 是群，$a\in G$，令 $H=\{x\in G\,|\,a\star x=x\star a\}$。证明 $<H,\star>$ 是 $<G,\star>$ 的子群。

分析：对于子群的证明，可以采用定理 11-11～定理 11-13。由于集合 H 是否有限未知，因此只能用定理 11-11 和定理 11-12 来证明。这里选用定理 11-12 来证明。值得注意的是，这里的元素 a 是某一特殊元素，在证明过程中要注意元素之间的关系。

证明：

$\forall c,d \in H$，根据 H 的定义，可得

$$a\star c=c\star a,\quad a\star d=d\star a$$

而

$$a\star (c\star d^{-1}) = (a\star c)\star d^{-1} = (c\star a)\star d^{-1} = c\star (a\star d^{-1})$$

由于 $a\star d=d\star a$，因此可得 $d^{-1}\star a=a\star d^{-1}$，代入上式得

$$a \star (c \star d^{-1}) = (c \star d^{-1}) \star a$$

因此有 $c \star d^{-1} \in H$，可得 $<H,\star>$ 是 $<G,\star>$ 的子群。

□

11.5 置换群与伯恩赛德定理

所谓某个集合 S 上的置换（permutation），即是集合 S 到集合 S 上的一个一一对应函数（双射），它可以记为 $\tau: S \to S$。容易计算出，S 上的不同置换个数为 $|S|!$，把所有置换构成的集合称为置换集，用 S' 表示。既然一个置换是一个函数，因而对不同的置换可以进行复合运算，称置换上的复合运算为复合置换，用"。"表示。

下面讨论复合置换的性质。

（1）由于任何两个置换的复合仍然是一个置换，因此复合置换满足封闭性，即 $<S',\circ>$ 构成了一个代数系统。

（2）$<S',\circ>$ 中存在单位元，该单位元即为恒等置换 τ_0，即 $\tau_0(x) = x$。因为对任一置换 τ 而言，均有

$$\tau \circ \tau_0 = \tau_0 \circ \tau = \tau$$

（3）对 $<S',\circ>$ 中任一置换 τ 而言，存在逆置换 τ^{-1}，使

$$\tau \circ \tau^{-1} = \tau^{-1} \circ \tau = \tau_0$$

因此 $<S',\circ>$ 构成了一个群，称该群为置换群（permutation group），它的阶为 $|S|!$。$<S',\circ>$ 又称集合 S 的对称群。

例 11-11 设 $S = \{1,2,3\}$，在该集合上共有 6 个置换，分别是 $\begin{pmatrix} 1 & 2 & 3 \\ 1 & 2 & 3 \end{pmatrix}$、$\begin{pmatrix} 1 & 2 & 3 \\ 1 & 3 & 2 \end{pmatrix}$、$\begin{pmatrix} 1 & 2 & 3 \\ 2 & 1 & 3 \end{pmatrix}$、$\begin{pmatrix} 1 & 2 & 3 \\ 2 & 3 & 1 \end{pmatrix}$、$\begin{pmatrix} 1 & 2 & 3 \\ 3 & 1 & 2 \end{pmatrix}$、$\begin{pmatrix} 1 & 2 & 3 \\ 3 & 2 & 1 \end{pmatrix}$，它们具有如下性质。

（1）这 6 个置换中的任意两个置换进行复合，得到的仍然是其中一个置换，因此这 6 个置换组成的集合在置换的复合运算下满足封闭性。

（2）任何置换与 $\begin{pmatrix} 1 & 2 & 3 \\ 1 & 2 & 3 \end{pmatrix}$ 复合，得到的都是置换本身，即 $\begin{pmatrix} 1 & 2 & 3 \\ 1 & 2 & 3 \end{pmatrix}$ 是单位元，称为单位置换。

（3）对任意置换而言，都存在逆置换，使二者的复合为单位置换。

因此，上述 6 个置换与置换的复合运算构成的序偶组成了一个群，称为置换群。

现在，存在的问题是，从上述 6 个置换中取出某些置换，能否与复合运算构成群呢？看下面的例子。

□

例 11-12 设 $S = \{1,2,3\}$，在该集合上构造 3 个置换，如下所示：

$$\begin{pmatrix} 1 & 2 & 3 \\ 1 & 2 & 3 \end{pmatrix} \text{、} \begin{pmatrix} 1 & 2 & 3 \\ 2 & 3 & 1 \end{pmatrix} \text{、} \begin{pmatrix} 1 & 2 & 3 \\ 3 & 1 & 2 \end{pmatrix}$$

在这 3 个置换中，后两个置换复合得到的是单位置换，因此，这 3 个置换与复合运算同样构成了群，该群构成置换群。

同理，以下置换组成的集合也同样构成置换群：

$$\begin{pmatrix} 1 & 2 & 3 \\ 1 & 2 & 3 \end{pmatrix}、\begin{pmatrix} 1 & 2 & 3 \\ 1 & 3 & 2 \end{pmatrix}$$

$$\begin{pmatrix} 1 & 2 & 3 \\ 1 & 2 & 3 \end{pmatrix}、\begin{pmatrix} 1 & 2 & 3 \\ 2 & 1 & 3 \end{pmatrix}$$

$$\begin{pmatrix} 1 & 2 & 3 \\ 1 & 2 & 3 \end{pmatrix}、\begin{pmatrix} 1 & 2 & 3 \\ 3 & 2 & 1 \end{pmatrix}$$

在上述置换群中，第一个置换为单位置换，而后面的置换与其自身复合，得到的是单位元，即它们的逆元是它们自己。因而它们都构成了群。

□

关于置换群，有一个非常重要的定理，如下。

定理 11-14 任何一个群均与一个置换群同构。

分析：要证明一个群与一个置换群同构，关键在于通过给定的群构造一个置换群。

证明：

这是一个构造性的证明。也就是说，对任意一个群，均可以通过有限的构造步骤，构造出一个与该群同构的置换群。证明步骤如下。

（1）构造一个置换群。

设有群 $<G,\star>$，从 G 中任取一元素 a，构造一个置换 τ_a 如下：

$$\tau_a : x \to x \star a$$

这样，对 G 中的任一元素，均可构造一个置换，所有置换组成的集合称为置换集，用 G' 表示，由此构成一个代数系统 $<G',\circ>$。

（2）证明 $<G,\star>$ 与 $<G',\circ>$ 同态。

构造一个映射 $\psi : G \to G'$，使 $\psi(a) = \tau_a$，则

$$\psi(a \star b) = \tau_{a \star b}$$

置换 $\tau_{a \star b}$ 定义为：

$$\tau_{a \star b} : x \to x \star (a \star b) = x \star a \star b$$

而 $\tau_a \circ \tau_b$ 为：

$$\tau_a \circ \tau_b : x \to \tau_b(x \star a) = x \star a \star b$$

因此可得

$$\psi(a \star b) = \psi(a) \circ \psi(b)$$

这说明二者是同态的。

（3）证明二者同构。

① 对 G' 中的任一置换 τ_a 而言，均在 G 中存在元素 a，因此 $\psi : G \to G'$ 是满射。

② 对 G 中任意两个不同元素 a,b，存在 $x \star a \neq x \star b$，即有 $\tau_a \neq \tau_b$，$\psi(a) \neq \psi(b)$，因

此，$\psi: G \to G'$ 是单射。

综上两点，$\psi: G \to G'$ 是同构。

(4) 由于 $<G, \star>$ 是群，而 $\psi: G \to G'$ 是二者的同构，因此 $<G', \circ>$ 是群。

□

利用该定理以及群的同构，可以把所有有限群的问题归结为置换群的问题，而置换群是一种比较容易研究的群，因而，该定理简化了对有限群的研究。

定义 11-11 设 $<G, \circ>$ 为集合 S 的一个置换群，称
$$R = \{<a, b> | \tau(a) = b, \tau \in G\}$$
为由 $<G, \circ>$ 诱导的 S 上的二元关系。

例 11-13 设 $S = \{1, 2, 3, 4\}$，$G = \{\tau_0, \tau_1, \tau_2, \tau_3\}$，其中

$$\tau_0 = \begin{pmatrix} 1 & 2 & 3 & 4 \\ 1 & 2 & 3 & 4 \end{pmatrix}, \quad \tau_1 = \begin{pmatrix} 1 & 2 & 3 & 4 \\ 2 & 1 & 3 & 4 \end{pmatrix}$$

$$\tau_2 = \begin{pmatrix} 1 & 2 & 3 & 4 \\ 1 & 2 & 4 & 3 \end{pmatrix}, \quad \tau_3 = \begin{pmatrix} 1 & 2 & 3 & 4 \\ 2 & 1 & 4 & 3 \end{pmatrix}$$

可以证明，$<G, \circ>$ 是 S 的一个置换群。由其诱导的 S 上的二元关系为
$$R = \{<1,1>, <1,2>, <2,1>, <2,2>, <3,3>, <4,4>, <3,4>, <4,3>\}$$

定理 11-15 由置换群 $<G, \circ>$ 诱导的 S 上的二元关系 R 是等价关系。

分析：要证明二元关系 R 是等价关系，只需要证明 R 满足自反性、对称性和传递性。

证明：

(1) 自反性。$\forall a \in S$，由于群中存在单位元 τ_e，而 $\tau_e(a) = a$，因此 $<a, a> \in R$。

(2) 对称性。$\forall <a, b> \in R$，存在置换 $\tau \in G$，使 $\tau(a) = b$。由于群中的元素存在逆元，因此必然存在置换 $\tau^{-1} \in G$，使 $\tau \circ \tau^{-1} = \tau_e$，因而有 $\tau^{-1}(b) = a$，即 $<b, a> \in R$。

(3) 传递性。$\forall <a, b>, <b, c> \in R$，存在置换 $\tau_1, \tau_2 \in G$，满足 $\tau_1(a) = b$，$\tau_2(b) = c$。由于群满足封闭性，因此有 $\tau_1 \circ \tau_2 \in G$。而 $\tau_1 \circ \tau_2(a) = \tau_2(\tau_1(a)) = \tau_2(b) = c$，因此 $<a, c> \in R$。

□

从前面的章节中可知，一个等价关系可以确定集合的一个划分，这个划分中的每一块都是一个等价类。像例 11-13 产生的划分为 $\{\{1,2\}, \{3,4\}\}$。

给定一个集合 S 以及集合上的置换群 $<G, \circ>$，由 $<G, \circ>$ 诱导的 S 上的等价关系 R 将产生 S 的一个划分，需要计算等价类的数量。伯恩赛德[①]提出了一种计算等价类数量的方法，下面先介绍置换作用下不变元的概念。

定义 11-12 如果一个映射 τ 将一个元素映射到它自身，这个元素称为在这个置换作用下的不变元。在置换 τ 作用下的不变元个数记为 $\psi(\tau)$。

例如，置换 $\tau_0 = \begin{pmatrix} 1 & 2 & 3 & 4 \\ 1 & 2 & 3 & 4 \end{pmatrix}$ 作用下的不变元为 1, 2, 3, 4，因此 $\psi(\tau_0) = 4$。置换

[①] 威廉·伯恩赛德（William Burnside，1852—1927），英国数学家，在有限群方面做出大量的基础性研究工作。

$\tau_3 = \begin{pmatrix} 1 & 2 & 3 & 4 \\ 2 & 1 & 4 & 3 \end{pmatrix}$ 作用下没有不变元，因此 $\psi(\tau_3) = 0$ 。

定理 11-16（伯恩赛德定理） 由 S 的置换群 $<G, \circ>$ 诱导的等价关系将 S 划分所得到的等价关系的数目等于

$$\frac{1}{|G|} \sum_{\tau \in G} \psi(\tau)$$

证明：

设 $\eta(s)$ 表示 G 中使 s 不变的置换数量，其中 $s \in S$ 。因此有

$$\sum_{\tau \in G} \psi(\tau) = \sum_{s \in S} \eta(s)$$

这是因为等式两边描述的都是不变元的数量。

设 a 和 b 是属于同一等价类的两个元素，则可以证明在 G 中恰好存在 $\eta(a)$ 个将 a 映射到 b 的置换。如果假设 $X_a = \{\tau \mid \tau(a) = a, \tau \in G\}$ ，上述描述可以表示为 $|X_a| = \eta(a)$ 。具体分析如下。

由于 a 和 b 属于同一等价类，因此必然存在置换 $\tau_t \in G$ ，使 $\tau_t(a) = b$ 。构造集合 $X_t = \{\tau_x \circ \tau_t \mid \tau_x \in X_a\}$ ，则 X_t 中的每一个置换都将 a 映射到 b 。对任意的 $\tau_i, \tau_j \in X_a$ ，如果 $\tau_i \circ \tau_t = \tau_j \circ \tau_t$ ，则必有

$$(\tau_i \circ \tau_t) \circ \tau_t^{-1} = (\tau_j \circ \tau_t) \circ \tau_t^{-1}$$

因此， $\tau_i = \tau_j$ 。这说明 $X_t = \{\tau_x \circ \tau_t \mid \tau_x \in X_a\}$ 中的置换各不相同。因此有 $|X_t| = |X_a| = \eta(a)$ 。

此外，可以证明，除了 $X_t = \{\tau_x \circ \tau_t \mid \tau_x \in X_a\}$ 中的置换外，在 G 中不可能有其他置换将 a 映射到 b 。这是因为，假设有置换 τ_y 满足 $\tau_y(a) = b$ ，由于

$$\tau_t^{-1}(\tau_y(a)) = \tau_t^{-1}(b) = a$$

因此有 $\tau_y \circ \tau_t^{-1} \in X_a$ ，进而 $(\tau_y \circ \tau_t^{-1}) \circ \tau_t \in X_t$ ，因此 $\tau_y \in X_t$ 。

这说明在 G 中恰好有 $\eta(a)$ 个置换将 a 映射到 b 。

最后，设 $a, b, c, \cdots$ 是 S 中属于同一等价类的元素，因此在 G 的每一个置换中， a 只能将其映射到其所属等价类的某一个元素。G 中的置换分为以下各类：a 映射到 a 的置换、a 映射到 b 的置换……每一类中恰好有 $\eta(a)$ 个置换。因此，有

$$\eta(a) = \frac{|G|}{\text{包含} a \text{的等价类中元素的数量}}$$

同理可得

$$\eta(b) = \eta(c) = \cdots = \frac{|G|}{\text{包含} a \text{的等价类中元素的数量}}$$

对 S 中的任何一个等价类，有

$$\sum_{s \in \text{该等价类}} \eta(s) = |G|$$

由此可得

$$\sum_{s \in S} \eta(s) = （划分 S 所得的等价类的数量）\times |G|$$

因此有

$$划分 S 所得的等价类的数量 = \frac{1}{|G|} \sum_{s \in S} \eta(s) = \frac{1}{|G|} \sum_{\tau \in G} \psi(\tau)$$

例 11-14 在一张卡片上打印十进制的 5 位数，对于小于 10000 的数字，前面用 0 补足 5 位。如果一个卡片可以倒过来读，就合用一张卡片。例如 89166 倒过来是 99168，因此 89166 和 99168 合用一张卡片。那么需要多少张卡片才能打印所有的十进制 5 位数。

解：

设 S 是所有十进制 5 位数的集合，根据题意，构造 S 的一个置换群 $<\{\tau_1, \tau_2\}, \circ>$，其中 τ_1 是单位元，τ_2 是这样的置换：如果一个数字翻转过来不可读时，这个置换将该数字映射为其自己；如果一个数字翻转过来可以读时，映射成翻转过来的数字。

在 0~9 这 10 个数字中，只包含 0、1、6、8、9 的数是倒转可读的，共有 5^5 个，其中以 0、1、8 居中，第一位与第五位互为倒转，第二位与第四位互为倒转的 5 位数，翻过来还是自身（例如 61819），这样的数字有 3×5^2。因此，$\psi(\tau_2) = 10^5 - 5^5 + 3 \times 5^2$。此外，$\psi(\tau_1) = 10^5$。

因此，共需要的卡片数量为

$$\frac{1}{2}\left(10^5 + 10^5 - 5^5 + 3 \times 5^2\right) = 16950$$

例 11-15 从蓝、黄、白三种颜色的珠子中选取 5 粒串成手串，如果将一只手串经顺时针旋转得到另一只手串，称这两只手串是等价的。计算在旋转等价的条件下，不同手串的数目是多少？

解：

设 S 是不考虑旋转等价时用 5 粒珠子串成的手串的集合，显然有

$$|S| = 3^5 = 243$$

手串的旋转方式可以是不旋转、旋转 1 粒珠子、旋转 2 粒珠子、旋转 3 粒珠子和旋转 4 粒珠子。根据题意，构造置换群 $<\{\tau_0, \tau_1, \tau_2, \tau_3, \tau_4\}, \circ>$，其中 τ_0 代表不旋转，是该群中的单位元，τ_1、τ_2、τ_3、τ_4 分别代表旋转 1 粒、2 粒、3 粒和 4 粒珠子对应的置换。

显然有 $\psi(\tau_0) = 243$。由于 5 是质数，因此只有当手串上的珠子是同一种颜色时，τ_1、τ_2、τ_3、τ_4 才是旋转不变的，即 $\psi(\tau_1) = \psi(\tau_2) = \psi(\tau_3) = \psi(\tau_4) = 3$。

因此，在考虑旋转等价的条件下，不同手串的数目应是

$$\frac{1}{5}(243 + 3 + 3 + 33) = 51$$

将上述结果进行推广，可以得到费马[①]小定理的一个有趣的证明。

考虑从 a 种颜色的珠子中选取 p 粒串成手串，在考虑旋转等价的前提下，不同手串的数目是

$$\frac{1}{p}(a^p + \overbrace{a+a+\cdots+a}^{p-1 \text{个}}) = \frac{1}{p}\left[a^p + (p-1)a\right]$$

由于不同手串的数目一定是整数，因此，它是 $a^p + (p-1)a$ 的因子。进一步可以得到 p 是 $a^p - a$ 的因子，即 p 整除 a 或整除 $a^{p-1} - 1$。这正是费马小定理的结论。

11.6 陪集与拉格朗日定理

11.4 节研究了判断 $<H,\star>$ 是 $<G,\star>$ 的子群的充要条件，即 $\forall a,b \in H$，有 $a \star b^{-1} \in H$ 成立。下面将进一步讨论群与子群的关系，并深入讨论子群的相关性质。

定义 11-13 设 $<H,\star>$ 是 $<G,\star>$ 的子群，定义模 H 同余关系 R 如下：

$$R = \{<a,b> | a,b \in G, a\star b^{-1} \in H\}$$

通常，$<a,b> \in R$ 也可以表示为 aRb，或者 $a = b \bmod H$。

定理 11-17 模 H 同余关系是等价关系。

分析：要证明该关系是等价关系，只需证明该关系满足等价关系所必须具备的自反性、对称性和传递性即可。

证明：

（1）自反性。$\forall a \in G$，$a \star a^{-1} = e \in H$，因此，$<a,a> \in R$。

（2）对称性。$\forall <a,b> \in R$，根据关系 R 的定义，可得 $a \star b^{-1} \in H$。由于 H 是群，因此 $(a \star b^{-1})^{-1} \in H$，即 $b \star a^{-1} \in H$。因此 $<b,a> \in R$。

（3）传递性。$\forall <a,b>,<b,c> \in R$，根据关系 R 的定义，可得 $a \star b^{-1} \in H$，$b \star c^{-1} \in H$，由于群 $<H,>$ 满足封闭性，因此 $(a \star b^{-1}) \star (b \star c^{-1}) \in H$，根据运算的结合律，可得 $a \star c^{-1} \in H$，即 $<a,c> \in R$。

由上述 3 点可以看出，模 H 同余关系满足自反性、对称性和传递性，因此是等价关系。

□

在前面等价关系中介绍过，等价关系与集合的划分是等价的，划分中的每一个划分块都是一个等价类。因此可以在模 H 同余关系这个等价关系上求出元素 a 的等价类，即

$$[a]_R = \{b | <b,a> \in R\}$$
$$= \{b | b \in G, b \star a^{-1} \in H\}$$

$b \star a^{-1} \in H$ 成立，当且仅当存在 $h \in H$，使 $b \star a^{-1} = h$，即 $b = h \star a$。因此元素 a 的等价类可以进一步表示为

[①] 皮埃尔·得·费马（Pierre de Fermat，1601—1665），法国著名数学家，被誉为"业余数学家之王"。

$$[a]_R = \{h \star a \mid h \in H\}$$

定义 11-14 $Ha = \{h \star a \mid h \in H\}$，称为 H 在群 $<G, \star>$ 中的一个右陪集（right coset）。类似地，可以定义关系 $Q = \{<a,b> \mid b^{-1} \star a \in H, a,b \in G\}$，同样可以证明该关系是等价关系，进一步构造元素 a 的等价类为 $[a]_Q = \{a \star h \mid h \in H\} = aH$，称为 H 在群 $<G, \star>$ 中的一个左陪集（left coset）。

定义 11-15 设 $<H, \star>$ 是 $<G, \star>$ 的子群，a 是 G 中任一元素，若满足：

（1） $Ha = \{h \star a \mid h \in H\}$ 为子群 H 在群 G 中的一个右陪集；

（2） $aH = \{a \star h \mid h \in H\}$ 为子群 H 在群 G 中的一个左陪集。

则元素 a 称为左陪集 aH 或右陪集 Ha 的代表元（representative element）。

例 11-16 给定群 $<\underline{4}, +_4>$，求其子群 $<\{0,2\}, +_4>$ 的所有左、右陪集。

解：

令 $H = \{0,2\}$，则基于集合 $\underline{4}$ 中的所有元素求子群 $<\{0,2\}, +_4>$ 的左陪集如下：

$$0H = 0\{0,2\} = \{0 +_4 0, 0 +_4 2\} = \{0,2\}$$
$$1H = 1\{0,2\} = \{1 +_4 0, 1 +_4 2\} = \{1,3\}$$
$$2H = 2\{0,2\} = \{2 +_4 0, 2 +_4 2\} = \{0,2\}$$
$$3H = 3\{0,2\} = \{3 +_4 0, 3 +_4 2\} = \{1,3\}$$

可以发现，$0H = 2H$，$1H = 3H$，$0H \cap 1H = \varnothing$，$2H \cap 3H = \varnothing$，$0H \cup 1H = \underline{4}$，这些都与等价关系中的等价类是完全一致的。

同理，所有的右陪集可计算如下：

$$H0 = \{0,2\}0 = \{0 +_4 0, 2 +_4 0\} = \{0,2\}$$
$$H1 = \{0,2\}1 = \{0 +_4 1, 2 +_4 1\} = \{1,3\}$$
$$H2 = \{0,2\}2 = \{0 +_4 2, 2 +_4 2\} = \{0,2\}$$
$$H3 = \{0,2\}3 = \{0 +_4 3, 2 +_4 3\} = \{1,3\}$$

可以发现，$H0 = H2$，$H1 = H3$，$H0 \cap H1 = \varnothing$，$H2 \cap H3 = \varnothing$，$H0 \cup H1 = \underline{4}$。

□

根据上述分析，由于陪集本质上是等价关系中的等价类，因此，它们具有等价类所具有的一切性质，例如，$aH = bH$ 成立，当且仅当 $a \in bH$。读者可以根据等价类的性质，自行推导出陪集的性质，此处不再进一步展开。

思考： 设 $<H, \star>$ 是 $<G, \star>$ 的子群，如何求出该子群的不同陪集？

除满足等价类的相关性质外，陪集还具有如下性质。

定理 11-18 设 $<H, \star>$ 是 $<G, \star>$ 的子群，$a \in G$，则 $|aH| = |H|$。

分析： 在现有的知识体系中，要证明两个集合是等势的，只有一种办法：在两个群之间建立一一对应的映射关系。

证明：

构造映射 $f: H \to aH$，使 $\forall h \in H$，有 $f(h) = a \star h$，如果能够证明 f 是双射，则可证明 $|aH| = |H|$ 成立。

（1）证明 f 是单射。$\forall h_1, h_2 \in H$，如果 $h_1 \neq h_2$，根据群中元素的消去律可得 $a \star h_1 \neq a \star h_2$

（由 $a \star h_1 = a \star h_2$ 可以推导出 $h_1 = h_2$，与假设矛盾）。所以 f 是单射。

（2）证明 f 是满射。$\forall a \star h \in aH$，必定存在元素 $h \in H$，使 $f(h) = a \star h$，因此 f 是满射。

通过上述两点，可以说明 f 是双射，进而证明 $|aH| = |H|$。
□

类似地，可以证明 $|Ha| = |H|$，即对 G 中的任意元素 a，都有 $|aH| = |Ha| = |H|$。考虑到不同的左陪集或右陪集构成了 G 的一个划分，即 $G = a_1 H \cup a_2 H \cup \cdots$ 因此有
$$|G| = |a_1 H| + |a_2 H| + \cdots$$
根据定理 11-18，可得所有陪集均与集合 H 等势，因而上式可进一步表示为
$$|G| = k|H|$$
其中，k 为正整数，称为 H 在群 $<G, \star>$ 中的指数。这说明，子群 $<H, \star>$ 的阶整除群 $<G, >$ 的阶，其整除的倍数就是不同左陪集（或右陪集）的个数，这就是著名的拉格朗日定理。

定理 11-19（拉格朗日[①]定理） 如果 $<H, \star>$ 是 $<G, \star>$ 的子群，则 $<H, \star>$ 的阶整除 $<G, \star>$ 的阶。

从该定理得知，子群的阶一定是群的阶的一个因子。根据这一点，可以得到如下性质。

性质 11-1 素数阶群只有平凡子群，没有真子群。

由于素数只有 1 和它本身两个因子，因此，素数阶群子群的阶只可能是 1 和该素数，恰好对应着两个平凡子群。

性质 11-2 素数阶群一定是循环群，并且除单位元以外的其他元素均是其生成元。

证明：

设 $<G, \star>$ 是素数阶群，对任意元素 $a \in G$ 而言，可以构造循环群 $<\{a^k\}, \star>$，并且 a 是生成元。如果 a 的周期是 m，则该循环群的阶为 m。根据拉格朗日定理，有 $m|n$，由于 n 是素数，则必有 $m = n$，即 $G = \{a^k\}$，即任意元素都是生成元。
□

性质 11-3 阶为 n 的有限群 $<G, \star>$ 中，对任意 $a \in G$，有 $a^n = 1$。

11.7 正规子群与商群

对群 G 的子群 H 而言，H 的左陪集 aH 未必与 H 的右陪集 Ha 相等，但对 G 的某些子群而言，$aH = Ha$ 却对任意的元素 $a \in G$ 都成立。这类子群是一类特殊的子群，本节将重点研究它的结构与性质。

定义 11-16 设 $<H, \star>$ 是 $<G, \star>$ 的子群，如果对任意的 $a \in G$，都有 $aH = Ha$，则称 $<H, \star>$ 是 $<G, \star>$ 的正规子群（normal subgroup），或者称为不变子群（invariant subgroup），此时左、右陪集统称为陪集（coset）。

[①] 约瑟夫·路易斯·拉格朗日（Joseph Louis Lagrange，1736—1813），法国著名数学家、物理学家，在数学、力学和天文学 3 个学科领域中都有历史性的贡献，其中尤以数学方面的成就最为突出。

这里需要强调的是，正规子群要求对 G 中的任意元素 a，都有 $aH = Ha$ 成立。根据正规子群的定义，可以得到如下定理。

定理 11-20 阿贝尔群的任何子群都是正规子群。

任何一个群 $<G,\star>$ 都有两个平凡子群 $<G,\star>$ 和 $<\{e\},\star>$，下面来证明这两个子群都是正规子群，如下。

定理 11-21 群 $<G,\star>$ 的两个平凡子群都是正规子群。

分析：为说明两个平凡子群都是正规子群，需要说明它们对所有元素的左右陪集相等。左右陪集本质上是两个集合，因而证明正规子群实际上就是证明两个集合相等，这可以采用二者互为子集或者其他方法加以证明。

证明：

（1）证明 $<\{e\},\star>$ 是正规子群。$\forall a \in G$，有
$$a\{e\} = \{a \star e\} = \{a\} = \{e \star a\} = \{e\}a$$
因此，该子群是正规子群。

（2）证明 $<G,\star>$ 是正规子群，即 $\forall a \in G$，有 $aG = Ga$ 成立。

构造映射 $f: G \to aG$，使 $\forall g \in G$，$f(g) = a \star g$。由于群满足消去律，可以证明，该映射是一个双射，进而可得 $|G| = |aG|$。同时，由于 $\forall a \star g \in aG$，其中 $a, g \in G$，由于群的封闭性，可以得到 $a \star g \in G$，因此 $aG \subseteq G$，又由于 $|G| = |aG|$，因此有 $aG = G$ 成立。

同理，有 $Ga = G$ 成立。因此有 $aG = Ga = G$，这说明平凡子群 $<G,\star>$ 是正规子群。

□

除了这两个平凡子群是正规子群外，如何判断其他子群是不是正规子群呢？有下面的判断定理。

定理 11-22 设 $<H,\star>$ 是 $<G,\star>$ 的子群，则 $<H,\star>$ 是 $<G,\star>$ 的正规子群，当且仅当 $\forall a \in G, h \in H$，有 $a \star h \star a^{-1} \in H$。

分析：这是一个充要条件，因此既要证明充分性又要证明必要性。作为充分性的证明，关键要从条件 $a \star h \star a^{-1} \in H$ 得到左、右陪集相等，即要说明 $a \star h$ 能否表示成 $h' \star a$ 的形式，反之亦然。

证明：

必要性。如果 $<H,\star>$ 是 $<G,\star>$ 的正规子群，则对任意 $a \in G$，都有 $aH = Ha$。因此，对 $a \star h \in aH$ 而言，存在 $h_1 \star a \in H \star a$，使 $a \star h = h_1 \star a$。因此，
$$a \star h \star a^{-1} = (h_1 \star a) \star a^{-1} = h_1 \star a \star a^{-1} = h_1 \in H$$

充分性。$\forall a \star h \in aH$，有 $a \star h = a \star h \star a^{-1} \star a$。由于 $a \star h \star a^{-1} \in H$，设 $h_1 = a \star h \star a^{-1}$，因此有 $a \star h = h_1 \star a \in Ha$，即 $aH \subseteq Ha$。

$\forall h \star a \in Ha$，有 $h \star a = a \star a^{-1} \star h \star a$。由于 $a^{-1} \star h \star a \in H$，不妨设 $h_2 = a^{-1} \star h \star a$，因此有 $h \star a = a \star h_2 \in aH$，即 $Ha \subseteq aH$。

综合上述两种情况，可以得到 $aH = Ha$，因此 $<H,\star>$ 是 $<G,\star>$ 的正规子群。

□

如果 $<H,\star>$ 是 $<G,\star>$ 的正规子群，则可以在这个正规子群上产生一个新的群，它

保留了原来群的性质，称为正规子群的商群。

定理 11-23 $<H,\star>$ 是 $<G,\star>$ 的正规子群，假设该子群的所有陪集构成的集合表示如下：
$$G/H = \{g_1H, g_2H, \cdots\}，其中 g_1, g_2, \cdots \in G$$
在该集合上定义运算"$\otimes$"如下：
$$aH \otimes bH = (a\star b)H$$
证明：$<G/H, \otimes>$ 是群，称其为群 $<G,\star>$ 的商群。

分析：要证明 $<G/H, \otimes>$ 是群，需要证明以下4点：① $<G/H, \otimes>$ 是一个代数系统，即运算"$\otimes$"满足封闭性；② 运算"$\otimes$"满足结合律；③ $<G/H, \otimes>$ 中存在单位元；④ $<G/H, \otimes>$ 中的每一个元素 gH 都存在逆元。

证明：

（1）封闭性。$\forall g_iH, g_jH \in G/H$，有
$$g_iH \otimes g_jH = (g_i \star g_j)H \in G/H$$

（2）结合律。$\forall g_iH, g_jH, g_kH \in G/H$，有
$$(g_iH \otimes g_jH) \otimes g_kH = ((g_i \star g_j) \star g_k)H$$
由于 $<G,\star>$ 是群，因此运算"$\star$"满足结合律，上式可以进一步写为
$$(g_iH \otimes g_jH) \otimes g_kH = (g_i \star (g_j \star g_k))H = g_iH \otimes (g_jH \otimes g_kH)$$

（3）单位元。$\forall gH \in G/H$，存在 $eH \in G/H$，有
$$gH \otimes eH = (g \star e)H = gH = (e \star g)H = eH \otimes gH$$

（4）逆元。$\forall gH \in G/H$，存在 $g^{-1}H \in G/H$，有
$$gH \otimes g^{-1}H = (g \star g^{-1})H = eH = (g^{-1} \star g)H = g^{-1}H \otimes gH$$

综合上述4方面，可得 $<G/H, \otimes>$ 是群。

□

定理 11-24 设 $<H,\star>$ 是 $<G,\star>$ 的正规子群，$<G/H, \otimes>$ 是群 $<G,\star>$ 的商群，证明：$<G,\star>$ 与 $<G/H, \otimes>$ 是同态的。

分析：证明二者同态的关键在于在集合 G 与商集 G/H 之间构造一个映射，考虑到二者元素的组成，容易构造映射 $f: G \to G/H$，使 $\forall a \in G$，有 $f(a) = aH$。

证明：

构造映射 $f: G \to G/H$，使 $\forall a \in G$，有 $f(a) = aH$，有
$$f(a \star b) = (a \star b)H = aH \otimes bH = f(a) \otimes f(b)$$
因此 $<G,\star>$ 与 $<G/H, \otimes>$ 是同态的。

□

该定理说明任何群与它的任意商群是同态的。下面将子群与群的同态结合起来，首先引入同态核的概念。

定义 11-17 设 $f: G \to G'$ 是群 $<G,\star>$ 到群 $<G', \circ>$ 的群同态，则 G 的子集 $K = \{a \mid f(a) = e_{G'}, a \in G\}$ 称为 f 的同态核，记为 $\text{Ker} f$，其中 $e_{G'}$ 是群 $<G', \circ>$ 的单位元。

定理 11-25 设 $f:G \to G'$ 是群 $<G,\star>$ 到群 $<G',\circ>$ 的群同态，证明：$<\text{Ker}f,\star>$ 是群 $<G,\star>$ 的正规子群。

分析：证明 $<\text{Ker}f,\star>$ 是群 $<G,\star>$ 的正规子群，需要证明两点：① $<\text{Ker}f,\star>$ 是 $<G,\star>$ 的子群，这一点可以利用子群的判定定理来证明；② 证明 $<\text{Ker}f,\star>$ 的左、右陪集相等，这可以利用正规子群的判定定理。

证明：
$\forall a,b \in \text{Ker}f$，有 $f(a)=e_{G'}$，$f(b)=e_{G'}$。同时，可得
$$f(a\star b^{-1})=f(a)\circ f(b^{-1})=f(a)\circ (f(b))^{-1}=e_{G'}$$
因此有 $a\star b^{-1} \in \text{Ker}f$，根据子群的判断定理，$<\text{Ker}f,\star>$ 是 $<G,\star>$ 的子群。

$\forall a \in G, k \in \text{Ker}f$，有
$$f(a\star k\star a^{-1})=f(a)\circ f(k)\circ f(a^{-1})=f(a)\circ f(a)^{-1}=e_{G'}$$
即 $a\star k\star a^{-1} \in \text{Ker}f$，因此有 $<\text{Ker}f,\star>$ 是 $<G,\star>$ 的正规子群。

□

进一步考虑，如果 $f:G \to G'$ 是群 $<G,\star>$ 到群 $<G',\circ>$ 的群同态，则可以构造出正规子群 $<\text{Ker}f,\star>$，在该正规子群的基础上可以构造出商群 $<G/K,\otimes>$，那么，这个商群与群 $<G',\circ>$ 有什么关系呢？有下面的定理。

定理 11-26 如果 $f:G \to G'$ 是群 $<G,\star>$ 到群 $<G',\circ>$ 的满同态，$K=\text{Ker}f$ 是 f 的同态核，则商群 $<G/K,\otimes>$ 与群 $<G',\circ>$ 是同构的。

分析：为了证明商群 $<G/K,\otimes>$ 与群 $<G',\circ>$ 的同构关系，需要在二者之间建立一个映射关系 g，建立的纽带就是给定的群 $<G,\star>$。在建立映射关系以后，有两点需要证明：① 该映射是二者之间的同态；② 该映射既是单射又是满射，即它是双射。

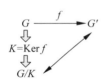

图 11-1 商群与同态群的关系示意图

证明：
商群与同态群的关系如图 11-1 所示。

在商集 G/K 和 G' 之间构造映射 g，使 $g(aK)=f(a)$。

为了说明 g 是 $<G/K,\otimes>$ 到 $<G',\circ>$ 的群同构，有 3 点需要说明：① g 是映射；② g 是双射；③ g 是同构。

（1）$\forall aK,bK \in G/K$，如果 $aK=bK$，由于陪集本质上是等价类，因此可得 $a \in bK$，即存在 $k \in K$，使 $a=b\star k$。因此有
$$f(a)=f(b\star k)=f(b)\circ f(k)=f(b)$$
即 $g(aK)=f(a)=f(b)=g(bK)$，因此 g 是 G/K 到 G' 的映射。

（2）$\forall aK,bK \in G/K$，如果 $g(aK)=g(bK)$，即 $f(a)=f(b)$，则有
$$f(a)\circ f(b)^{-1}=e_{G'}=f(a\star b^{-1})$$
即 $a\star b^{-1} \in K$。因此存在 $k \in K$，使 $a\star b^{-1}=k$，即 $a=k\star b$。根据陪集的定义，可得 $a \in Kb$。从等价类的角度看，可得 $Ka=Kb$。又 $<K,\star>$ 是正规子群，因此有 $aK=bK$。因此可得 g 是单射。

$\forall h \in G'$,由于 f 是满射,因此,存在 $a \in G$,满足 $f(a) = h$。取 $aK \in G/K$,可得 $g(aK) = f(a) = h$,因此 g 是满射,进而 g 是双射。

(3) $\forall aK, bK \in G/K$,有
$$g(aK \otimes bK) = g((a \star b)K) = f(a \star b) = f(a) \circ f(b) = g(aK) \circ g(bK)$$
因此 g 是 $<G/K, \otimes>$ 到 $<G', \circ>$ 的同态。

综上所述,g 是 $<G/K, \otimes>$ 到 $<G', \circ>$ 的群同构。

□

该定理说明了在满同态的意义下,同态群与商群是同构的。

阅读材料

一元多次方程的解

早在公元前 1650 多年,古埃及的《莱因德纸草书》中记载的第 24 题,题目为一个量加上它的 1/7 等于 19,求这个量。基于此,人们有效解决了 $ax + bx = c$ 的问题。伴随着数学的发展,在公元前几世纪,巴比伦人基于配方法解决了 $ax^2 + bx + c = 0$ 的解。当 $a \neq 0$ 时,该方程的根为

$$x = \frac{-b \mp \sqrt{b^2 - 4ac}}{2a}$$

在当时,人们只承认正实根,零、负数、无理数的概念直到 16—18 世纪才得到承认并逐步完善。根据巴比伦文书记载,当时解决了二次方程 $x + 1/x = b$ 的根式解,得到的解答如下:

$$x = \frac{b}{2} \mp \sqrt{\left(\frac{b}{2}\right)^2 - 1}$$

这就促使人们进一步思考,是否对任意次的一元方程都能找到这种求根公式?从一元二次方程的根式解,到一元三次方程的解,经历了两千多年的岁月。在 16 世纪的欧洲文艺复兴时期,被塔塔里亚(Nicolo Tartaglia,1500—1557)、卡丹(Girolamo Cardano,1501—1576)等几个意大利数学家找到了方法,这就是常说的卡丹公式。其原始想法:对于一元三次方程 $x^3 + ax^2 + bx + c = 0$,令 $y = x + a/3$,则 $x = y - a/3$,可得

$$\left(y - \frac{a}{3}\right)^3 + a\left(y - \frac{a}{3}\right)^2 + b\left(y - \frac{a}{3}\right) + c = 0$$

整理得

$$y^3 + \left(b - \frac{1}{3}a^2\right)y + \frac{2}{27}a^3 - \frac{1}{3}ab + c = 0$$

因此,通过上述变换,可以将一元三次方程中的二次项消除,即将形如 $x^3 + ax^2 + bx + c = 0$ 的一元三次方程变换成 $x^3 + px + q = 0$ 的形式。

对于方程 $x^3+px+q=0$，可令 $p=-3ab$，$q=-a^3-b^3$，则原方程可变为
$$x^3-3abx-a^3-b^3=0$$
而
$$\begin{aligned}&x^3-3abx-a^3-b^3\\&=x^3-(a+b)x^2+(a+b)x^2-(a+b)^2x+(a^2-ab+b^2)x-(a+b)(a^2-ab+b^2)\\&=(x-a-b)(x-wa-\overline{w}b)(x-\overline{w}a-wb)\end{aligned}$$
其中 $w=-1/2+\sqrt{3}i/2$，因此方程 $x^3+px+q=0$ 的解为
$$x_1=a+b, \quad x_2=wa+\overline{w}b, \quad x_3=\overline{w}a+wb$$
根据 $p=-3ab$，$q=-a^3-b^3$，可得
$$\begin{aligned}q^2&=(a^3+b^3)^2\\&=a^6+b^6+2a^3b^3\\&=(a^3-b^3)^2+4a^3b^3\end{aligned}$$
又 $p=-3ab$，因此
$$(a^3-b^3)^2=q^2+4\left(\frac{p}{3}\right)^3$$
如果 $q^2+4(p/3)^3\geq 0$，则得 $a^3-b^3=\sqrt{q^2+4(p/3)^3}$，联立 $q=-a^3-b^3$ 得
$$a=\sqrt[3]{-\frac{q}{2}+\sqrt{\left(\frac{q}{2}\right)^2+\left(\frac{p}{3}\right)^3}}, \quad b=\sqrt[3]{-\frac{q}{2}-\sqrt{\left(\frac{q}{2}\right)^2+\left(\frac{p}{3}\right)^3}}$$
因此，对于方程 $x^3+px+q=0$，当 $q^2+4(p/3)^3\geq 0$ 时，根为
$$x_1=\sqrt[3]{-\frac{q}{2}+\sqrt{\left(\frac{q}{2}\right)^2+\left(\frac{p}{3}\right)^3}}+\sqrt[3]{-\frac{q}{2}-\sqrt{\left(\frac{q}{2}\right)^2+\left(\frac{p}{3}\right)^3}}$$
$$x_2=w\sqrt[3]{-\frac{q}{2}+\sqrt{\left(\frac{q}{2}\right)^2+\left(\frac{p}{3}\right)^3}}+\overline{w}\sqrt[3]{-\frac{q}{2}-\sqrt{\left(\frac{q}{2}\right)^2+\left(\frac{p}{3}\right)^3}}$$
$$x_3=\overline{w}\sqrt[3]{-\frac{q}{2}+\sqrt{\left(\frac{q}{2}\right)^2+\left(\frac{p}{3}\right)^3}}+w\sqrt[3]{-\frac{q}{2}-\sqrt{\left(\frac{q}{2}\right)^2+\left(\frac{p}{3}\right)^3}}$$
其中
$$w=-\frac{1}{2}+\frac{\sqrt{3}}{2}i$$

在三次方程求根公式发明过程中，有一个十分有趣的故事，四百多年前，意大利盛行数学竞赛，竞赛的一方是菲俄（Fior，16 世纪前半叶），他是意大利博洛尼亚数学学会会长费罗（Ferro，1465—1526）的学生。另一方是威尼斯的数学教授塔塔里亚，他从小学习拉丁文、希腊文，酷爱数学，与费罗一样，对求解三次方程很有研究，在 1530 年，塔塔里亚曾解决了另一个挑战者提出的以下两个三次方程求解问题：$x^3+3x^2=5$，

$x^3 + 6x^2 + 8x = 1000$。这引出了菲俄的不服，定于 1535 年 2 月 22 日在米兰市大教堂公开竞赛，双方各出 30 个三次方程。结果塔塔里亚在两小时内解完，而菲俄却交了白卷。1541 年，塔塔里亚得到了三次方程的一般解法，准备在译完欧几里得和阿基米德的著作后，自己写一本书公开他的解法。此时，卡丹出场了。他再三乞求塔塔里亚给他写一首语句晦涩的诗。这首诗写得很蹩脚，但的确把解法的每一步骤都写进去了，他本人说："本诗无佳句，对此我不介意，为记这一规则，此诗堪作工具。"卡丹在得到这一切后，却背信弃义，于 1545 年把这一解法发表在《大法》一书中，并断定塔塔里亚的方法是费罗的方法，这是在与菲俄竞赛时得知的。这引起了塔塔里亚的极大愤怒，并向卡丹宣战。双方各出 31 题，限定 15 天交卷。卡丹派他的学生费拉里（Ferrari，1522—1565）应战，结果，塔塔里亚在 7 天之内解出大部分题目，而费拉里用时 5 个月才交卷，仅解对了一题。塔塔里亚本想完成一部包含他的新算法在内的巨著，可惜壮志未酬就与世长辞了，在三次方程的求解问题解决后不久，卡丹的仆人和学生费拉里又得到了四次方程的求解方法。其主要思路如下：对于四次方程

$$x^4 + ax^3 + bx^2 + cx + d = 0$$

引入参数 t，经配方化为

$$\left(x^2 + \frac{1}{2}ax + \frac{1}{2}t\right)^2 = \left(\frac{1}{2}a^2 - b + t\right)x^2 + \left(\frac{1}{2}at - c\right)x + \left(\frac{1}{4}t^2 - d\right)$$

容易验证，上面两个方程的解是一样的。为了保证上式的右边是完全平方，可令它的判别式为 0，即

$$\left(\frac{1}{2}at - c\right)^2 - 4\left(\frac{1}{4}a^2 - b + t\right)\left(\frac{1}{4}t^2 - d\right) = 0$$

即选择 t 可以通过以下三次方程的根完成：

$$t^3 - bt^2 + (ac - 4d)t - a^2d + 4bd - c^2 = 0$$

把 t 的这个值代入

$$\left(x^2 + \frac{1}{2}ax + \frac{1}{2}t\right)^2 = \left(\frac{1}{2}a^2 - b + t\right)x^2 + \left(\frac{1}{2}at - c\right)x + \left(\frac{1}{4}t^2 - d\right)$$

可以得到

$$\left(x^2 + \frac{1}{2}ax + \frac{1}{2}t\right)^2 = \left(x\sqrt{\frac{1}{4}a^2 - b + t} + \sqrt{\frac{1}{4}t^2 - a}\right)^2$$

即

$$x^2 + \left(\frac{1}{2}a - \sqrt{\frac{1}{4}a^2 - b + t}\right)x + \frac{1}{2}t - \sqrt{\frac{1}{4}t^2 - a} = 0$$

$$x^2 + \left(\frac{1}{2}a + \sqrt{\frac{1}{4}a^2 - b + t}\right)x + \frac{1}{2}t + \sqrt{\frac{1}{4}t^2 - a} = 0$$

这样，就把求一元四次方程的根化为求一个三次方程和两个一元二次方程的根，因

此认为四次方程的求解问题也解决了。既然有了这个突破，数学家们就以极大的兴趣和自信致力于寻找五次方程的求解方法。他们发现，对次数不超过 4 的方程，都能得到根的计算公式，每个根都可用原方程的系数经过加、减、乘、除和开方运算表出。这件事简称可用根号求解，于是人们断言：对于五次方程，也一定存在这种求根公式。关于这一点，当时的一些著名数学家，如欧拉、范德蒙德（Vandermonde，1735—1796）、拉格朗日、鲁菲尼（Rullini，1765—1822）和高斯（Gauss，1777—1855）等都曾深信不疑，因而都曾尽力寻找，但都以失败告终。

首先怀疑这种求根公式存在性的是拉格朗日。他透彻地分析了前人所得的次数低于 5 的代数方程的求解方法，发现都可以做适当的变量代换化为求解某些次数较低的辅助方程（它们被后人称为拉格朗日预解式），然而对于五次方程，按这种方法得到的辅助方程的次数却升到 6，于是此路不通！1771 年，拉格朗日发表长篇论文《关于方程的代数解法的思考》，提出了这个怀疑。到 1813 年，他的弟子、意大利的内科医生鲁菲尼终于证明了拉格朗日所采用的寻找预解式的方法对于五次方程的确是失效的。早在 1801 年，高斯也意识到这个问题也许是不能解决的。可是，包括拉格朗日在内都没有给出"不存在性"的证明。

第一个证明"高于四次方程不能用根号求解"的是挪威青年数学家阿贝尔，他中学时就读了拉格朗日和高斯关于方程论的著作，探讨高次方程的求解问题，1824—1826 年，他写了《五次方程代数解法不可能存在》一文，但高斯看后说："太可怕了，竟然写出这样的东西来"，表示不理解。阿贝尔在数学方面有很多独创性的成就，在当时未被重视，由于贫病交迫，阿贝尔于 1829 年 4 月 6 日死于结核病，年仅 27 岁。在他逝世前不久，曾把一些研究结果告诉勒让德（Legendre，1752—1833），就在他离开人间的第三天，柏林大学给他寄来了教授聘书。

不过，鲁菲尼和阿贝尔的证明毕竟不是很清楚的，甚至还有一些漏洞。阿贝尔并没有给出一个准则来判定一个具体数字系数的高次代数方程能否用根号求解。作为历史，他们的功绩不容抹杀，但与不久以后出现的伽罗瓦的辉煌成就相比，大为逊色了。

伽罗瓦是法国青年数学家，15 岁进入巴黎有名公立中学学习，偏爱数学。后来想进工科大学，两次落榜，最后进入一所高等师范学校就读，此时，他专攻五次方程代数解法。第一年写了四篇文章，1828 年，17 岁的伽罗瓦写了《关于五次方程的代数解法问题》等两篇论文，并将其送交法国科学院，但被柯西（Cauchy，1789—1875）遗失，后来，他又把一篇文章送给傅里叶（Fourier，1768—1830）。不久，傅里叶就去世了，也不了了之。1831 年，伽罗瓦完成了《关于用根式解方程的可解性条件》一文，院士泊松（Poisson，1781—1840）的审查意见却是"完全不能理解"，予以退回。1832 年 5 月 31 日，伽罗瓦不幸因决斗受重伤离世，时年不满 21 岁，在决斗前夜，他深知为女友决斗而死毫无意义，但又不甘示弱，当晚他精神高度紧张和极度不安，连呼"我没有时间了！"匆忙之中，他把关于方程论的发现草草写成几页说明寄给他的朋友，并附有如下一段话："你可以公开地请求雅可比（Jacobi，1804—1851）或高斯，不是对于这些定理的真实性而是对于其重要性表示意见，将来我希望有人会发现这堆东西注释出来对于他们是有益的。"1864 年，刘维尔（J. Liouville，1809—1882）在由他创办的《纯粹数学和应用数学杂志》上发表了伽罗瓦的部分文章。关于伽罗瓦理论的第一个全面而清楚的介绍是若尔当（Jordan，1838—1892）于 1870 年出版的《置换和代数方程专论》一书中给出的。这样，伽罗瓦超越时代的天才思想才逐渐被人们所理解和承认，至今已成为一门蓬勃发展的学科——抽象代数学。伽罗瓦避开了拉格朗日的难以捉摸的预解式而巧妙地应用了置换群这一工具，他不但证明了如下的一般代数方程：

$$a_0 x^n + a_1 x^{n-1} + \cdots + a_{n-1} x + a_n = 0$$

当 $n \geqslant 5$ 时不可能用根号求根，而且还建立了具体数学系数的代数方程可用根号求解的判别准则，并举出不能用根号求解的数字系数代数方程的实例。这样，他就透彻地解决了这个长达二百多年来使不少数学家伤脑筋的问题。不仅如此，伽罗瓦所发现的结果、他的奇特思想和巧妙方法，现已成为全部代数的中心内容。在这一点上说，他作为抽象代数的创始人之一是当之无愧的。他的贡献决不限于解决代数方程根号求解的问题。

随着时间的推移，伽罗瓦的卓越贡献越来越为数学家所认识。他的学术思想对近代数学产生了深远的影响：他开创的群论逐渐渗透到数学其他分支，以及结晶学、理论物理学等领域，群论给这些领域提供了有力的数学工具。例如，用群论证明了结晶体的类型只有 230 种，群论为诸如方程的根、晶体的结构、空间变换、基本粒子的对称性等课题的研究提供了统一的方法。到 20 世纪，群论的概念在整个数学中占有重要的地位，成为现代数学的基础之一。

习题 11

1. 设 $<A, \star>$ 是半群，$A = \{a, b\}$，如果 $a \star a = b$，证明 $b \star b = b$。
2. 证明独异点中所有左消去元的集合构成了原独异点的子独异点。
3. 如果 $<G, \star>$ 是群，且对任意的 $a \in G$，都有 $a^2 = e$，则 $<G, \star>$ 是可交换群。
4. 设 $<H, \star>$ 和 $<K, \star>$ 是群 $<G, \star>$ 的子群，令

$$HK = \{h \star k \mid h \in H, k \in K\}$$

证明 $<HK, \star>$ 是 $<G, \star>$ 子群的充要条件是 $HK = KH$。

5. 设 $<G, \star>$ 是群，定义 G 上的二元关系 R 如下：

$$R = \{<a, b> \mid \exists c \in G, b = c \star a \star c^{-1}\}$$

证明 R 是等价关系。

6. 设 $<G, \star>$ 是群，并且对任意的 $x, y \in G$，有 $(x \star y)^3 = x^3 \star y^3$，$(x \star y)^5 = x^5 \star y^5$。证明 $<G, \star>$ 是阿贝尔群。

7. 设 $<H, \star>$ 和 $<K, \star>$ 是群 $<G, \star>$ 的子群，若 $<H, \star>$ 和 $<K, \star>$ 有一个是 $<G, \star>$ 的不变子群，则 $HK = KH$。

8. 求 12 阶循环群 $G = \{e, g, g^2, g^3, \cdots, g^{11}\}$ 的子群 $H = \{e, g^3, g^6, g^9\}$ 在 G 中的所有左陪集和右陪集。

第 12 章　其他代数系统

本章导引

在代数系统中，除了第 11 章的半群、群和独异点外，还包括环、域、格和布尔代数等典型的代数系统，其中环和域是通信、密码学的基础，布尔代数则是计算机科学的基础。

12.1　环

下面将讨论包含两个运算的代数系统。与第 11 章介绍的只包含一个运算的代数系统相比，这里除了讨论交换律、结合律、幂等律、消去律是否成立以外，还需要讨论运算的分配律是否成立。下面将针对两类特殊的代数系统进行讨论，分别是环和域。

定义 12-1　设 $<A,+,\circ>$ 是一个代数系统，如果满足：
（1）$<A,+>$ 是阿贝尔群；
（2）$<A,\circ>$ 是半群；
（3）"$\circ$" 对 "$+$" 满足分配律。
则称 $<A,+,\circ>$ 是环（ring）。

进一步地，如果运算 "$\circ$" 满足交换律，则称 $<A,+,\circ>$ 为可交换环；如果 $<A,\circ>$ 是独异点，则称 $<A,+,\circ>$ 为含幺环或单元环。

例如，整数集合 $\mathbf{Z}$ 以及整数上的加法和乘法构成了一个环，表示为 $<\mathbf{Z},+,\times>$；如果系数属于实数的所有 x 的多项式所组成的集合表示为 $R[x]$，则 $R[x]$ 关于多项式的加法和乘法构成一个环；如果元素属于实数的所有 n 阶矩阵表示为 $(R)_n$，则 $(R)_n$ 关于矩阵的加法和乘法构成一个环。

在环 $<A,+,\circ>$ 中，第一个运算通常称为"加法运算"，第二个运算通常称为"乘法运算"。$<A,+>$ 的单位元通常用 0 表示，元素 $a \in A$ 的逆元用 $-a$ 表示；如果 $<A,\circ>$ 也有单位元，通常用 1 表示，这与环 $<\mathbf{Z},+,\times>$ 中的相关概念是一致的。

环有如下性质。

性质 12-1　环 $<A,+,\circ>$ 中，对加法运算的单位元一定是对乘法运算的零元。

分析：欲证明 0 是乘法运算的零元，只需证明 $\forall a \in A$，有 $0 = a \circ 0 = 0 \circ a$ 成立即可。

证明：
$\forall a \in A$，有 $a \circ 0 \in A$，因此可以得到 $a \circ 0 + 0 = a \circ 0$。根据分配律和单位元的性质，有
$$a \circ 0 + 0 = a \circ (0+0) = a \circ 0 + a \circ 0$$
根据消去律，可得 $0 = a \circ 0$。同理可得 $0 = 0 \circ a$，即 0 是乘法运算的零元。

由于群中不可能存在零元，因此，根据性质 12-1，有如下的结论。

推论12-1 环$<A,+,\circ>$中，$<A,\circ>$不可能是群。

性质12-2 环$<A,+,\circ>$中，对任意元素$a,b\in A$，有

（1）$(-a)\circ b=a\circ(-b)=-(a\circ b)$。

（2）$(-a)\circ(-b)=a\circ b$。

分析：要证明$(-a)\circ b=-(a\circ b)$，实际上是要证明$(-a)\circ b$的逆元就是$a\circ b$即可，即需要证明$(-a)\circ b+a\circ b=0$；要证明$(-a)\circ(-b)=a\circ b$，只需要证明二者的逆元相同即可，即证明$(-a)\circ(-b)-a\circ b=0$，这都可以借助性质12-1的结论来加以证明。

证明：

（1）由于$(-a)\circ b+(a\circ b)=(-a+a)\circ b=0\circ b=0$，因此，$(-a)\circ b=-(a\circ b)$。同理，$a\circ(-b)=-(a\circ b)$，即
$$(-a)\circ b=a\circ(-b)=-(a\circ b)$$

（2）由于$(-a)\circ(-b)+(-(a\circ b))=(-a)\circ(-b)+(-a)\circ b=(-a)\circ(b+(-b))=0$，即
$$(-a)\circ(-b)=a\circ b$$

□

定义12-2 环$<A,+,\circ>$中，如果存在非零元素$a,b\in A$，满足$a\circ b=0$，则称环$<A,+,\circ>$中有零因子。

定理12-1 环$<A,+,\circ>$中不含零因子等价于运算"$\circ$"满足消去律。

分析：这是一个充要条件，需要进行充分性和必要性的证明。

证明：

（1）证明如果环$<A,+,\circ>$中不含因子，则有消去律成立。

$\forall a,b,c\in A$，$a\neq 0$，如果有$a\circ b=a\circ c$成立，则有$a\circ b-a\circ c=a\circ(b-c)=0$成立，由于环中不含零因子，因此有$b=c$成立。

同理，由$b\circ a=c\circ a$也可以推导出$b=c$成立。即消去律对运算"$\circ$"成立。

（2）如果消去律对运算"$\circ$"成立，证明环中没有零因子。

如果$a\circ b=0$，由于0是运算"$\circ$"的零元，则有$a\circ b=a\circ 0$。根据消去律可得$b=0$，因此环中不含零因子。

□

定义12-3 给定环$<A,+,\circ>$，$R\subseteq A$，如果$<R,+,\circ>$也是环，则$<R,+,\circ>$称为$<A,+,\circ>$的子环（sub ring）。

定理12-2 代数系统$<R,+,\circ>$称为$<A,+,\circ>$的子环，当且仅当$\forall a\in A$，有$a^{-1}\in R$。

分析：$<R,+,\circ>$是环，需要满足以下两个条件：① $<R,+>$是阿贝尔群；② $<R,\circ>$是半群。

细分一下，有4点需要证明：① 运算"+"满足交换律和结合律不需要证明；② $<R,+>$中存在单位元，可以从$a+a^{-1}\in R$得到证明；③ 逆元存在，这是已知的条件，不需要证明；④ 运算"$\circ$"满足结合律，也不需要证明。综合上述4种情况，需要证明的只有$a^{-1}\in R$，而这恰好是题目给定的条件。

证明：

略。

在环中，存在一类重要的环，称为整环，定义如下。

定义 12-4 给定环 $<A,+,\circ>$，如果其中存在关于运算"$\circ$"的单位元，并且该运算满足交换律，同时无零因子，则 $<A,+,\circ>$ 称为整环（domain）。

例 12-1 $<\mathbf{Z},+,\times>$、$<\mathbf{R},+,\times>$ 等都是整环。

12.2 域

在环的基础上可以进一步定义域，如下所述。

定义 12-5 设 $<A,+,\circ>$ 是一个代数系统，如果满足如下条件：

（1） $<A,+>$ 是一个阿贝尔群；

（2） $<A-\{0\},\circ>$ 是一个阿贝尔群；

（3） 运算"$\circ$"对运算"$+$"满足分配律。

则称 $<A,+,\circ>$ 是域（field）。

例如，$<\mathbf{R},+,\times>$ 和 $<\mathbf{Q},+,\times>$ 都是域，但 $<\mathbf{Z},+,\times>$ 不是域，原因是 $<\mathbf{Z}-\{0\},\times>$ 不是群。

定理 12-3 域是整环。

分析：域与整环的区别是要求环中没有零因子，而无零因子与消去律是等价的。由于域中的两个运算均构成群，而群满足消去律，因此域一定是整环。

证明：

略。

需要注意的是，该定理的逆命题并不成立。但可以稍做修改，变成如下的定理。

定理 12-4 有限整环 $<A,+,\circ>$ 一定是域。

分析：如果能证明在有限整环中每个元素都存在逆元，则可以说明 $<A,+,\circ>$ 是域。

证明：

对有限整环 $<A,+,\circ>$ 来说，任取元素 $a\in A$，由于有限整环中没有零因子，即运算"$\circ$"满足消去律，令 $aA=\{a\circ b|b\in A\}$，可以构造 $f:A\to aA$，使 $f(x)=a\circ x$。由于运算"$\circ$"满足消去律，可以证明，f 是单射，即 $|A|\leqslant|aA|$。又 $aA\subseteq A$，因此有 $aA=A$。

对于整环中关于运算"$\circ$"的单位元 1，由于 $aA=A$，因此必存在 $d\in A$，使 $a\circ d=1$，因此有 d 是 a 的逆元。这说明 $<A-\{0\},\circ>$ 是阿贝尔群。

综上，$<A,+,\circ>$ 是域。

□

12.3 格

从数学的观点看，数学有 3 种基本结构：序结构、拓扑结构和代数结构。7.2 节和第 10 章已经就序结构和代数结构进行了较为深入的讨论。本节将介绍一种兼有序结构与代数结构的系统，称为格。一般认为，格是在 1935 年前后形成的，它不仅是代数学的一个分支，而且在近代解析几何、半序空间等方面也有非常重要的应用。同时，格和拓扑学、模糊数学等现代数学有着十分紧密的联系；格在计算机科学中也有着非常重要的应用，如密码学、网络安全、计算机语义学、计算机理论和逻辑设计等科学和工程领域中，都直接应用了格的相关理论。

作为一种特殊的格，布尔代数最初是由英国的数学家布尔[1]提出的，用来研究集合与集合之间的关系，他的研究成果后来发展成了一个数学分支——布尔代数。布尔之后，许多数学家对布尔代数的形式化做了大量的工作，如韩廷顿[2]、谢弗[3]和斯通[4]等。此外，伯克霍夫[5]和迈克莱恩[6]的研究使布尔代数进一步得到了严谨的处理。1938 年，信息论创始人香农[7]发表了他的硕士论文《继电器和开关电路的符号分析》，为布尔代数的应用开创了道路，进一步形成了二值布尔代数，即逻辑代数。香农以后，众多学者和研究人员应用布尔代数对电路做了大量的研究工作，形成了网络理论。

12.3.1 格的定义

定义 12-6 设 L 是一个非空集合，"★"和"∘"是 L 上的两个二元运算，如果对任意 $a, b, c \in L$，满足如下条件：

（1）交换律：$a \star b = b \star a$，$a \circ b = b \circ a$；

（2）结合律：$a \star (b \star c) = (a \star b) \star c$，$a \circ (b \circ c) = (a \circ b) \circ c$；

（3）吸收律：$a \star (a \circ b) = a$，$a \circ (a \star b) = a$。

则称代数系统 $<L, \star, \circ>$ 是格（lattice），或称为代数格（algebra lattice）。

例 12-2 给定集合 S，集合的交集运算"∩"和并集运算"∪"在该集合的幂集上满足交换律、结合律和吸收律，因此，$<\rho(S), \cup, \cap>$ 构成了一个格。

例 12-3 给定正整数集合 $\mathbf{Z}^+$，定义两个二元运算 GCD(a, b) 和 LCM(a, b) 分别代表元素 a 和 b 的最大公约数和最小公倍数，因此，$<\mathbf{Z}^+, \text{GCD}, \text{LCM}>$ 也构成了一个格。

定理 12-5 格满足幂等律。即 $\forall a \in L$，有 $a \star a = a$，$a \circ a = a$ 成立。

证明：

由于格满足吸收律，即 $a \star (a \circ b) = a$，因此有

$$a \star (a \circ (a \star b)) = a$$

而根据吸收律，有 $a \circ (a \star b) = a$，代入上式，有 $a \star a = a$ 成立。

同理，$a \circ a = a$。即格满足幂等律。

□

---

[1] 乔治·布尔（George Boole，1815—1864），19 世纪最重要的数学家之一，出版了 *The Mathematical Analysis of Logic*，这是它对符号逻辑诸多贡献中的第一次。1854 年，他出版了 *The Laws of Thought*，介绍了布尔代数。

[2] 韩廷顿（Edward Vermilye Huntington，1874—1952），美国数学家。

[3] 谢弗（Henry Maurice Sheffer，1882—1964），美国逻辑学家。

[4] 斯通（Marshall Harvey Stone，1903—1989），美国数学家，在泛函分析、拓扑学和布尔代数等领域做出了卓越的贡献。

[5] 伯克霍夫（Garrett Birkhoff，1911—1996），美国数学家，在格理论（lattice theory）方面做出了卓越的贡献。

[6] 迈克莱恩（Saunders Mac Lane，1909—2005），美国数学家。

[7] 克劳德·艾尔伍德·香农（Claude Elwood Shannon，1916—2001），美国数学家、电子工程师和密码学家，被誉为信息论的创始人。1948 年，香农发表了划时代的论文——《通信的数学原理》，奠定了现代信息论的基础。此外，香农还被认为是数字计算机理论和数字电路设计理论的创始人。1937 年，21 岁的香农在其硕士论文中提出，将布尔代数应用于电子领域，能够构建并解决任何逻辑和数值关系。

需要说明的是，在格$<L,\star,\circ>$中，两个运算的交换律、结合律和吸收律对L的任意子集同样成立，因此有如下关于子格的定义。

定义 12-7 设代数系统$<L,\star,\circ>$是一个格，$S\subseteq L$，如果集合S非空且$<S,\star,\circ>$是一个代数系统，则$<S,\star,\circ>$是$<L,\star,\circ>$的子格。

可以证明，子格必定是格。

定义 12-8 设$<L,\star,\circ>$是格，在该格中的任一公式F中，分别用"$\star$"运算代替"$\circ$"运算，用"$\circ$"运算代替"$\star$"运算，所得到的公式称为原公式F的对偶式，记为F^D。

例 12-4 $a\star(b\circ c)$的对偶式是$a\circ(b\star c)$。

定理 12-6（对偶定理） F是格$<L,\star,\circ>$中的公式，如果$<L,\star,\circ>$成立，则F的对偶式F^D必定成立。

有关对偶定理的证明，由于涉及德摩根律、香农定理等逻辑代数的相关知识，此处不赘述，请读者参考数字电子技术的相关资料。

对偶定理是格中的一个非常重要的定理。只要证明了一个公式成立，它的对偶式同样成立。同时，对偶定理也是数字电子技术中一个非常重要的定理，可以从一定程度上方便逻辑函数的运算。

12.3.2 格的另一种定义

在介绍了格的基本概念以后，介绍一类特殊的格——偏序格。偏序格是在偏序关系上定义的一种格，它把数学中的代数结构与次序结构有机地结合起来。由于偏序是一种典型的次序关系，它可以用哈斯图来表示，因此，偏序格直观性更强，也更容易理解。

定义 12-9 设$<L,\leqslant>$是偏序集，如果对任意的$a,b\in L$，$\{a,b\}$都有最大下界和最小上界存在，则称$<L,\leqslant>$是偏序格。

例 12-5 图 12-1 所示的 5 个哈斯图对应的偏序集均是偏序格。

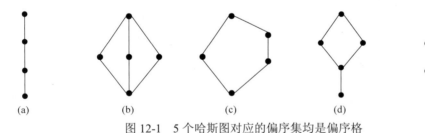

图 12-1　5 个哈斯图对应的偏序集均是偏序格

图 12-2 所示的 4 个哈斯图对应的偏序集均不是偏序格。

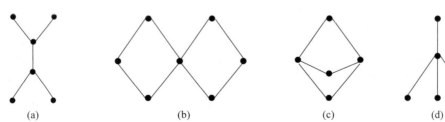

图 12-2　4 个哈斯图对应的偏序集均不是偏序格

从另一个角度看，偏序格与格是等价的，即给定一个偏序格 $<L,\leqslant>$，可以构造一个与它等价的格 $<L,\wedge,\vee>$，其中 $a \wedge b$ 为两个元素的下确界，$a \vee b$ 为两个元素的上确界。显然，两个运算满足交换律、结合律和吸收律，因此它是一个代数格。那么，给定一个代数格，能否构造出与它等价的偏序格呢？有如下的定理。

定理 12-7 给定一个代数格 $<L,\wedge,\vee>$，可以构造一个与它等价的偏序格 $<L,\leqslant>$，其中偏序关系"$\leqslant$"如下定义：$a \leqslant b$ 当且仅当 $a \wedge b = a$ 成立。

下面证明 $<L,\leqslant>$ 是偏序格。

分析：为证明 $<L,\leqslant>$ 是偏序格，这需要说明两点：① $<L,\leqslant>$ 是偏序集，即关系"$\leqslant$"满足自反性、反对称性和传递性；② 对任意两个元素 $a,b \in L$，都存在下确界和上确界，即证明 a、b 的上确界为 $a \vee b$，下确界为 $a \wedge b$。

（1）证明该关系是偏序关系。

证明：

自反性：$\forall a \in L$，由于代数格满足幂等律，即 $a \wedge a = a$ 成立，因此 $a \leqslant a$ 成立；

反对称性：$\forall a,b \in L$，如果 $a \leqslant b$，$b \leqslant a$，根据关系"$\leqslant$"的定义，有

$$a \wedge b = a, \quad b \wedge a = b$$

由于代数格满足交换律，因此有 $a = b$，即关系"$\leqslant$"满足反对称性。

传递性：$\forall a,b,c \in L$，如果有 $a \leqslant b$，$b \leqslant c$，根据关系"$\leqslant$"的定义，有

$$a \wedge b = a, \quad b \wedge c = b$$

因此有

$$a \wedge c = (a \wedge b) \wedge c = a \wedge (b \wedge c) = a \wedge b = a$$

因此有 $a \leqslant c$，即关系"$\leqslant$"满足传递性。

（2）证明元素 a、b 的上确界和下确界分别是 $a \vee b$ 和 $a \wedge b$。

分析：首先证明 a、b 的下确界是 $a \wedge b$，这需要说明两点：① $a \wedge b \leqslant a$，$a \wedge b \leqslant b$；② 对任意的 $c \leqslant a, c \leqslant b$，必有 $c \leqslant a \wedge b$。

证明：

由于 $(a \wedge b) \wedge a = a \wedge (a \wedge b) = a \wedge b$，因此有 $a \wedge b \leqslant a$；同理，$(a \wedge b) \wedge b = a \wedge b$，因此有 $a \wedge b \leqslant b$。

$\forall c \in L$，如果有 $c \leqslant a, c \leqslant b$ 成立，即 $c \wedge a = c$，$c \wedge b = c$，因此有

$$c \wedge (a \wedge b) = (c \wedge a) \wedge b = c \wedge b = c$$

因此有 $c \leqslant a \wedge b$。这说明 a,b 的下确界是 $a \wedge b$。

下面需要证明 a、b 的上确界是 $a \vee b$。为了说明这一点，首先应建立运算"$\vee$"与关系"$\leqslant$"的等价性。

如果有 $a \leqslant b$ 成立，即 $a \wedge b = a$。则有 $a \vee b = (a \wedge b) \vee b = b$。

反过来，如果有 $a \vee b = b$ 成立，则有 $a \wedge b = a \wedge (a \vee b) = a$ 成立。

因此有

$$a \leqslant b \Leftrightarrow a \wedge b = a \Leftrightarrow a \vee b = b$$

下面根据这个结论来说明元素 a,b 的上确界是 $a \vee b$。

由 $a \vee (a \vee b) = a \vee b$ 和 $b \vee (a \vee b) = (a \vee b) \vee b = a \vee b$ 可知，$a \vee b$ 是 a,b 的上界。对任意 $\forall c \in L$ 而言，如果有 $a \leqslant c, b \leqslant c$，即 $a \vee c = c, b \vee c = c$ 成立，则有

$$c \vee (a \vee b) = (a \vee c) \vee b = c$$

即 $a \vee b \leqslant c$。因此元素 a,b 的上确界是 $a \vee b$。

综合上述两个方面，可得 $<L, \leqslant>$ 是偏序格。

□

从该定理可以看出，代数格与偏序格是等价的，在后续章节中，二者统称为格。

12.3.3 分配格、有界格与布尔格

本部分将在格的基础上进一步讨论 3 种特殊的格，分别是分配格、有界格与布尔格。

定义 12-10（分配格） 设 $<L, \wedge, \vee>$ 是格，如果对任意的 $a, b, c \in L$，都有下式成立：

$$a \wedge (b \vee c) = (a \wedge b) \vee (a \wedge c), \quad a \vee (b \wedge c) = (a \vee b) \wedge (a \vee c)$$

则称 $<L, \wedge, \vee>$ 是分配格（distributive lattice）。

例 12-6 在集合 S 的幂集 $\rho(S)$ 上定义的格 $<\rho(S), \cap, \cup>$ 就是一个分配格。

定义 12-11（有界格） 设 $<L, \wedge, \vee>$ 是格，如果存在元素 $0, 1 \in L$，使对任意元素 $a \in L$，有

$$a \wedge 0 = 0, \quad a \wedge 1 = a, \quad a \vee 0 = a, \quad a \vee 1 = 1$$

则称 $<L, \wedge, \vee>$ 是有界格（bounded lattice）。

定义 12-12（补元） 设有代数系统 $<L, \wedge, \vee>$，如果对任何元素 $a \in L$，都至少存在一个元素 $b \in L$，使 $a \wedge b = 0$，$a \vee b = 1$ 成立，则称 b 是 a 的补元（complement），记为 $\bar{a} = b$。

值得注意的是，补元并不一定是唯一的。一个元素可能没有补元，也可能有一个或多个。此外，补元是相互的。

定义 12-13（有补格） 设有界格 $<L, \wedge, \vee>$，如果任意元素 $a \in L$ 的补元存在，则称格 $<L, \wedge, \vee>$ 为有补格（complemented lattice）。

定义 12-14（布尔格） 如果一个格，既是分配格，又是有补格，称其为布尔格（Boolean lattice）。

12.4 布尔代数

定义 12-15（布尔代数） 设 $<L, \leqslant>$ 是一布尔格，将对 L 上每个元素的求补看成一元补运算"$-$"，两个元素的上确界和下确界看成运算"$\vee$"和"$\wedge$"，称 $<L, \wedge, \vee, ->$ 为由 $<L, \leqslant>$ 诱导的布尔代数（Boolean algebra）。

例 12-7 $<\rho(S), \cap, \cup, ->$ 是一个布尔代数，其上界与下界分别是 S 和 $\varnothing$。容易证明，$<\rho(S), \cap, \cup, ->$ 是一个有补分配格，它满足如下性质：

（1）交换律：$\forall A, B \in \rho(S)$，有 $A \cap B = B \cap A$，$A \cup B = B \cup A$。

(2) 结合律：$\forall A, B, C \in \rho(S)$，有
$$(A \cap B) \cap C = A \cap (B \cap C)，(A \cup B) \cup C = A \cup (B \cup C)。$$
(3) 吸收律：$\forall A, B \in \rho(S)$，$A \cap (A \cup B) = A$，$A \cup (A \cap B) = A$。
(4) 分配律：$\forall A, B, C \in \rho(S)$，有
$$A \cap (B \cup C) = (A \cap B) \cup (A \cap C)，A \cup (B \cap C) = (A \cup B) \cap (A \cup C)。$$
(5) 补元存在：$\forall A \in \rho(S)$，存在 $B = S - A \in \rho(S)$，使 $A \cup B = S$，$A \cap B = \emptyset$。

根据格的定义，格可以用满足交换律、结合律、吸收律的封闭代数系统来描述。在此基础上，布尔代数（有补分配格）可以用满足交换律、结合律、吸收律、分配律、同一律、互补律的封闭代数系统来描述。此外，这 5 条定律并不独立，可以证明，由交换律、分配律、同一律和互补律可以得到结合律和吸收律。所以，可以得到布尔代数的另一种形式化定义。

定义 12-16 设 $<B, \wedge, \vee, ->$ 是一个代数系统，如果对任意的 $a, b, c \in B$，均满足下述 4 个性质。

(1) 交换律：$a \wedge b = b \wedge a$，$a \vee b = b \vee a$。
(2) 分配律：$a \wedge (b \vee c) = (a \wedge b) \vee (a \wedge c)$，$a \vee (b \wedge c) = (a \vee b) \wedge (a \vee c)$。
(3) 同一律：B 中存在元素 0 和 1，对 $\forall a \in B$，有 $a \wedge 1 = a$，$a \vee 0 = a$。
(4) 互补律：对 $\forall a \in B$，存在元素 $\bar{a} \in B$，使 $a \wedge \bar{a} = 0$，$a \vee \bar{a} = 1$。

则称 $<B, \wedge, \vee, ->$ 是一个布尔代数。

进一步，如果 $|B|$ 有限，则称 $<B, \wedge, \vee, ->$ 为有限布尔代数。有限布尔代数与布尔代数 $<\rho(S), \cap, \cup, ->$ 同构。该结论是由 Stone 于 1936 年研究希尔伯特空间中算子的谱理论时提出的，称为 Stone 表示定理。为了证明 Stone 表示定理，首先引入一些相关概念和引理。

定义 12-17 设 $<L, \leqslant>$ 是一个格，假设其下界为 0，如果有元素 $a \in L$ 覆盖 0，称该元素为原子。

例 12-8 在图 12-3 所示的格中，元素 a 和 b 覆盖下界 0，因此，a 和 b 是原子。

引理 12-1 设 $<L, \leqslant>$ 是一个下界为 0 的有限格，则对于任意一个非零元素 $b \in L$，至少存在一个原子 $a \in L$，使 $a \leqslant b$ 成立。

分析：如果元素 $b \in L$ 是原子，结论成立；如果 $b \in L$ 不是原子，那么必然存在 $b_1 \in L$，使 $b_1 \leqslant b$ 成立。如果 b_1 不是原子，该过程可以一直持续下去。由于格 $<L, \leqslant>$ 是有限格，因此必然可以在有限步骤内找到原子 a。根据格的传递性，可以得到 $a \leqslant b$ 成立。

证明：
略。

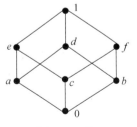

图 12-3 格

引理 12-2 在布尔格 $<B, \wedge, \vee, ->$ 中，$b \wedge \bar{c} = 0$ 当且仅当 $b \leqslant c$ 成立。

分析：这是一个充要条件，证明 $b \leqslant c$ 只需证明 $b \vee c = c$ 即可。而证明 $b \wedge \bar{c} = 0$，只需证明 $b \wedge \bar{c} = c \wedge \bar{c}$ 即可。

证明：
(1) 由于 $b \wedge \bar{c} = 0$ 成立，而 $0 \vee c = c$，因此有 $(b \wedge \bar{c}) \vee c = c$ 成立。根据格的分配律，

有
$$(b \vee c) \wedge (c \vee \overline{c}) = c$$
即 $(b \vee c) \wedge 1 = c$ 成立。所以有 $b \vee c = c$，即 $b \leqslant c$。

（2）由 $b \leqslant c$ 可得 $b \wedge \overline{c} \leqslant c \wedge \overline{c}$ 成立，即 $b \wedge \overline{c} \leqslant 0$。由于 0 是下界，因此有 $0 \leqslant b \wedge \overline{c}$ 成立。根据偏序关系的反对称性有
$$b \wedge \overline{c} = 0$$

□

引理 12-3 设 $<B, \wedge, \vee, ->$ 是一个有限布尔代数，若 $b \in B$ 是其中任一非零元素，$a_1, a_2, \cdots, a_k$ 是布尔代数中满足 $a_i \leqslant b$ 的所有原子，则
$$b = a_1 \vee a_2 \vee \cdots \vee a_k$$

分析：为证明 $b = a_1 \vee a_2 \vee \cdots \vee a_k$，根据偏序关系的性质，只需要证明 $b \leqslant a_1 \vee a_2 \vee \cdots \vee a_k$ 和 $a_1 \vee a_2 \vee \cdots \vee a_k \leqslant b$ 即可。

证明：

令 $c = a_1 \vee a_2 \vee \cdots \vee a_k$，由于 $a_i \leqslant b$，因此有 $c \leqslant b$。

进一步证明 $b \leqslant c$，根据上面的定理，只需要证明 $b \wedge \overline{c} = 0$ 即可。利用反证法证明。

如果 $b \wedge \overline{c} \neq 0$，则必存在原子 a，使 $a \leqslant b \wedge \overline{c}$ 成立。即 $a \leqslant b$，$a \leqslant \overline{c}$。

由于 a 是原子，且满足 $a \leqslant b$，则有 a 是满足条件 $a_i \leqslant b$ 的诸多原子 $a_1, a_2, \cdots, a_k$ 中的一个，因此有 $a \leqslant c$。

又根据 $a \leqslant \overline{c}$，有 $a \leqslant c \wedge \overline{c}$，即 $a \leqslant 0$，这与元素 a 是原子相矛盾，所以有 $b \wedge \overline{c} = 0$。

因此有 $b = a_1 \vee a_2 \vee \cdots \vee a_k$ 成立。

□

引理 12-4 设 $<B, \wedge, \vee, ->$ 是一个有限布尔代数，若 $b \in B$ 是其中任一非零元素，$a_1, a_2, \cdots, a_k$ 是布尔代数中满足 $a_i \leqslant b$ 的所有原子，则 $b = a_1 \vee a_2 \vee \cdots \vee a_k$ 是将元素 b 表示为原子的并的唯一形式。

证明：

设元素 $b \in B$ 有另一种表示形式 $b = a_{j1} \vee a_{j2} \vee \cdots \vee a_{jt}$，其中 $a_{j1}, a_{j2}, \cdots, a_{jt}$ 是 B 中的原子。由于 $b \in B$ 是 $a_{j1}, a_{j2}, \cdots, a_{jt}$ 的最小上界，所以必有 $a_{j1} \leqslant b, a_{j2} \leqslant b, \cdots, a_{jt} \leqslant b$。而 $a_1, a_2, \cdots, a_k$ 是 B 中满足 $a_i \leqslant b$ 的所有原子。因此，$t \leqslant k$ 成立。

如果 $t < k$ 成立，则在 $a_1, a_2, \cdots, a_k$ 中必存在一个元素 a'，使 $a' \wedge b = a' \wedge b$ 成立，即
$$a' \wedge (a_{j1} \vee a_{j2} \vee \cdots \vee a_{jt}) = a' \wedge (a_1 \vee a_2 \vee \cdots \vee a_k)$$

整理得
$$(a' \wedge a_{j1}) \vee (a' \wedge a_{j2}) \vee \cdots \vee (a' \wedge a_{jt}) = (a' \wedge a_1) \vee (a' \wedge a_2) \vee \cdots \vee (a' \wedge a') \vee \cdots \vee (a' \wedge a_k)$$

由于上式中的元素均是原子，因此有 $a' = 0$，与 a' 是原子相矛盾，因而有 $t = k$，即 $b = a_1 \vee a_2 \vee \cdots \vee a_k$ 是将元素 b 表示为原子的并的唯一形式。

□

引理 12-5 在一个布尔格 $<B, \leqslant>$ 中，对 B 中的任意一个原子 $a \in B$ 和另一个非零元素

$b \in B$，$a \leqslant b$ 和 $a \leqslant \bar{b}$ 两式中有且仅有一式成立。

证明：

由于 $a \in B$ 是原子，因此 $a \leqslant b$ 和 $a \leqslant \bar{b}$ 两式不可能同时成立。

由于 $a \wedge b \leqslant a$，而 $a \in B$ 是原子，因此只能有 $a \wedge b = a$ 或者 $a \wedge b = 0$ 成立。

如果有 $a \wedge b = 0$，则有 $a \wedge \bar{\bar{b}} = 0$ 成立，根据前面的引理，$a \leqslant \bar{b}$ 成立。

如果有 $a \wedge b = a$，根据偏序关系"$\leqslant$"的定义，有 $a \leqslant b$ 成立。

□

定理 12-8（Stone 表示定理） 设 $<B, \wedge, \vee, ->$ 是一个有限布尔代数，S 是 B 中所有原子的集合，则必有 $<B, \wedge, \vee, ->$ 与 $<\rho(S), \cap, \cup, ->$ 同构。

分析： 要想证明 $<B, \wedge, \vee, ->$ 与 $<\rho(S), \cap, \cup, ->$ 是同构的，需要在 B 和 $\rho(S)$ 之间建立一个双射，该双射是 $<B, \wedge, \vee, ->$ 与 $<\rho(S), \cap, \cup, ->$ 的同态。

证明：

根据引理 12-4，对于任何一个非零元素 $a \in B$，必有一种唯一表示形式

$$a = a_1 \vee a_2 \vee \cdots \vee a_k$$

其中，a_i 是满足条件 $a_i \leqslant a$ 的原子。令 $S_1 = \{a_1, a_2, \cdots, a_k\}$，构造映射 $f(a) = S_1$，并且规定 $f(0) = \varnothing$。

首先证明 f 是单射。对任意 $a, b \in A$，如果有 $f(a) = f(b) = \{a_1, a_2, \cdots, a_k\}$，根据引理 12-4，则有 $a = a_1 \vee a_2 \vee \cdots \vee a_k = b$，因此该映射是单射。

对任意的 $S_1 = \{a_1, a_2, \cdots, a_k\} \in \rho(S)$，由运算"$\vee$"的封闭性，可得 $a_1 \vee a_2 \vee \cdots \vee a_k \in B$。令 $a = a_1 \vee a_2 \vee \cdots \vee a_k$，则有 $f(a) = S_1$。因此该映射是满射。

综合上述两种情况，得该映射是双射。

进一步证明该映射是 $<B, \wedge, \vee, ->$ 与 $<\rho(S), \cap, \cup, ->$ 的同态。这需要证明以下 3 点。

(1) $f(a \wedge b) = f(a) \cap f(b)$。

(2) $f(a \vee b) = f(a) \cup f(b)$。

(3) $f(\bar{a}) = \overline{f(a)}$。

下面分别证明。

(1) 证明 $f(a \wedge b) = f(a) \cap f(b)$。

① 设 $f(a \wedge b) = S_3$，对任意的 $x \in S_3$，则有 x 是满足 $x \leqslant a \wedge b$ 的原子，由于 $a \wedge b \leqslant a$ 且 $a \wedge b \leqslant b$，根据关系的传递性，有 $x \leqslant a$ 和 $x \leqslant b$ 成立。因此，$x \in f(a)$ 且 $x \in f(b)$。从而有

$$f(a \wedge b) \subseteq f(a) \cap f(b)$$

② $\forall x \in f(a) \cap f(b)$，有 $x \in f(a)$ 且 $x \in f(b)$，因此 x 是满足 $x \leqslant a$ 和 $x \leqslant b$ 的原子。由于 $a \wedge b$ 是元素 a 和 b 的最大下界，因此有 $x \leqslant a \wedge b$ 成立，即 $x \in f(a \wedge b)$，从而有

$$f(a) \cap f(b) \subseteq f(a \wedge b)$$

综合上述两种情况，可得 $f(a \wedge b) = f(a) \cap f(b)$。

(2) 证明 $f(a \vee b) = f(a) \cup f(b)$。

① $\forall x \in f(a \vee b)$，有 x 是满足 $x \leqslant a \vee b$ 的原子，则必有 $x \leqslant a$ 或 $x \leqslant b$ 成立。这是因

为，如果 $x\leqslant a$ 和 $x\leqslant b$ 都不成立，必有 $x\leqslant \overline{a}$ 和 $x\leqslant \overline{b}$ 成立。因此有 $x\leqslant \overline{a}\wedge\overline{b}=\overline{a\vee b}$ 成立。又由于 $x\leqslant a\vee b$，则有 $x\leqslant(a\vee b)\wedge\overline{(a\vee b)}=0$，这与 x 是原子相矛盾。

由 $x\leqslant a$ 或 $x\leqslant b$，可得 $x\in f(a)$ 或 $x\in f(b)$。进而有 $x\in f(a)\bigcup f(b)$，因此有
$$f(a\vee b)\subseteq f(a)\bigcup f(b)$$

② $\forall x\in f(a)\bigcup f(b)$，有 $x\in f(a)$ 或 $x\in f(b)$ 成立。因此有 $x\leqslant a$ 或 $x\leqslant b$。由于二者之间必有一个成立，而 $a\leqslant a\vee b$，$b\leqslant a\vee b$，因此有 $x\leqslant a\vee b$，即 $x\in f(a\vee b)$，从而有
$$f(a)\bigcup f(b)\subseteq f(a\vee b)$$

综合上述两种情况，有 $f(a\vee b)=f(a)\bigcup f(b)$。

（3）证明 $f(\overline{a})=\overline{f(a)}$。

① $\forall x\in f(\overline{a})$，有 $x\leqslant \overline{a}$ 成立，因此有 $x\leqslant a$ 不成立，即 $x\notin f(a)$，从而有 $x\in \overline{f(a)}$。因此有 $f(\overline{a})\subseteq \overline{f(a)}$。

② $\forall x\in \overline{f(a)}$，有 $x\notin f(a)$，因此有 $x\leqslant a$ 不成立，根据引理 12-5，有 $x\leqslant \overline{a}$ 成立，从而有 $x\in f(\overline{a})$。因此有 $\overline{f(a)}\subseteq f(\overline{a})$。

综合上述两种情况，有 $f(\overline{a})=\overline{f(a)}$ 成立。

□

根据同构和布尔代数 $<\rho(S),\cap,\bigcup,->$ 的性质，可以得到 $<B,\wedge,\vee,->$ 的许多有趣的性质。

性质 12-3 一个有限布尔代数的元素个数必定为 2 的幂。

性质 12-4 所有具有相同元素的布尔代数同构。

性质 12-5 布尔代数的最小元素的个数为 2。

根据性质 12-5，可以得到一个元素个数为最小的布尔代数，通常称为开关代数，它是计算机中的基本组件结构。通常情况下，用 0 和 1 表示开关代数包含的两个元素，有两个二元运算和一个一元运算，其运算如图 12-4 所示。

∧	0	1	∨	0	1	−	
0	0	0	0	0	1	0	1
1	0	1	1	1	1	1	0

(a) ∧运算　　　　　　　(b) ∨运算　　　　　　　(c) − 运算

图 12-4 开关代数运算

例 12-9 设 B_n 是所有 n 元有序组 $(a_1,a_2,\cdots,a_n)$ 所构成的集合，其中 $a_i\in\{0,1\}$。在 B_n 上定义 3 个运算，设 $a=(a_1,a_2,\cdots,a_n)$，$b=(b_1,b_2,\cdots,b_n)$，3 种运算分别定义如下：
$$a+b=(a_1+b_1,a_2+b_2,\cdots,a_n+b_n)$$
$$a\times b=(a_1\times b_1,a_2\times b_2,\cdots,a_n\times b_n)$$
$$\overline{a}=(\overline{a_1},\overline{a_2},\cdots,\overline{a_n})$$

可以证明，$<B,+,\times,-,0,1>$ 是一个布尔代数，其中上界、下界分别为：$\overset{n个}{(1,1,\cdots,1)}$ 和

$$(\underbrace{0,0,\cdots,0}_{n\uparrow})。$$

定义 12-18 设 $<B,+,\times,-,0,1>$ 是一个布尔代数，$H \subseteq B$，如果 $<B,+,\times,-,0,1>$ 也是一个代数系统，则它必是一个布尔代数，称为 $<B,+,\times,-,0,1>$ 的子布尔代数（sub Boolean algebra）。

显然，$<\{0,1\},+,\times,-,0,1>$ 是所有布尔代数的子代数。

习题 12

1. 证明：如果 $<\mathbf{R},+,\star>$ 是整环，且 $\mathbf{R}$ 是有限集合，则 $<\mathbf{R},+,\star>$ 是域。

2. 设 $<\mathbf{R},+,\star>$ 是环，且对任意的 $a \in \mathbf{R}$ 有 $a \star a = a$。证明：

（1）对任意的 $a \in \mathbf{R}$，都有 $a + a = e$，其中 e 是 $\mathbf{R}$ 中关于"+"的单位元。

（2）$<\mathbf{R},+,\star>$ 是可交换环。

3. 设 $<A,\leqslant>$ 是一个格，任取 $a,b \in A$ 且 $a < b$，构造集合
$$B = \{x \mid x \in A \land a \leqslant x \leqslant b\}$$
证明：$<B,\leqslant>$ 也是格。

4. 设 a 和 b 是格 $<A,\leqslant>$ 中的两个元素，证明：$a \land b = b$ 当且仅当 $a \lor b = a$。

5. 证明：在布尔代数中，有
$$a \lor (\overline{a} \land b) = a \lor b$$
$$a \land (\overline{a} \lor b) = a \land b$$

6. 设 $<A,\lor,\land,->$ 是一个布尔代数，如果在 A 上定义二元运算"$\oplus$"：
$$a \oplus b = (a \land \overline{b}) \lor (\overline{a} \land b)$$
证明：$<A,\oplus>$ 是一个阿贝尔群。

参 考 文 献

[1] 左孝凌,李为鑑,刘永才. 离散数学[M]. 上海:上海科学技术文献出版社,1982.
[2] 陈德人,张亶,干红华,等. 计算机数学[M]. 北京:清华大学出版社,2011.
[3] 屈婉玲,耿素云,张立昂. 离散数学[M]. 2版. 北京:清华大学出版社,2008.
[4] 傅彦,顾小丰,王庆先,等. 离散数学及其应用[M]. 2版. 北京:高等教育出版社,2007.
[5] 刘树利. 计算机数学基础[M]. 3版. 北京:高等教育出版社,2001.
[6] 王晓东. 计算机算法分析与设计[M]. 4版. 北京:电子工业出版社,2012.
[7] 宋丽华,雷鹏,张小峰,等. C语言程序设计[M]. 北京:清华大学出版社,2014.
[8] 雷鹏,宋丽华,张小峰. 面向对象的程序设计[M]. 北京:清华大学出版社,2014.
[9] 杨炳儒,谢永红,刘宏岚,等. 离散数学[M]. 北京:高等教育出版社,2012.
[10] 张小峰,贾世祥,柳婵娟,等. 计算机科学与技术导论[M]. 北京:清华大学出版社,2012.
[11] 王俊邦,罗振声. 趣味离散数学[M]. 北京:北京大学出版社,1998.
[12] 杨峰. 妙趣横生的算法(C语言实现)[M]. 北京:清华大学出版社,2010.
[13] ROSEN K H. Discrete mathematics and its applications[M]. 7th ed. New York: McGraw-Hill Companies, 2012.
[14] 张顺燕. 数学的思想、方法和应用[M]. 3版. 北京:北京大学出版社,2009.
[15] 彭漪涟,余式厚. 趣味逻辑[M]. 北京:北京大学出版社,2005.

图书资源支持

感谢您一直以来对清华版图书的支持和爱护。为了配合本书的使用,本书提供配套的资源,有需求的读者请扫描下方的"书圈"微信公众号二维码,在图书专区下载,也可以拨打电话或发送电子邮件咨询。

如果您在使用本书的过程中遇到了什么问题,或者有相关图书出版计划,也请您发邮件告诉我们,以便我们更好地为您服务。

我们的联系方式:

地　　址:北京市海淀区双清路学研大厦 A 座 714

邮　　编:100084

电　　话:010-83470236　010-83470237

客服邮箱:2301891038@qq.com

QQ:2301891038(请写明您的单位和姓名)

资源下载:关注公众号"书圈"下载配套资源。

书 圈

获取最新书目

观看课程直播